HISTOIRE

DES ARBRES FORESTIERS

DE

L'AMÉRIQUE SEPTENTRIONALE.

HISTOIRE

DES ARBRES FORESTIERS

DE

L'AMÉRIQUE SEPTENTRIONALE,

CONSIDÉRÉS PRINCIPALEMENT

SOUS LES RAPPORTS DE LEUR USAGE DANS LES ARTS
ET DE LEUR INTRODUCTION DANS LE COMMERCE,

AINSI QUE D'APRÈS LES AVANTAGES QU'ILS PEUVENT OFFRIR AUX GOUVERNEMENS EN EUROPE
ET AUX PERSONNES QUI VEULENT FORMER DE GRANDES PLANTATIONS.

Par F.ᵉ ANDRÉ-MICHAUX,

Membre de la Société Philosophique américaine de Philadelphie ; des Sociétés
d'Agriculture de la même ville, de celles de Charleston, *Caroline méridionale ;*
d'Hollowell, *District de Maine;* du département de la Seine, et de Seine-
et-Oise.

> .... *arbore sulcamus maria, terrasque admovemus,*
> *arbore exædificamus tecta.*
> Plini secundi: *Nat Hist.*, lib. xii.

TOME III.

PARIS,

DE L'IMPRIMERIE DE L. HAUSSMANN.

M. D. CCC. XIII.

LES CYPRÈS.

Les recherches entreprises par les Botanistes pour augmenter nos connoissances sur les végétaux utiles et agréables qui couvrent la surface du globe, n'ont fait connoître jusqu'à présent que sept espèces de Cyprès, dont il ne s'en est trouvé que deux dans le nouveau continent; l'une et l'autre sont indigènes aux Etats-Unis, et par conséquent les seules qu'il entre dans mon plan de décrire. Cependant, parmi ces espèces étrangères à l'Amérique-Septentrionale, je crois devoir fixer l'attention des habitans des parties méridionales sur le Cyprès pyramidal, *Cupressus fastigiata*, arbre célèbre de toute antiquité par l'excellence de son bois et sa forme singulière, due à ses rameaux touffus et serrés contre le tronc; cette disposition des branches chargées d'un feuillage épais et d'un vert sombre, l'avoit fait consacrer aux funérailles, et on le plantoit autour des temples et près des tombeaux.

« Le Cyprès pyramidal, originaire de Crète, s'élève à 30 et 40 pieds (10 à 13 mèt.); le corps de l'arbre est uni, et il n'a pas l'inconvénient, comme le Cèdre de Virginie, d'être chargé de crevasses à l'insertion des branches. Son bois est dur, odorant, d'un grain fin, homogène et d'une belle couleur rousse. Pline dit qu'il est d'une très-longue durée, et que sa couleur ne s'altère jamais : *Cariem vetustatemque non sentit Cupressus.... Materiæ nitor maximè valet æternus.* Plin. *lib.* 16, *cap.* 4o. Il parle d'une statue de bois de Cyprès, placée à Rome dans la citadelle de Jupiter, qui avoit six cent soixante-un ans : *Nonne simulacrum Veiovis in arce è Cupresso, durat a conditá urbe* DC. LXI *anno dicatum.* Plin. *ibid.* On conservoit autrefois les ouvrages les plus rares et les plus précieux dans des boîtes de Cyprès On assure que les portes de l'église de Saint-Pierre de Rome étoient faites de ce bois, et qu'elles avoient duré depuis Constantin jusqu'au temps d'Eugène IV, espace de près de douze cents ans. On en a fait des tables, des tuyaux d'orgue, des instrumens de musique. Les fruits, connus sous le nom de Noix de Cyprès, sont employés en médecine comme astringens, et Pline assure que les feuilles, broyées et mêlées avec des graines, les préservent de la piqûre des vers.

Les Cyprès se multiplient de semences, de marcottes et même de boutures ; mais la première de ces méthodes est préférée. On sème les graines au commencement du printemps, dans des caisses ou dans des terrines remplies de terreau mélangé avec du sable, et on les couvre légèrement. Il faut mettre les jeunes plants à l'ombre et les préserver des gelées. Duhamel dit que pour avoir de bonne graine, on doit cueillir de préférence, en mars ou en avril, les fruits dont les écailles commencent à s'ouvrir, et les mettre dans une caisse que l'on

place dans un lieu bien sec ; alors les écailles se sé-
parent et les graines se détachent et tombent au
fond de la caisse : celles-ci sont très-bonnes à semer.
L'auteur que je viens de citer assure que si on ouvre
les Noix pour en retirer les graines, il est rare
qu'elles lèvent. » (Desf. , *Hist. des Arb. et Arbriss., tom. 2, pag.* 567.)

CUPRESSUS *DISTICHA.*

THE CYPRESS.

Monœcie monadelphie, LINN. Fam. des Conifères. JUSS.

CUPRESSUS DISTICHA. *Foliis planis, quasi pinnatim dis-*
tichis (deciduis.) floribus masculis aphyllo-racemosis:
strobilis subgloboso-ovoïdeis.

LE *Cupressus disticha* est, de toutes les espèces
de ce genre, la plus intéressante et la plus remarquable, soit par les usages nombreux auxquels son
bois est employé dans les arts, soit par les dimensions vraiment extraordinaires, auxquelles il parvient, lorsque la nature du sol et la température
du climat, sont favorables au développement de
sa végétation.

A la Louisiane, on donne à cet arbre le nom de
Cypre, ou *Cyprès*; dans les parties méridionales des
États atlantiques, il est connu sous ce même nom,
et quelquefois aussi sous celui de Cyprès chauve,
Bald cypress; les dénominations de *Black cypress*,
Cyprès noir, et de *White cypress*, Cyprès blanc,
qu'on lui donne encore dans les deux Carolines et
la Géorgie, ne sont que des distinctions fondées sur
la couleur et la qualité du bois, comme j'aurai
occasion de le faire observer dans la suite de cet
article.

Les bords de l'*Indian river*, petite rivière qui tra-

CUPRESSUS Disticha.

Cyprès.

verse une partie de l'État de la Delaware, par le 38°. 5o'. de latitude, peuvent être considérés comme un des points les plus avancés vers le Nord, où croisse le *Cupressus disticha.* Plus on avance ensuite vers le Sud, plus on le rencontre abondamment aux lieux marécageux, qui bordent les rivières, ou qui sont enclavés dans les forêts. Dans le Maryland et la Basse-Virginie, son existence est bornée au voisinage de la mer qui, en hiver, tempère les froids encore assez rigoureux qui s'y font sentir, et qui, en été, augmente l'intensité des chaleurs violentes; car, comme j'ai déjà eu occasion de le faire remarquer, dans l'Amérique-Septentrionale, les froids et les chaleurs sont extrêmes, à ces deux époques de l'année. Audelà de la Virginie, et même à partir de Norfolk, les limites que j'ai assignées aux Pinières, *Pines barrens*, formées par le *Pinus australis*, sont précisément les mêmes que la nature a fixées au *Cupressus disticha.* Ainsi, dans les Carolines et la Géorgie, il occupe une grande partie des *Swamps*, marais fort étendus, qui longent les rivières, lorsque celles-ci, après avoir traversé le pays montueux, *Oaky lands*, ont gagné le bas pays, où elles ont encore à parcourir une distance de 200 à 250 milles (350 à 400 kilom.), avant d'arriver à l'Océan.

La Floride orientale que j'ai visitée, offre, à très-peu de chose près, le même aspect que la partie maritime des États méridionaux, si ce n'est que le sol m'en a paru généralement moins varié; ce qui fait que le Pin à longues feuilles et le Cyprès y sont, l'un dans les terres élévées et l'autre dans les terres basses, moins entremêlés d'arbres d'espèces différentes; ce qui les rend l'un et l'autre comparativement plus abondans.

Les rives du Mississippi, depuis son embouchure jusqu'à la rivière des Arkansas, ce qui comprend en suivant le cours du fleuve, un espace de plus de 200 lieues (1,000 kilom.), sont bordées de marais que les débordemens annuels de ce grand fleuve, rendent encore plus vastes et plus aquatiques.

A la Louisiane, l'on désigne par le nom de *Cyprières*, les parties de ces marais où cet arbre croît presque seul, et dont il couvre quelquefois exclusivement des milliers d'hectares. De même que dans les Florides, ces marais sont contigus à de vastes savanes, couvertes de Pins, mais le plus souvent seulement de hautes herbes, entremêlées d'une grande variété de plantes. Au milieu de ces pinières et de ces savanes, on trouve çà et là des mares ou des flaques d'eau, qui sont aussi remplies de Cyprès, dont la mauvaise apparence, lorsqu'ils excèdent 18 à 20 pieds (8 mètres), démontre évidemment qu'ils se ressentent de la maigreur du sol qui ne diffère des terreins adjacens, que parce que la couche végétale, qui repose sur un sable quartzeux, à un peu plus d'épaisseur. D'après ce que je viens de dire, on peut se faire une idée assez exacte des diverses parties des États-Unis, et de la nature du sol, où se trouve le *Cupressus disticha*, à partir du lieu où il commence à se montrer vers le Nord, jusqu'au Mississippi; ce qui comprend

une étendue de plus de 500 lieues (2,500 kilom.);
mais au-delà de la Basse-Louisiane, vers le Sud-
Ouest, dans la Nouvelle-Espagne, je n'ai que des
données assez incertaines, quoique j'aie quelque raison de croire qu'on le trouve jusqu'à l'embouchure
de la rivière del Norte, latitude 26°. Cet espace eu
égard au grand circuit que fait le golfe du Mexique,
embrasseroit une étendue de pays de plus de 1,000
lieues (5,000 kilomètres) où croît le *Cupressus
disticha.*

Monsieur le Baron de Humboldt, dans son intéressante description de la Nouvelle-Espagne, fait mention de plusieurs *Cupressus disticha* qu'on voit dans
les anciens jardins des Empereurs Mexicains; ces
arbres plantés avant l'arrivée des Espagnols, sont
dit-il, d'une grosseur considérable.

Dans ces marais qui, dans les États méridionaux,
les Florides et la Basse-Louisiane, accompagnent les
rivières, et dont le sol très-profond, très bourbeux,
augmente tous les ans d'épaisseur, par de nouvelles couches de terre végétale que les débordemens
y amènent, le *Cupressus disticha* arrive à son plus
grand développement. Il y acquiert 120 pieds (40
mètr.) d'élévation, sur 25, 30 et 40 (8, 10 et 12 mètr.)
de circonférence au - dessus de sa base conique,
dont la grosseur, à la surface du sol, et toujours trois
à quatre fois plus considérable que celle du corps
de l'arbre. C'est ce qui fait que les Nègres chargés
d'abattre ces Cyprès, sont obligés d'élever des écha-
faudages à 5 ou 6 pieds (3 mètres) au - dessus de

terre, pour les couper à l'endroit où le tronc commence à prendre une grosseur uniforme. Cette partie
inférieure du tronc, ordinairement creuse dans les
trois quarts de son volume, n'a pas une forme pyramidale aussi régulière, que celle du *Nyssa grandidentata*; elle en diffère surtout, en ce qu'elle présente à sa surface de larges sillons longitudinaux, dont
les parties saillantes sont inférieurement comme autant de crampons, destinés à fixer plus solidement
cet arbre dans un terrein qui a peu de consistance. De
la surface des racines des plus gros arbres, et surtout
de ceux qui sont les plus exposés aux inondations,
naissent des espèces d'exostoses ou protubérances
coniques, qui ont jusqu'à 4 à 5 pieds (13 à 16 décimètres) de hauteur, mais très-communément 18 à 24
pouces (4 à 6 décimètres). Ces excroissances toujours
creuses à l'intérieur, et dont le sommet est lisse, sont
couvertes d'une écorce rousse comme celle des racines, auxquelles elles ressemblent encore par leur
texture ligneuse qui est très-tendre. Elles ont cela
de fort remarquable, qu'elles ne présentent jamais
aucun signe de végétation : quelques essais que j'ai
faits pour l'exciter , en les entamant à différens
endroits de leur surface, et en les couvrant ensuite
de terre, n'ont pas été suivis du succès. Ces protubérances, dont on ne peut assigner la cause, et qui
sont particulières à ce Cyprès, commencent quelque
fois à se manifester , lorsque les arbres ont acquis
20 à 25 pieds (7 à 8 mètres) d'élévation. Les
Nègres les coupent pour faire des ruches ; c'est le

seul usage auquel elles sont quelquefois employées. La cime des Cyprès n'est pas pyramidale comme celle des Sapins : elle occupe au contraire beaucoup d'espace, et souvent même elle paroît comme déprimée dans les vieux arbres ; son feuillage, peu touffu, est léger et d'une teinte fraîche et agréable. Chaque feuille, considérée isolément, est longue de 4 à 5 pouces, (11 à 14 centim.) et présente deux rangs de folioles disposées parallèlement sur un filet commun. Ces folioles sont petites, linaires, un peu arquées de dedans en dehors, et d'un vert clair. A l'automne, elles prennent une couleur rousse et tombent peu après. Si l'on fait bouillir pendant trois heures les feuilles de cet arbre dans de l'eau, elles communiquent au liquide une couleur cannelle, d'une teinte agréable et solide; c'est du moins le résultat que présentent quelques tentatives que l'on a faites en Europe à ce sujet.

Le *Cupressus disticha* fleurit en Caroline, vers le 1er. février. Ses fleurs mâles et ses fleurs femelles sont séparées, mais placées sur le même arbre ; les premières sont disposées en chatons pendans et flexibles, et les secondes sont en têtes et peu apparentes ; à celles-ci succèdent des fruits ou cônes de la grosseur du pouce, qui sont arrondis et à surface inégale; ces cônes assez durs contiennent des graines, qui sont autant de petits corps ligneux, très-irréguliers, dans l'intérieur desquels se trouve une amande cylindrique. Elles sont en maturité dans le courant du mois d'octobre, et elles se conservent bonnes deux ans.

Le bois du *Cupressus disticha* est d'une teinte rougeâtre, lorsqu'il a été quelque temps exposé à la lumière, et sa texture est très-fine. Il est doué d'un grand degré de force et d'élasticité : moins résineux que celui des Pins, il est aussi moins pesant. A ces propriétés, il joint celle infiniment précieuse de résister très-long-temps aux alternatives de la chaleur et de l'humidité ; variations qui sont extrêmes dans le Midi des États-Unis et à la Basse-Louisiane.

La qualité du bois de *Cupressus disticha*, sa couleur et celle de son écorce, varient suivant la nature des terreins où il croît : ainsi, dans les arbres qui, étant placés immédiatement sur les bords du lit naturel des rivières, sont presque constamment submergés jusqu'à 3 et 4 pieds (1 mètre) dans les basses eaux, on observe que l'écorce est d'un gris blanc et d'une teinte plus claire que dans ceux qui croissent loin des rives, et dans les endroits où les eaux ne parviennent pas, où ne séjournent que momentanément. Le bois de ceux-là est aussi plus blanc, moins résineux et plus léger; on les désigne, dans la Caroline et la Géorgie, par le nom de *Cyprès blancs*. Les autres au contraire, dont l'écorce est plus rembrunie, le bois plus brun, plus chargé de résine et plus pesant, sont appelés *Cyprès noirs* ; distinction qui, comme on voit, n'est que le résultat de l'influence du sol dans lequel ils ont pris naissance, mais dont j'ai cru néanmoins devoir assigner la cause, pour éviter toute espèce d'incertitude aux personnes qui n'habitent pas les pays où cet arbre est indigène. Lorsqu'on veut employer dans les arts, le bois de ces deux variétés, on ne doit le mettre en œuvre que lorsqu'il provient d'arbres abattus en hiver, et qu'il a été conservé assez long-temps pour être parfaitement sec, car il ne perd que difficilement·son humidité. Il exsude du *Cupressus disticha* une résine, dont la couleur est rouge et l'odeur assez agréable : mais elle est trop peu abondante pour être recoltée et introduite dans le commerce. Les Nègres la préfèrent à celle des Pins pour mettre sur les blessures qui sont déjà entrées en suppuration. Cet arbre en rend une plus grande quantité que le *Cupressus thyoïdes*, ce qui est probablement la cause que son bois est plus dense et plus fort.

A la Louisiane, l'emploi du bois de Cyprès est plus général que partout ailleurs; il y remplace très-utilement le Chêne blanc et même le Pin qui y sont assez rares, et il a sur ce dernier l'avantage d'être plus durable. Les maisons de la Nouvelle-Orléans, dont la presque totalité est encore en bois, sont construites en Cyprès. On en fait la charpente, les planches dont elles sont revêtues extérieurement, les essentes qui les couvrent, et la menuiserie intérieure. Dans les Carolines et la Géorgie, lors des premiers établissemens de ces Colonies, on en faisoit un usage presque aussi général; mais aujourd'hui on est obligé d'avoir recours à d'autres bois, parce que les Cyprès d'un grand diamètre, sont devenus trop rares, et que l'on seroit obligé de les faire venir

de trop loin à l'intérieur. Il n'y a donc que ceux qui
demeurent à la proximité des marais, où cet arbre
abonde encore, qui en font construire entièrement
leurs maisons, ou qui se bornent à en faire des planches pour en revêtir extérieurement la charpente;
car elles durent deux fois plus de temps que celles
qu'on tire des Pins, surtout si on a soin de les faire
peindre de temps en temps: cette précaution contribue beaucoup à les préserver de la pourriture. Mais
de quelques matériaux que les maisons soient construites dans les villes et dans les campagnes de ces
deux États, elles sont toujours couvertes en essentes
fabriquées de bois de Cyprès, qui durent environ
quarante ans, sans avoir besoin d'être renouve-
lés, si toutefois elles ont été faites d'arbres abattus en hiver. Les essentes se lèvent parallèlement
aux couches concentriques. A cette occasion, je
remarquerai qu'à Norfolk en Virginie, situé près de
Dismall Swamps, où il se fabrique une prodigieuse
quantité de ces essentes et de celles de *Cupressus
thyoïdes*, et où on peut les avoir au même prix,
on donne la préférence à celles qui sont tirées du
Cupressus disticha; tandis qu'à Philadelphie et à
Baltimore, où l'on a la même facilité d'obtenir l'une
ou l'autre sorte au même prix, on préfère celles qui
sont en *Cupressus thyoïdes*. Ne pourroit-on pas
conclure de ce fait, qui paroît être le résultat de
l'expérience, que le *Cupressus disticha* et le *Cupressus thyoïdes* ne réunissent complètement tous les
principes qui rendent leur bois si durable, que dans
les pays où ils sont respectivement plus abondans,

en égard à la nature du terrein et à la température
du climat qui sont plus favorables à leur végétation?

Dans les villes des États méridionaux, où le Pin
blanc est à très-bon marché, le bois de cet arbre a
remplacé, en grande partie, celui de Cyprès pour la
menuiscrie intérieure des maisons. Cependant les
planches faites de ce dernier, sont préférablement
employées pour l'intérieur des maisons en briques,
et pour les chassis des fenêtres et les panneaux
des portes qui sont plus exposés à l'humidité. Les
Ébénistes l'employent aussi pour l'intérieur des
meubles d'acajou.

On m'a assuré qu'à la Louisiane, on faisoit en
Cyprès les mâts et les bordages de navires, qui étoient
d'un excellent usage; on en fait le même cas dans
les ports de Charleston et de Savanah, quoiqu'il y
soit actuellement peu employé.

Par-tout où croît le *Cupressus disticha*, on construit avec le tronc de cet arbre, des canots ou des
pirogues d'une seule pièce, qui ont plus de 3o pieds
(1o mètr.) de longueur, sur 5 pieds (2 mètr.) de largeur; ces canots sont légers, solides et plus durables
que ceux qui sont faits avec toute autre sorte de bois.

Le long du Mississippi, les habitans en font la
clôture des champs de leurs habitations, et des
pieux qui, dépouillés de l'aubier, durent très-long-
temps en terre. Pour ce dernier usage, il est aussi
préféré aux autres espèces de bois dans tous les
Cantons de la Géorgie, où cet arbre abonde, et où
il est facile à se procurer. L'on en fait encore les

meilleurs conduits souterrains pour les eaux : alors il faut se servir de préférence du *Cyprès noir*, comme étant plus résineux et plus solide.

Les inépuisables cyprières qui bordent le Mississippi, dans un espace de 200 lieues (4,000 kilomètres), non-seulement ont fourni et fournissent sans cesse à toutes les espèces de constructions qui se font dans la Basse-Louisiane, mais encore elles ne cessent de subvenir au commerce d'exportation qui a lieu du bois de cet arbre aux Colonies des Indes occidentales, où il est envoyé, débité principalement en planches et en essentes. Cette branche de commerce est cependant très-diminuée depuis quelques années, à cause de la grande exportation que font les États du Nord, de planches des diverses espèces de Pins, et notamment de celles du *Pinus strobus*, dont le prix est de moitié moindre, et dont les usages sont à-peu-près les mêmes.

A la Havanne, cette dernière sorte a, en grande partie, remplacé celle du Cyprès pour la confection des caisses à sucre, qui en consommoit une grande quantité; mais pour couvrir les maisons, les essentes de Cyprès ont toujours la préférence. La consommation qui s'en fait dans les Colonies françaises, anglaises et danoises, est prodigieuse; on l'évalue à près de 100 millions d'essentes : elles sont principalement exportées des ports de Norfolk, dans la Basse-Virginie; de Willmington, dans la Caroline du Nord, et de Savanah, dans la Géorgie. Dans certaines années, il en a été expédié plus de 15 millions de Norfolk, et 3o millions de Willmington C. N. Ces essentes sont de deux sortes, les unes ont 18 pouces (54 centimètres) et les autres 22 pouces (66 centimètres) de longueur, sur 3 à 6 pouces (8 à 16 centimètres) de largeur. Le prix de ces dernières, étoit à Philadelphie, dans le mois de février 1808, de 4 à 5 piastres (25 francs) le millier, et elles se vendent ordinairement le double aux Colonies des Indes occidentales.

Tels sont les résultats des renseignemens que j'ai obtenus, et des observations que j'ai faites dans le Midi des États-Unis, sur le *Cupressus disticha*, arbre infiniment précieux pour ces Contrées, et plus encore pour la Basse-Louisiane; car ce nouvel État est encore plus privé de bois de bonne qualité, ou de ceux qui, comme le *Quercus virens*, ne sont pas de nature à être employés d'une manière aussi générale. Il est probable que si j'avois visité cette Colonie, la description que je viens de donner de cet arbre, quoique plus étendue et plus exacte que celles qui ont été publiées jusqu'ici, auroit été encore plus détaillée, parce que j'aurois été à même de recueillir plus de données sur ses propriétés et sur ses défauts, dans un pays où son bois est employé à mille usages différens. Je me suis borné à en indiquer les principaux, laissant à des Amateurs instruits, le soin de célébrer dans leurs écrits, cet arbre aussi précieux par les importans services qu'il rend à la société dans ces Contrées lointaines, que majestueux par le luxe de sa végétation.

En Europe, les Amateurs de cultures utiles, ou seulement ceux qui ne cherchent qu'à embellir leurs parcs et leurs jardins d'agrément, en y rassemblant des arbres étrangers, se sont efforcés depuis plus de cinquante ans, de multiplier le *Cupressus disticha.* Un grand nombre d'entr'eux pensent même que cet arbre, qui résiste bien aux froids qu'on éprouve en hiver aux environs de Paris et même en Angleterre et en Hollande, pourroit fournir beaucoup de ressources pour les arts, à cause des bonnes qualités de son bois qui sont assez généralement connues, et que de plus il présenteroit un autre avantage bien précieux, celui d'occuper d'une manière utile beaucoup de marais ou terreins aquatiques, qui sont encore vagues. On ne peut qu'applaudir aux intentions de ces personnes et aux motifs qui leur font recommander la propagation de cet arbre; mais je ne puis adopter entièrement leur opinion sur les résultats qu'on s'en promet: je crois même qu'il sera toujours plus lucratif de planter des Frênes, des Saules, des Aulnes et plusieurs espèces de Peupliers et d'Érables, parce que leur croissance est infiniment plus rapide; qu'ils repoussent du pied après avoir été coupés, ce que ne fait pas le *Cupressus disticha*; et que leurs bois peuvent être employés tout aussi utilement pour les Européens qui construisent leurs maisons en pierres, et qui les couvrent de tuiles ou d'ardoises. Je suis également persuadé que la culture du *Cupressus disticha*, comme arbre utile, ne sera jamais suivie du succès en Europe, au-delà du 44'.

degré de latitude, car cet arbre a autant besoin de
chaleur que d'humidité, pour végéter avec vigueur ;
c'est ce manque de chaleur de nos étés qui ne sont pas
assez prolongés, qui fait que beaucoup de Cyprès
chauves, plantés près de Paris depuis plus de 25 ans,
ne complètent pas la maturité de leurs fruits, quoi
qu'ils fleurissent tous les ans; c'est à cette même
cause qu'on doit attribuer la lenteur de leur végétation; car la plupart ont moins de 20 à 25 pieds
(6 à 8 mètres) d'élévation. Les plus gros *Cupressus
disticha* que nous possédons, se trouvent à 20 lieues
(100 kilom.) de Paris, dans les anciens domaines
de M. Duhamel : plantés il y a plus de 40 ans, et placés dans la situation plus favorable à leur végétation,
ils se sont élevés à 40 pieds (12 mètres), sur 11 à 12
pouces (32 centimètres) de diamètre, et cependant
leurs graines viennent très-rarement à maturité. Un
Amateur d'agriculture, recommandable par ses vues
utiles, dont les propriétés sont en partie situées dans
les Landes de Bordeaux, et qui y a formé un établis-
sement pour naturaliser les arbres étrangers qui peuvent offrir aux arts de nouvelles ressources, a obtenu
un succès très-marqué dans la culture du *Cupressus
disticha*; des graines que je lui envoyai en 1803,
de la Caroline méridionale, il a élevé cinquante individus qui, dans le cours de ces huit dernières années,
ont déjà atteint 20 à 30 pieds (6 à 10 mètres) de
hauteur. Ce fait vient à l'appui de l'opinion où je
suis, que cet arbre ne réussira jamais bien en France,
que dans nos départemens méridionaux, et notam-

ment dans les Royaumes d'Italie et de Naples, partout où il se trouve des marais non cultivés ; et si, dans quelques-uns des départemens de ces États, on construit et on couvre encore en bois les maisons, celui du *Cupressus disticha*, sera le plus précieux que les habitans pourront employer.

Il seroit inutile de recommander aux habitans de la partie méridionale et maritime des deux Carolines, de la Géorgie et des Florides, de conserver, moins encore de multiplier le *Cupressus disticha*, quoique cette partie des États-Unis, qui comprend une étendue de plus 300 lieues (1500 kilomètres), ne possède ni pierres, ni ardoises pour la construction des maisons. Cette recommandation resteroit sans effet ; car il sera de jour en jour plus avantageux pour la population qui s'accroît sans cesse dans ces Contrées, de convertir les marais de Cyprès en rizières, dont les récoltes fourniront une subsistance assurée aux habitans, et ajouteront une nouvelle masse à l'exportation des produits du sol. Ainsi, au lieu de construire les maisons en bois, on les construira en briques, comme on a déjà commencé à le faire, et on les couvrira en ardoises, qui seront importées des États du Nord ou d'Europe. Si donc on réfléchit sur l'immense consommation qui se fait du *Cupressus disticha* dans les États méridionaux, et sur l'intérêt toujours croissant que les habitans trouveront à l'exploiter, afin d'approprier le sol marécageux qu'il occupe à des cultures plus profitables, on doit prévoir que cet arbre ne peut manquer de devenir de jour en jour plus rare, et qu'il finira peut-être par disparoître entièrement avant deux siècles, de cette partie des États-Unis.

PLANCHE Ire.

Rameau avec les feuilles de grandeur naturelle. Fig. 1, fruit. Fig. 2, graine. Fig. 3, amande. Fig. 4, graine coupée en deux. Fig. 5, excroissance coniforme qui prend naissance sur les racines.

CUPRESSUS *THYOIDES.*

WHITE CEDAR.

Cupressus *thyoïdes, foliis squammulatim imbricatis, ramulis compressis; strobilis minutis, globulosis.*

Parmi les diverses espèces d'arbres résineux que produit le sol des États-Unis, celle-ci peut être mise au nombre des plus intéressantes, à cause de plusieurs bonnes qualités, qui rendent son bois propre à des usages très-variés. Vers le Nord, le *Cupressus thyoïdes* est assez rare au-delà de la rivière Connecticut; et cette rareté est cause qu'il n'est point employé dans les arts. Dans les États méridionaux, je ne l'ai pas vu au-delà de la rivière Santee. On m'a néanmoins assuré qu'il croissoit sur les bords de la rivière Savanah, près d'Augusta; mais aussi qu'il y étoit très-peu multiplié. C'est donc entre les limites que je viens d'indiquer, et seulement à partir des Côtes de l'Océan, jusqu'à environ 50 milles dans les terres, qu'il se trouve très-abondamment. Ces limites comprennent les États du Milieu, et une portion de ceux du Sud.

A New-York, ainsi que dans le New-Jersey et la Pensylvanie, cet arbre est connu sous le seul nom de *White cedar*, Cèdre blanc; tandis que dans le Maryland, la Virginie et la Caroline du Nord, il porte celui de *Juniper*, Genevrier. J'ai cru devoir

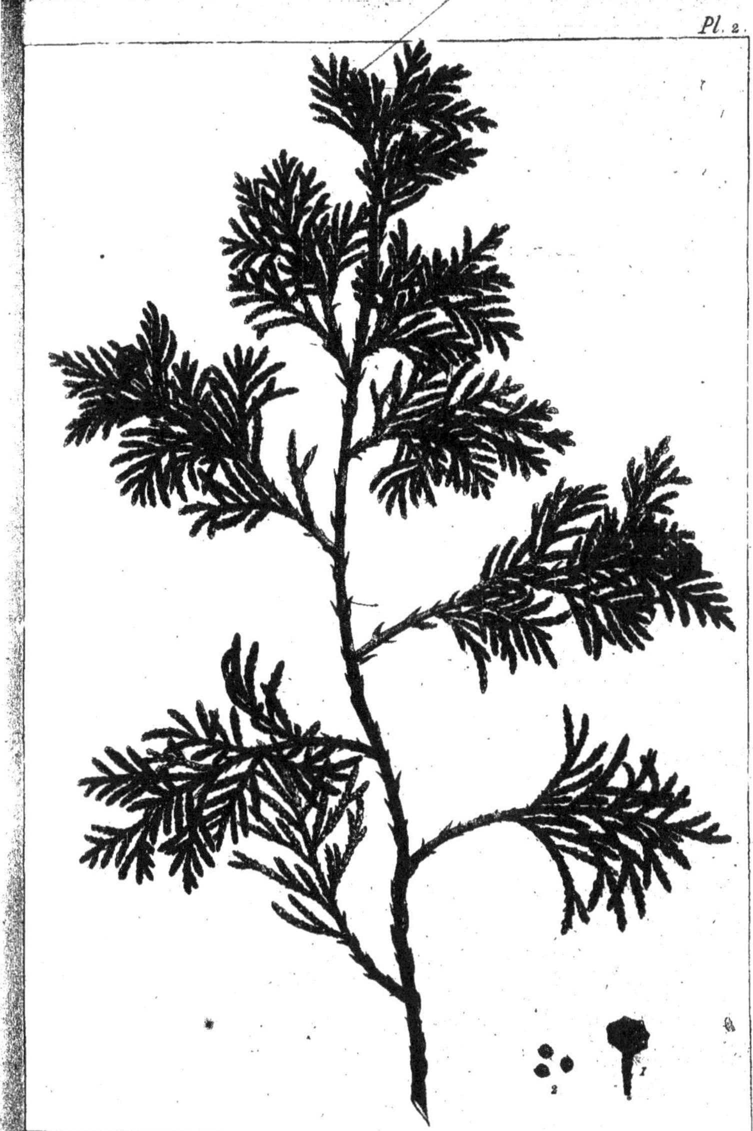

CUPRESSUS Thyoides.
White Cedar.

préférer la première de ces deux dénominations, par ce qu'il m'a paru qu'elle n'étoit pas entièrement étrangère aux habitans des pays qui le connoissent sous la seconde, laquelle, d'ailleurs, est tout-à-fait mauvaise, puisque cet arbre n'appartient pas au genre des *Juniperus*. A Boston, dans les États de New-Hamsphire, de Vermont et plus au Nord, comme dans le Canada, la province de la Nouvelle-Brunswick et la Nouvelle-Écosse, on donne aussi le nom de *White cedar*, Cèdre blanc, au *Thuya occidentalis*. Il falloit une seconde fois opter, et j'ai cru bien faire, que de conserver encore le nom de *White cedar*, Cèdre blanc, à l'arbre que je décris, puisque ce dernier n'appartient pas non plus au genre des *Thuya*.

Le *Cupressus thyoïdes* ne croît qu'aux lieux très-humides. Il couvre presque entièrement les marais d'une vaste étendue, qu'on trouve à peu de distance des bords de la mer, dans le Bas-Jersey et dans la partie maritime du Maryland et de la Virginie. Ces marais qui sont ordinairement limitrophes des prairies salées, sont même exposés dans les hautes marées, à être momentanément baignés par les eaux de la mer. Dans le New-Jersey, il occupe presqu'à lui seul toute la superficie de ces marais, qui sont néanmoins bordés de *Nyssa aquatica* et d'*Erables rouges*. Mais, plus au Sud, il est entremêlé avec le *Cupressus disticha*; et l'on observe que la proportion de ce dernier augmente, à mesure qu'on avance dans cette direction; et il finit par le remplacer entièrement. Ces marais du Bas-Jersey et des États de la

Delaware et du Maryland, sont tellement fangeux
pendant huit mois de l'année, qu'ils ne sont prati-
cables en été que pendant les plus grandes sécheres-
ses, et en hiver, lorsqu'ils sont couverts de glaces.
Les arbres y sont tellement rapprochés, que la lumière
du jour, n'y pénètre que très-difficilement. Sous leur
ombrage croissent à chaque pas, des touffes de *Rhododendron maximum*, d'*Azalea* et d'*Andromeda*,
dont la belle et vigoureuse végétation indique pleinement que ces charmans arbustes se plaisent dans
ces terreins humides et ombragés.

Le *Cupressus thyoïdes* s'élève à 70 et 80 pieds
(23 à 26 mètres), sur un diamètre qui excède rarement 3 pieds (1 mètre), si ce n'est cependant dans
quelques-uns de ces marais les plus vastes, où l'on n'a
pas encore pénétré par-tout, pour en abattre les plus
gros individus, comme dans celui qui est connu sous
le nom de *Dismall swamp*, situé près de Norfolk,
en Virginie ; ce marais est couvert, presque dans son
entier, de *Cupressus disticha* et de *Cupressus thyoïdes*. Ces derniers, dans les endroits où ils sont extrêmement rapprochés les uns des autres, ont une tige
droite et parfaitement perpendiculaire, et sont dégarnis de branches jusqu'à la hauteur de 50 à 60 pieds
(13 à 20 mètres). On observe que dans ce marais,
les *Cupressus thyoïdes* occupent ordinairement de
préférence le centre, tandis que les *Cupressus disticha* couvrent les parties les plus rapprochées de la
circonférence ; et que ceux-ci acquièrent jusqu'à 7
pieds (22 décim.) de diamètre, tandis que ceux-

là ne parviennent qu'à la moitié de cette grosseur.

L'Écorce (*epiderme*) est fort mince dans les jeunes *Cupressus thyoïdes*, mais elle devient ensuite fort épaisse: elle est alors d'une texture très-tendre, filamenteuse et de couleur rousse, très-semblable aux vieilles tiges de vignes. Lorsque cette écorce est entamée, il en exsude une résine transparente, dont la couleur est jaune et l'odeur assez agréable, mais qui est toujours en très-petite quantité; car ee seroit avec peine que d'un arbre d'un pied (3 décimètres) de diamètre, on en obtiendroit plusieurs onces dans le cours de l'été.

Le feuillage du Cèdre blanc reste toujours vert; ces feuilles sont autant de petits rameaux, très-sub-divisés, et qui se composent chacun de petites écailles aiguës, imbriquées les unes sur les autres, et au dos desquelles se trouve une petite glande, facile à distinguer à la loupe. C'est dans les aisselles de ces petites ramifications, que naissent les fleurs qui sont très-peu apparentes et auxquelles succèdent des fruits ou cônes aussi extrêmement petits. Ces cônes, d'abord verdâtres, et à surfaces inégales, deviennent bleuâtres vers l'automne, époque où ils s'ouvrent pour laisser échapper des graines très-fines.

Lors même que le Cèdre blanc a déjà acquis une grosseur assez considérable, on observe que les cercles concentriques, ou les couches annuelles sont toujours très-distinctes, mais elles sont si nombreuses et si rapprochées les unes des autres, qu'il paroît que cet arbre n'arrive à son plus grand accroisement

qu'après un laps de temps très-long. J'ai compté
297 couches annuelles, sur un individu qui n'avoit
que 21 pouces 6 lignes (58 centimètres) de diamètre, à 5 pieds (16 décimètres) de terre, et 47 sur
un jeune plant qui avoit 8 pouces (21 centimètres)
au niveau du sol, ce qui annonçoit dans celui-ci
à-peu-près 50 ans de végétation. En effet, à l'époque
où je fis cette observation, on me dit dans le canton,
que depuis un demi siècle au moins, le marais d'où
cet arbre avoit été tiré, avoit été complètement
incendié, et qu'il s'étoit repeuplé par le moyen de
quelques arbres qui avoient échappé à l'incendie, ou
peut-être encore des graines de l'année précédente.

Le bois de Cèdre blanc se travaille aisément,
parce qu'il est très-léger, très-tendre, et que le grain
en est assez fin. Lorsqu'il est bien sec, et qu'il a été
quelque temps exposé à la lumière, il prend une
couleur rosée ; il a une odeur aromatique assez forte,
qu'il conserve tant qu'il n'est pas à l'humidité.
L'expérience a appris que ce bois dépouillé de son
aubier, résistoit plus long-temps que celui d'aucune
autre sorte, aux alternatives de la sécheresse et de
l'humidité. C'est principalement parce qu'il a cette
propriété précieuse, et qu'il y réunit une extrême
légèreté, qu'à Philadelphie et à Baltimore, on le préfère pour les essentes ou bardeaux, dont on couvre
les maisons. Les essentes se lèvent, ou se débitent
transversalement aux couches concentriques, et non
parallèlement avec elles, comme celles du *Cupressus
disticha*. Elles ont de 24 à 27 pouces (64 à 72 centim.)

de long, de 4 à 6 (10 à 16 centimètres) de large , et 3 lignes (6 millimètres) à l'extrémité la plus épaisse. Dans les prix courans de Baltimore , elles sont indiquées sous le nom de *Juniper shingles* , essentes de Genevrier. Leur prix varie de 4 à 5 piastres (20 à 25 fr.), le millier, prêtes à être employées.

On est généralement persuadé à Philadelphie et à Baltimore, que les essentes de *Cupressus thyoïdes*, quoique égales en durée, à celles de *Cupressus disticha*, leur sont néanmoins préférables , parce qu'elles n'ont pas comme celles-ci, l'inconvénient de se fendre en les clouant sur les chevrons, et que de plus, on peut se les procurer plus longues et plus larges. Presque toutes les maisons de New-York, de Philadelphie, de Baltimore et des petites villes circonvoisines, sont couvertes en essentes tirées de cet arbre; et pour l'ordinaire, il n'est pas besoin de les renouveler avant 30 et 35 ans. La consommation qui s'en fait dans le pays, déjà très-considérable, est encore augmentée par ce qui s'en exporte aux Colonies des Indes occidentales. On en évalue la quantité à plusieurs millions.

Depuis bien des années, on n'employe plus dans la bâtisse des maisons , le *Cupressus thyoïdes* , comme bois de charpente; les arbres d'un fort diamètre qui y seroient propres, sont devenus trop rares; d'ailleurs, on tire un parti plus avantageux de le débiter en esssentes ou de l'employer pour la boissellerie; car on assure que, sous ces deux rapports, il est fort préférable au *Pinus strobus*, parce qu'il a,

III. 4

encore plus que lui, la propriété de se conserver sain et d'être moins sujet à être attaqué par les vers. Son usage dans la construction des maisons, se trouve donc borné aux endroits qui avoisinent immédiate- ment les grands marais, où il croît si abondamment, comme près de Great Egy Harbour, d'Indian river dans le New-Jersey, et de Dismall Swamp, en Virginie.

La supériorité du bois de Cèdre blanc pour la con- fection de différens vaisseaux nécessaires aux usages domestiques, a créé à Philadelphie, une branche d'industrie particulière, sous la dénomination de *Cedar cooper*, tonnelier en Cèdre. Elle est pour ainsi dire concentrée dans cette ville, elle y occupe un grand nombre d'ouvriers, qui travaillent non- seulement pour la consommation du pays, mais encore pour le commerce d'exportation. C'est dans les celliers pratiqués sous les maisons, et dont l'ou- verture donne sur la rue, qu'ils établissent leurs ate- liers, et où ils fabriquent principalement beaucoup de seaux à anse ou à poignée, des cuviers à laver le linge, et des barattes à main et à manivelle. Les cercles dont ils se servent, sont aussi faits de jeunes Cèdres qu'on dépouille de leur écorce, et qui sont fendus en deux; ils ne sont employés qu'à cet objet. Les jeunes brins propres à cet usage, varient de prix en proportion de leur longueur; ils se vendent de- puis 5 dollars jusqu'à 15 dollars (25 livres à 75 fr.) le millier : ceux-ci ont environ 2 pouces (6 centim.) de diamètre à leur base, sur 11 à 12 pieds (35 à 38 décimètres de longueur. Tous ces vaisseaux, dont le prix est modéré, sont bien conditionnés, très-légers et travaillés proprement et avec soin. Ils ne se ternissent pas à la longue, comme ceux qui sont faits d'autres bois, ils deviennent au contraire plus blancs et plus unis à l'user.

A l'embouchure de la rivière Cap Fear, les pilotes et les pêcheurs se servent de planches de *Cupressus thyoïdes* pour faire les côtés de leurs bâteaux, *Whale boat* : ces planches sont placées par recouvrement les unes au-dessus des autres. On les préfère parce qu'elles sont plus légères et plus durables que celles des autres arbres, et même, à ce qu'il paroît, que les planches de *Cupressus disticha*. Celles-ci sont aussi communes dans le pays, mais elles ont l'inconvénient de se fendre plus aisément.

On m'a assuré que le bois de cet arbre, bien choisi, réunissoit à un haut degré toutes les qualités requises pour faire des tables d'harmonie pour les forté-piano. Des Négocians de Philadelphie, qui font le commerce des huiles, ont éprouvé qu'elles se conservent beaucoup mieux dans des cuves ou réservoirs fabriqués avec ce bois. On en fait aussi un charbon très-estimé pour la fabrication de la poudre à canon; mais pour cela, on ne prend que de jeunes brins qui ont moins de 18 lignes (4 centimètres) de diamètre à leur base, et dont on a enlevé l'écorce, avant de les soumettre à la combustion. Avec le bois de Cèdre blanc, bien sec, on fait aussi de très-beau noir de fumée, en moindre proportion, il est vrai, qu'avec celui de Pin, mais il est plus noir et plus léger.

On trouve dans les chantiers de Philadelphie, des planches de bois de Cèdre blanc qui viennent du New-Jersey : leur longueur est de 10 à 12 pieds (31 à 38 décimètres), sur une largeur ordinairement moindre que 12 à 13 pouces (3 décimètres); elles se vendent 20 piastres (100 francs) les 1,000 pieds courans, ou le double de celles de *Pinus strobus*.

Dans le New-Jersey et près de Philadelphie, les fermiers qui sont dans le voisinage des marais à Cèdre, font avec le bois de cet arbre, les pieux et les barres dont ils enclosent leurs champs. Ces barres faites de jeunes Cèdres entiers, ou fendus en deux, sont d'un très-bon usage, surtout si on a la précaution d'en enlever l'écorce, ce qu'on oublié souvent de faire. On dit qu'elles durent de 50 à 60 ans. Elles se vendent à raison de 6 à 8 dollars (30 à 40 francs) le cent, et les brins propres à faire les pieux, 60 à 75 centimes. Le grand débit qui se fait du bois de *Cupressus thyoïdes*, soit pour les clôtures des champs, soit pour les essentes et la boissellerie, rend très-précieuse la possession des marais où cet arbre abonde; mais les propriétaires en tireroient encore plus de bénéfice par la suite, s'ils avoient le bon esprit d'en régulariser l'exploitation.

PLANCHE II.

Rameau avec son feuillage et ses fruits de grandeur naturelle.
Fig. 1, fruit. Fig. 2, graines.

THUIA Occidentalis.

Arbor Vitæ

or

White Cedar

THUYA *OCCIDENTALIS.*

AMERICAN ARBOR VITÆ,

THUYA *occidentalis, ramulis ancipitibus, foliis quadrifariam imbricatis, ovatò-rhombeis, adpressis, nudis, tuberculatis; strobilis ovatis; squamis oblongè-ovalibus; seminibus alatis.*

DES diverses espèces de *Thuya* connues jusqu'à présent des Botanistes, celle dont je donne ici la description, est la seule qui ait été trouvée dans le nouveau Continent; c'est aussi la plus intéressante de toutes, par les bonnes qualités de son bois. Mon père indique les bords du lac St. Jean, en Canada, latitude 48º. 5o′, comme le point le plus avancé vers le Nord, où il observa cet arbre, et dont il dit n'avoir pas vu un seul individu dans un espace de plus de 100 lieues (5oo kil.) qu'il parcourut dans cette direction, au-delà de ce lac. Le *Thuya occidentalis* est, au contraire, fort abondant entre les 48º 5o′ et les 43′ selon que les situations sont plus ou moins favorables à sa végétation. On trouve encore cet arbre au Sud du 45º. degré, mais il y est fort rare, et on ne le voit qu'isolément, le long des torrens qui descendent des montagnes, ou sur les bords de quelques rivières, comme près de celle du Nord, à l'endroit où elle traverse les *High lands*, et aux Rapides de la Potomak, en Virginie. L'Ile des Chèvres, qui partage la rivière de Niagara, au point où elle se précipite

pour former cette chute, dont le spectacle extraordinaire cause autant de surprise que d'admiration
aux personnes qui vont la visiter, n'est pas assez
éloignée des deux rives, pour qu'on ne puisse distinguer qu'elle est bordée, dans tout son pourtour, de
Thuya occidentalis.

Dans le Canada, ainsi que dans les parties les
plus septentrionales des États-Unis, cet arbre est
connu sous le nom de Cèdre blanc, *White cedar*;
il est aussi fréquemment désigné dans le District de
Maine, par celui d'*American arbor vitæ*. J'ai cru
devoir préférer cette dernière dénomination, quoique la moins usitée, afin d'éviter la confusion qui
doit nécessairement résulter du même nom de Cèdre
blanc, qu'on donne aussi au *Cupressus thyoïdes*,
et que je lui ai conservé, comme étant celui sous
lequel il est généralement connu dans les États du
Milieu. Il seroit donc à désirer que la dénomination
d'*American arbor vitæ* prévalût généralement.

Le *Thuya occidentalis* s'élève à 45 et 5o pieds
(15 à 17 mètres), sur une circonférence qui excède
quelquefois 8, 9 et 10 pieds (25, 29 et 3o décim.);
dimensions, il est vrai, auxquels il ne parvient que
rarement; car sa grosseur la plus ordinaire, à 5 pieds
(16 décim.) de terre, n'est que de 10 à 15 pouces (27
à 4o cent.) de diamèt. A en juger par le grand nombre de couches concentriques, toujours très-distinctes,
qui se trouvent dans des individus de cette force, il
paroît que la croissance de cet arbre ne s'opère qu'a-
vec une lenteur extraordinaire; car sur un tronçon

de 13 pouces 5 lignes (35 centimètres et 11 millim.) de diamètre; j'ai compté 117 couches; j'ai également remarqué que les plus écartées de ces couches, sont placées vers le centre, comme dans le *Cupressus disticha* et le *Cupressus thyoïdes;* ce qui est le contraire dans les Chênes, les Bouleaux, les Érables, etc.

Le feuillage du *Thuya occidentalis* se conserve toujours vert; il est très-ramifié, et comme aplati ou étalé; ses feuilles sont comme autant de petites écailles imbriquées et opposées les unes aux autres; elles répandent une forte odeur aromatique, lorsqu'on les froisse. Les fleurs mâles et les fleurs femelles sont placées sur le même arbre, mais séparées. Les premières ont la forme de petits cônes ovales. Aux fleurs femelles succèdent également de petits cônes, longs d'environ 4 lignes (9 millimètres), de couleur jaunâtre, lesquels se composent d'écailles oblongues, qui, à l'époque de la maturité des graines, se partagent dans toute leur longueur pour les laisser échapper; celles-ci sont petites et surmontées d'une aîle très-courte.

Dans le Bas-Canada, la Nouvelle-Brunswick, l'État de Vermont et le District de Maine, le *Thuya occidentalis* est, après l'*Abies nigra* et l'*Abies Canadensis*, celui de tous les arbres résineux qui est le plus multiplié. On le trouve dans deux situations différentes, quoiqu'elles offrent une certaine analogie entre elles, par la grande fraîcheur de leur sol, condition qui paroît dans l'état naturel, nécessaire à sa végétation; car on ne le voit jamais dans les terres élevées, parmi les Hêtres, les Bouleaux, etc. Mais, ou il garnit immédiatement les bords rocailleux d'une multitude de petits lacs et de rivières qui sont répandus dans ces contrées; ou le plus communément, il couvre en grande proportion, quelquefois même seul, des marais qui ont depuis cinquante jusqu'à mille arpens et plus (25 à 500 hectares); et on observe que la proportion des *Thuya* est d'autant plus considérable que le sol est plus humide; alors ces marais ne sont pénétrables que pendant l'hiver, lorsqu'ils sont gelés et couverts de plusieurs pieds de neige. Si, au contraire, ces marais ne sont pas aussi aquatiques, ces forêts partielles de *Thuya* sont entremêlées d'*Abies nigra*, d'*Abies Canadensis*, de *Betula lutea*, de *Fraxinus sambucifolia* et de quelques *Pinus strobus*. Mais, dans tous les cas, la surface du sol, est tapissée d'un lit de *Sphagnum*, tellement épais et si imbibé d'eau, qu'on y enfonce jusqu'à mi-jambe, et qu'on en fait sortir l'eau par la simple pression des pieds. Dans cette mousse, croissent abondamment les plantes suivantes, *Linnea borealis*, *Medeola virginica*, *Sarracenia purpurea* et *Ornus canadensis*.

Le *Thuya occidentalis*, arrivé à son entier développement, a un aspect tellement différent des autres arbres, par son port et son feuillage, qu'on le reconnoît au premier abord; son tronc offre cela de particulier, que de très-ample qu'il est au niveau du sol, il diminue rapidement et se termine par un sommet très-effilé; il est aussi très rameux dans les quatrecinquième de sa hauteur ; et ses principales branches fort espacées, forment des angles droits avec le tronc ; elles donnent naissance à un grand nombre de petits rameaux secondaires qui sont inclinés, même pendants, dont le feuillage ressemble à celui du *Cupressus thyoïdes*.

Lorsque le *Thuya occidentalis* croît sur les bords des lacs, où il vient à l'aise, et où sa végétation est animée par les influences de l'air et de la lumière, il s'élève perpendiculairement, parvient bien plus vite à son plus grand accroissement, et ses dimensions sont toujours plus considérables, que lorsqu'il remplit les marais presque inaccessibles dont j'ai parlé ; car, alors, ces arbres sont tellement pressés les uns contre les autres, que la texture épaisse de leur feuillage, s'oppose à la clarté du jour et intercepte la libre circulation de l'air, si nécessaire à l'accroissement des végétaux. J'ai aussi constamment remarqué que dans ces marais, cet arbre est rarement droit, et que son tronc, toujours plus ou moins incliné, décrit une ligne elliptique. Sa base est aussi fort large, et sur un de ses côtés, elle est chargée de 2 ou 3 gros sillons qui forment autant d'éperons, et qui, dans une direction très-oblique, s'enfoncent en terre, et donnent naissance aux plus grosses racines, ou en sont la continuation.

Le tronc du *Thuya occidentalis* est couvert d'une écorce peu profondément crevassée, assez douce au toucher et fort blanche dans les arbres qui sont les plus exposés à la lumière. Son bois, de couleur rou-

geâtre, est peu odorant, fort léger, et le grain en est
fin et très-tendre. C'est de tous les bois que produisent les parties les plus septentrionales du Canada et
des États-Unis le plus apprécié, comme résistant le
mieux à la pourriture; car, exposé aux alternatives
de la sécheresse et de l'humidité, il dure très-long-
temps ; cependant, comme le décroissement de son
tronc est très-accéléré, il est difficile d'en obtenir
des pièces d'une grande longueur, qui aient le même
diamètre: aussi, quoique ce soit un excellent bois
de charpente, on ne l'employe presque jamais à cet
usage dans le District de Maine, et encore plus rarement en fait-on des planches et des essentes pour
couvrir les maisons. Il a aussi l'inconvénient, comme
le *Pinus strobus*, et peut-être encore plus que lui,
parce qu'il est plus tendre, de tenir mal les clous;
ce qui fait que les Canadiens l'employent avec d'autres bois, qui n'ont pas ce désavantage. Sous le
rapport de sa longue durée, voici un fait, extrait des
notes de mon Père, qui tend à la confirmer. « Lors
de mon voyage à la baye d'Hudson, j'arrivai dit-il,
au mois d'août 1792, près du lac Chicoutonné,
situé près le 48ᵉ degré, et j'y trouvai encore le pres-
bytère de l'Église, établie en 1728, (ainsi que
l'indiquoit la date de l'année placée au-dessus de
la porte principale) par les Pères Jésuites, pour y
rassembler les Sauvages des environs. Ce bâtiment,
construit en poutres équarries de *Thuya occidenta-*
lis, élevées les unes au-dessus des autres, étoit encore
en bon état; et quoique ces poutres n'eussent jamais

été couvertes, ni en-dedans, ni en-dehors, je les trouvai tellement intactes qu'elles n'avoient pas été altérées de l'épaisseur d'une demi-ligne (1 millimètre), depuis plus de soixante ans ».

Mais, au Canada, ainsi que dans l'État de Vermont et dans le District de Maine, l'emploi le plus habituel du bois de cet arbre, et pour lequel il est considéré comme infiniment précieux, est pour en faire des pieux et des barres qui servent à former les clôtures des champs ; et tant que cette méthode de clore les terres cultivées, subsistera dans les pays où cet arbre est très-abondant, on devra l'économiser autant que possible, en exploitant suivant le principe applicable aux arbres résineux, les marais qui en sont couverts ; car l'expérience a appris que les clôtures faites de ce bois, peuvent durer, savoir, les pieux 35 à 40 ans, et les barres-transversales 60 ans, sans avoir besoin d'être renouvelées, c'est-à-dire, trois ou quatre fois plus que celles qui sont faites de tout autre bois ; on a observé que les pieux de *Thuya occidentalis* durent moitié moins de temps dans un terrein sablonneux que dans ceux où l'argile domine. Le bois de cet arbre, fendu sur une petite épaisseur, est préféré en Canada, pour en faire les courbes légères qui qui forment la carcasse des canots d'écorce. De ses rameaux garnis de feuilles, on fait dans le même pays, les balais, qui, gardés dans les maisons, exhalent une légère odeur aromatique assez agréable. Kalm rapporte que de ses feuilles pilées et bien amalgamées avec du sain-doux, on compose un onguent qui s'employe avec beaucoup de succès dans les affections rhumatismales.

Le *Thuya occidentalis* a été introduit en France, depuis plus de deux cents ans. Son port et son feuillage beaucoup plus agréables que ceux de l'espèce qui vient de la Chine, doivent le faire préférer pour l'embellissement des jardins et des parcs d'une grande étendue. Les bonnes qualités de son bois sont aussi un autre motif qui doit engager à le propager dans le Nord de l'Europe, où il peut se trouver des marais qui ne sont pas encore soumis à la culture. Cependant je crois qu'on devroit donner la préférence au *Cupressus thyoïdes*, dont la tige est beaucoup plus élevée, le diamètre plus uniforme, la végétation plus accélérée et le bois aussi durable.

PLANCHE III.

*Rameau avec son feuillage et ses cônes de grandeur naturelle.
Fig. 1 , graines.*

LARIX Americana.

American Larch.

LARIX *AMERICANA.*

AMERICAN LARCH.

LARIX *americana*, *foliis brevioribus*, *strobilis parvis*, *ovoïdeò-subglobosis*, *squamis paucioribus.*

QUOIQUE cet arbre soit plus communément désigné, dans le Nord des États-Unis, par le nom d'*Hacmatack*, j'ai cependant cru que celui d'*American Larch*, Mélèze d'Amérique, étoit préférable; et cela avec d'autant plus de raison, que cette dénomination n'est pas étrangère à ceux qui employent la première, laquelle d'ailleurs est absolument insignifiante. Les Français Canadiens lui donnent le nom d'*Epinette rouge.*

Des diverses espèces d'arbres résineux qui se trouvent dans les régions les plus septentrionales des deux Continens, le Mélèze d'Amérique et celui d'Europe, sont celles qui paroissent être les plus exclusivement confinées dans ces climats rigoureux, et qui sont les premières à disparoître à mesure qu'on se rapproche d'une température plus douce. Les États de Vermont, du New-Hampshire, et le District de Maine, sont dans les limites des États-Unis, les parties où l'espèce Américaine est la plus abondante; mais, quoique le terrein paroisse très-propre à sa végétation, et que les froids, en hiver, y soient long-temps prolongés et très-rigoureux, cet arbre n'y constitue pas cependant la centième partie de l'essence noire ou résineuse, qui se compose principalement de l'*Abies nigra*, de l'*Abies Canadensis* et du *Thuya occidentalis*. Il paroîtroit au contraire, d'après les observations de mon Père, qui a voyagé vers la baie d'Hudson, que ce n'est qu'au Nord du fleuve St. Laurent, et notamment dans les environs des lacs de St. Jean, et des grands et petits Lacs Mistassins, que le Mélèze est extrêmement commun, et où il vient en corps de forêts, couvrant à lui seul des espaces de plusieurs milles d'étendue en tous sens. J'ai appris qu'il étoit aussi fort abondant à Terre-Neuve; ce qui est d'autant plus probable, que ce pays est placé à-peu-près sous la même latitude. Vers le Sud, les États de New-Jersey, de la Pensylvanie et quelques-unes des situations les plus froides et les plus ombragées de la région montagneuse de la Virginie, sont les points les plus avancés dans cette direction, où il cesse de croître; aussi y est-il assez rare; et dans le Bas-Jersey, aux environs de New-York, on ne le voit que dans les marais à *Cupressus thyoïdes*, avec lequel il est mêlé en très-petite proportion. Les descendans des Hollandais, assez nombreux dans cet État, l'appellent *Tamarack*, dénomination aussi insignifiante que celle d'*Hacmatack*.

J'ai remarqué que dans le District de Maine et l'État de Vermont, cet arbre croissoit exclusivement aux lieux bas et humides, et non dans les terreins élevés, comme vers la baie d'Hudson et à Terre-Neuve : d'où l'on pourroit conclure que les parties les plus septentrionales des États-Unis sont déjà sous une parallèle, dont la température n'est pas favorable à son accroissement.

Le Mélèze d'Amérique, comme celui d'Europe, est un arbre magnifique, dont la tige droite et élancée, parvient à 80 et 100 pieds (27 à 33 mètres) d'élévation, sur 2 à 3 pieds (6 à 9 décimètres) de diamètre. Ses branches qui sont nombreuses, affectent ordinairement une direction horizontale, et même inclinée, si ce n'est vers son sommet. L'écorce qui couvre le tronc et les grosses branches, est lisse, tandis qu'elle est raboteuse, ou comme écailleuse, sur les plus petites. Ses feuilles plus courtes que celles de l'espèce européenne, sont molles et rassemblées en faisceaux ou en bouquets. Elles tombent tous les ans, à l'automne, et se renouvellent avec le printems. Dans ces Mélèzes, comme dans les Pins, les fleurs mâles et les fleurs femelles sont placées sur le même arbre, mais séparées les unes des autres. Les premières sont de petits chatons, oblongs et écailleux, qui, sous chaque écaille, cachent deux anthères jaunes; ces chatons paroissent avant les feuilles. Les fleurs femelles sont également disposées en chatons, composés de bractées, qui couvrent deux ovaires, lesquels, avec le temps, se changent en petits cônes, écailleux, longs d'environ 3 à 4 lignes (6 à 9 millimèt.), et dont la pointe se dirige vers le ciel. A la base de chacune des écailles qui composent ces cônes, se trouvent deux petites graines ailées.

Dans quelques Mélèzes, les cônes, au lieu d'être,

au printems, de couleur verte, sont d'un pourpre violet; couleur qui ne paroît être qu'un jeu de la nature; car les arbres, chez lesquels il se remarque, ne diffèrent en aucune manière de ceux dans lesquels il n'a pas lieu.

Le bois du Mélèze d'Amérique est très-supérieur à celui de toutes les espèces de Pins et de Sapins; et de même que le bois de celui de l'ancien Continent, il réunit toutes les qualités qui rendent le dernier si recommandable: comme lui, il a beaucoup de force, et il résiste mieux qu'aucune autre, aux alternatives de la sécheresse et de l'humidité. En Canada, il est un des plus apprécié, comme bois de charpente. Le seul désavantage que lui trouvent les Canadiens, c'est d'être trop pesant. Dans le District de Maine, c'est le bois provenant d'arbres résineux, qui est le plus estimé pour faire des genoux dans la construction des navires; il est employé à cet usage toutes les fois qu'on peut s'en procurer des morceaux qui y soient propres. Nulle part dans l'Amérique Septentrionale, on n'en extrait de la térébenthine, comme cela se pratique en Europe à l'égard du Mélèze de l'ancien continent.

D'après ce qui vient d'être dit, on peut juger que l'emploi des bois de Mélèze, dans cette partie des États-Unis, où j'ai dit qu'il étoit le plus abondant, est très-borné, quoiqu'on sache fort bien apprécier ses qualités : la cause en est que cet arbre est réellement rare dans ces contrées, comparativement aux autres arbres résineux qu'on se procure facilement et à bas prix, et qui remplissent assez bien les usages auxquels le Mélèze seroit propre.

Observations. Sir Lambert, dans son magnifique ouvrage sur les Pins, a décrit deux espèces de Mélèzes d'Amérique; la première est évidemment l'arbre dont je viens de parler. Il désigne la seconde par le nom de *Larix microcarpa*, et lui donne pour caractères d'avoir les fruits plus petits et les branches pendantes. Mon Père a considéré celle-ci comme une simple variété, et n'en a pas fait mention : de mon côté, n'ayant pas voyagé aussi loin que lui dans le Nord de l'Amérique-Septentrionale, je n'ai pas été à même de l'observer, et d'émettre une opinion positive à cet égard.

PLANCHE IV.

Rameau avec les feuilles et les cônes de grandeur naturelle. Fig. 1, graine.

JUNIPERUS *VIRGINIANA.*

RED CEDAR.

Dioecie monadelphie , LINN. Fam. des Conifères , JUSS.

JUNIPERUS *virginiana , foliis ternis , basi adnatis , junio-*
ribus imbricatis ; senioribus patulis.

LE Cèdre rouge qui appartient au genre des Gene-
vriers, est l'espèce la plus multipliée dans les États-
Unis, et la seule qui parvienne à une hauteur assez
grande, pour que son bois puisse être employé à différens usages. D'après les remarques de mon Père,
sur la topographie des arbres et des plantes de l'Amérique-Septentrionale, l'île des Cèdres, dans le lac
Champlain, presque vis-à-vis Burlington, latitude
44°, 25′, peut être considérée comme un des points
les plus avancés vers le Nord, où l'on trouve cet
arbre. Suivant mes propres recherches, on ne le
voit pas non plus vers l'Est, sur les bords de la mer,
au-delà de Wiscasset, petite ville du District de
Maine, située à l'embouchure de la rivière de Kenne-
beck, dont la position géographique est à-peu-près
la même que celle de Burlington ; mais à partir de
Wiscasset, en allant vers le Sud, on le trouve sans
interruption sur les bords de la mer jusqu'au Cap
de la Floride, et dans le pourtour du golphe du
Mexique, jusqu'au-delà de la baie de St. Bernard,
étendue de côtes tellement vaste, qu'elle embrasse
une espace de plus de 1,000 lieues (5,000 kilomèt.).

JUNIPERUS Virginiana.

Red Cedar.

On remarque encore qu'à mesure que l'on s'éloigne du rivage de la mer, le Cèdre rouge devient moins commun, qu'il acquiert une moindre élévation, et qu'il finit par devenir très-rare, même dans la Virginie et dans les États qui sont plus au Sud, lorsqu'on est arrivé aux points où la marée cesse de remonter dans les rivières ; tellement qu'au-delà de ces points, et dans l'intérieur des terres, il ne se présente plus que sous la forme de buisson , et seulement encore dans les lieux découverts, où le sol est sec et sablonneux. Dans les États de l'Ouest, il est aussi particulièrement confiné aux endroits où la roche calcaire se montre à nu, ou si peu couverte de terre végétale , que les autres arbres n'ont pu y prendre racine.

Quoique le Cèdre rouge croisse naturellement dans le district de Maine et dans quelques-unes des îles du lac Champlain , cependant la rigueur des froids qu'on y éprouve en hiver, et qui y ont pour le moins autant d'intensité que dans le Nord de l'Allemagne, contribue singulièrement à restreindre sa végétation, et à s'opposer à ce qu'elle se développe avec la même vigueur que dans la Basse-Virginie et plus au Sud, où au contraire tout la favorise , de manière que cet arbre y arrive à son entière perfection, soit par ses dimensions, soit par la qualité de son bois. Lorsque le Cèdre rouge se trouve immédiatement sur les dunes , le plus ordinairement il est comme enseveli dans les sables que les flots de la mer jettent constamment sur la plage;

alors on n'aperçoit plus que les sommités de ses branches, qui, par leur végétation, excèdent tou-jours de quelques pouces la couche sablonneuse, ce qui fait paroître ces sommités comme autant de jeunes arbres qui auroient été plantés à cet endroit. Par-tout, au contraire, où les sables n'ont point d'accès, comme dans le milieu des îles et sur les bords des lagoons, qui sont autant des bras de mer entr'elles et la terre-ferme, débarrassé de toute entrave, il s'é-lève en liberté et il parvient jusqu'à la hauteur de 40 à 45 pieds (14 à 15 mètres) sur 12 à 13 pouces (32 à 34 centimètres) de diamètre. Mais, à dire vrai, on auroit de la peine à trouver actuellement des individus de pareilles dimensions dans les an-ciennes limites des États-Unis, c'est-à-dire au Nord-Est de la rivière Sainte-Marie; ce qui offre cependant un espace de plus de 400 lieues (2,000 kilom.) de côtes.

Le feuillage du Cèdre rouge, toujours vert et très-ramifié, se compose d'un grand nombre de petites écailles piquantes et engaînées les unes dans les au-tres : froissé, il répand une odeur résino-aromatique assez forte; desséché et réduit en poudre, il a la même propriété que celui du Genevrier commun, pour animer les vésicatoires et produire une exsudation plus abondante. Ses fleurs mâles et ses fleurs fe-melles sont petites et peu apparentes; elles se trou-vent placées sur le même arbre ou distribuées sur des pieds différens, de manière qu'il n'y a que les arbres qui portent des fleurs femelles, qui donnent

des graines ; les autres n'en ont jamais. Ces graines
sont de petites baies ovoïdes, bleuâtres à leur maturité, et qui ensuite se couvrent d'une efflores-
cence blanchâtre et comme pulvérulente. Elles mûrissent vers le commencement de l'automne ; et si
elles sont semées immédiatement, la plus grande
partie lève au printemps suivant, mais seulement
à la deuxième année, si elles sont gardées plusieurs
mois. Quelques personnes, à ce qu'on m'a dit, s'occupent à New-York d'en faire de l'esprit de geniè-
vre ; mais cette fabrication est peu considérable,
comparativement à ce qui s'en importe de la Hollande.

Le nom de Cèdre rouge, donné à cet arbre dans
tous les États-Unis, n'est exact que par rapport à son
bois qui offre cette couleur d'une manière bien tran-
chée, tandis que son aubier est au contraire très-
blanc ; car c'est, comme je l'ai dit au commencement
de cet article, un véritable Genevrier, qui, après
l'espèce qui croît aux îles Bermudes, est le plus
grand qu'on connoisse.

Le Cèdre rouge, sous le rapport de sa végétation,
offre cela de particulier, que ses branches, qui sont
très-nombreuses et très-rapprochées les unes des
autres, naissent constamment très-près de terre,
qu'elles affectent une direction fort horizontale, et
que, pendant bien des années, les plus inférieures
sont aussi longues que la tige principale. On remarque aussi que sa grosseur diminue rapidement de
la base au sommet, ce qui est cause que les pièces

propres aux constructions maritimes qu'on obtient
des plus gros arbres, ont généralement moins de 10
à 11 pieds (32 à 35 décimètres) de longueur. Le
diamètre du Cèdre rouge est encore singulièrement
diminué par des crevasses, oblongues et très-profondes, qui couvrent presqu'entièrement la surface
du tronc; ces crevasses sont produites par les grosses
branches vertes et mortes qui paroissent subsister
plus long-temps qu'il n'est nécessaire pour que l'accroissement se fasse partout également, et ne laisse
à l'extérieur comme dans les autres arbres où elles
tombent successivement, que des traces peu ou
point apparentes. Plusieurs observations, et quelques expériences que j'ai été à même de faire, me
disposent à croire qu'on pourroit accélérer la végétation de cet arbre, si on le dépouilloit de ses branches dans les deux tiers de sa hauteur; et en les
coupant les plus près du corps de l'arbre qu'il seroit
possible, on empêcheroit qu'il ne se formât des crevasses aussi grandes et aussi profondes, qui diminuent considérablement son épaisseur.

Le bois du Cèdre rouge est odorant, d'une texture fine et serrée. Il est fort léger, quoiqu'il le soit
moins que celui du *Cupressus thyoïdes* et du *Cupressus disticha*, mais il a plus de force. A ces propriétés, il réunit la plus précieuse de toutes, celle
d'être durable; c'est cette propriété qui le fait si
fort rechercher pour tous les usages qui exigent éminemment cette qualité : mais la difficulté qu'on a
à se le procurer, est cause qu'on le réserve pour ceux

qui sont les plus importans ; car il devient tous les jours plus rare, attendu que sa reproduction qui est très-lente, est pour ainsi dire nulle, quand on la compare à la consommation qui s'en fait habituellement dans presque tous les ports des Etats-Unis, et notamment dans ceux de New-York, de Philadelphie et de Baltimore. On en construit la charpente supérieure des vaisseaux en l'employant alternativement avec le Chêne vert, dont il sert à compenser la grande pesanteur par son extrême légèreté ; ce seul usage, plus particulièrement que tout autre, a causé la destruction des plus gros Cèdres rouges sur toute la côte des Etats-Unis, et aujourd'hui on est obligé de les faire venir de cette partie de la Floride orientale, qui est située entre l'embouchure de la rivière Sainte-Marie et celle de Saint-Jean ; mais cette étendue de pays est si peu considérable qu'on peut prévoir que les forêts où il se trouve seront bientôt épuisées. On a remarqué que la qualité du bois de Cèdre rouge est d'autant meilleure, que cet arbre croît dans les parties les plus méridionales et les plus rapprochées de la mer.

Après l'usage important du bois de cet arbre dans les constructions maritimes, celui qui en consomme le plus, est l'emploi qu'on en fait pour des pieux, qui sont les plus estimés à cause de leur longue durée ; c'est pourquoi on les réserve pour enclore les cours et les jardins dans les villes et leurs environs où on est à porté de se les procurer. A Philadelphie, presque tous les poteaux qu'on voit dans les rues, à l'extérieur des trottoirs, sont faits de ce bois, et ces pieux qui ont de 10 à 11 pieds (32 à 35 décim.) de long et 8 pouces (21 centim.) de diamètre, se vendent environ 4 fr. la pièce ; tandis que ceux en Chêne blanc et en Cèdre blanc, *Cupressus thyoïdes*, ne coûtent que 80 ou 85 centimes. Le Cèdre rouge est excellent pour faire des conduits souterrains pour les eaux, mais il est rarement employé à cet usage, parce qu'il est difficile de se procurer des brins dont le diamètre soit assez grand. On fabrique encore avec le bois de cet arbre de petits seaux, de forme ronde ou oblongue, cerclés en cuivre, très proprement travaillés, et d'autant plus jolis que les douves dont ils sont formés sont tirées en partie de l'aubier qui est très-blanc, et en partie du cœur qui est rouge. J'ai remarqué, à Philadelphie et à Baltimore, que les tourneurs font les grosses cannelles de ce bois, parce qu'elles sont plus solides et plus durables. Dans le Midi des Etats-Unis, comme à Charleston et à Savanah, les bières pour ensevelir les morts sont généralement en Cèdre rouge.

Dans quelques cantons de la Basse-Virginie, et notamment dans le comté d'York, j'ai remarqué qu'on élaguoit les Cèdres rouges, et que ses branches entrelacées dans des piquets enfoncés en terre à de petites distances, servent à enclore les champs cultivés ; c'est une assez pauvre ressource dont le seul mérite est d'épargner le bois qui commence à devenir très-rare dans les endroits anciennement habités, au moins pour tout ce qui est relatif aux grandes constructions. On exporte du Cèdre rouge en Angleterre; mais j'ignore à quels usages il y est employé : car je ne puis croire que ce soit uniquement pour la fabrication des crayons, à laquelle il me paroît néanmoins aussi bien convenir que le *Juniperus bermudiana*, qui, m'a-t-on dit, y est importé aussi dans cette vue.

Tels sont les usages les plus importans et les plus habituels auxquels le bois de Cèdre rouge est employé dans les Etats-Unis, et qui sont les résultats de ses excellentes qualités.

Depuis plus de cinquante ans, le Cèdre rouge est naturalisé en France et en Angleterre dans les jardins d'agrément; il y réussit très-bien, mais sa végétation seroit plus rapide dans les départemens du Midi de la France, et près des bords de la mer, où la température est encore plus douce, et où on ne peut trop en recommander la propagation. Soumis alors, comme les autres bois, à la surveillance des agens forestiers, il pourroit avec le temps offrir d'utiles ressources aux arts, et devenir une propriété d'autant plus avantageuse, qu'il peut croître et prospérer dans les terrains les plus arides et les plus exposés aux vents impétueux de l'Océan.

Je ne puis douter non plus que, par la suite des temps, on n'apprécie dans les Etats-Unis toute l'importance de cette recommandation, et qu'il ne vienne une époque où elle reçoive son effet.

PLANCHE V.

Rameau représentant les feuilles et les fruits de grandeur naturelle.

III.   7

OLEA *AMERICANA.*

DIVIL WOOD.

Dioecie diandrie, LINN. l'am. des Jasminées, JUSS.

OLEA AMERICANA, *foliis latè oblanceolatis , coriaceis , lucidis, integerrimis; drupá globosá.*

CET arbre appartient exclusivement aux États méridionaux, ainsi qu'aux deux Florides et à la Basse-Louisiane ; vers le Nord , on commence à le trouver dans les environs de Norfolk en Virginie ; et , de même que le Chêne vert et le Choux palmiste , son existence est , pour ainsi dire , limitée aux côtes de l'Océan, car il est bien rare de le trouver même à une petite distance dans l'intérieur du pays. Cet arbre est si peu multiplié , comparativement à beaucoup d'autres espèces , que presque partout où il croît , il n'a jusqu'à présent reçu aucune dénomination des habitans, si ce n'est cependant sur les bords de la rivière de Savanah , près de Two Sisters Ferry , où on lui donne le nom de *Divil wood* , bois du Diable.

L'*Olea americana* croît dans des terrains et dans des situations très-différentes ; ainsi, sur les bords de la mer, mêlé avec les Chênes verts , il vient dans les endroits les plus stériles et les plus exposés à l'ardeur du soleil ; tandis que d'autres fois, on le voit dans certains cantons où le sol est frais, très-fertile et ombragé ; alors il est réuni aux *Magnolia*

Pl. 6.

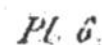

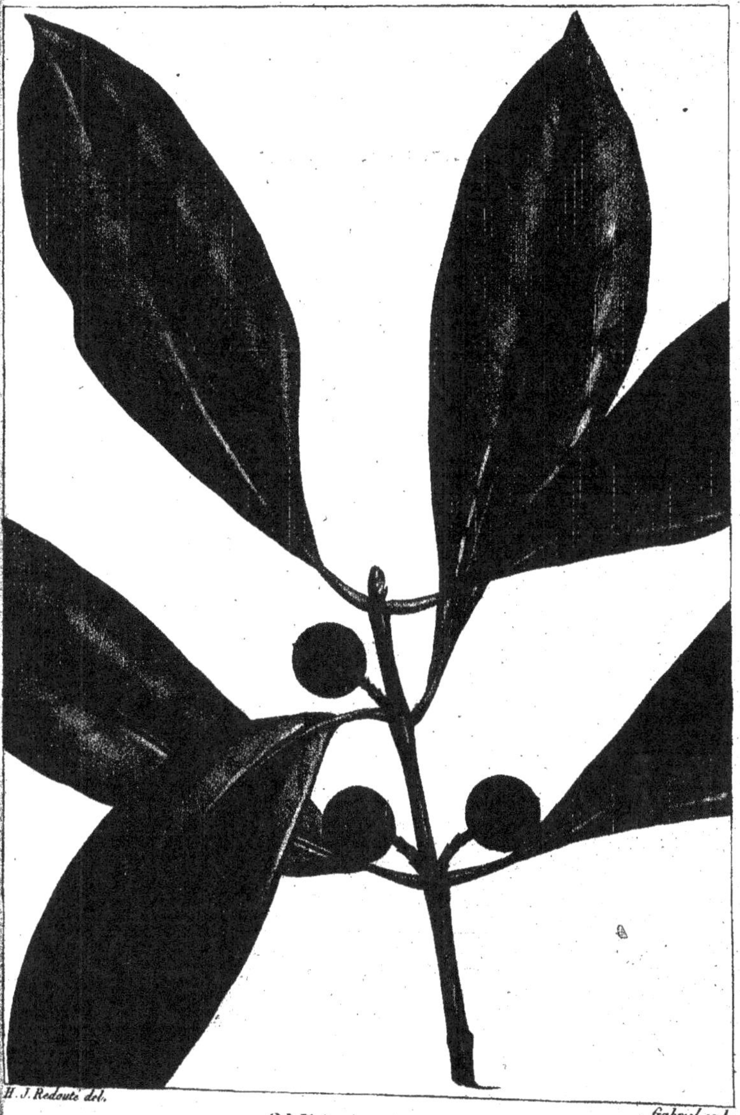

H. J. Redouté del. Gabriel sculp.

OLEA Americana.

Devil Wood.

grandiflora, *Magnolia tripetala*, *Hopea tinctoria*, etc.

Cet arbre, ou plutôt ce très-grand arbrisseau, s'élève quelquefois jusqu'à 3o et 35 pieds (10 à 12 mètres), sur 10 à 12 pouces (27 à 3o centim.) de diamètre : cependant il ne parvient que très-rarement à ces dimensions, car ordinairement il fructifie à 8, 10 et 12 pieds (25, 32, 38 décim.) de hauteur. Ses feuilles longues de 4 à 5 pouces (12 à 15 centimètres), et opposées les unes aux autres, restent toujours vertes, ou du moins ne se renouvellent que partiellement tous les quatre à cinq ans. Elles sont de forme lancéolée, entières sur leurs bords, lisses et luisantes à leur partie supérieure, et d'un vert clair et agréable. Les fleurs mâles et les fleurs femelles sont placées sur des pieds séparés. Ces fleurs sont fort petites, d'un jaune pâle, très-odorantes et elles naissent dans les aisselles des feuilles. Dans les environs de Charleston, L'*Olea americana* commence à fleurir à la fin d'avril : aux fleurs succèdent des fruits arrondis, et qui ont le double de la grosseur d'un pois ordinaire. A l'époque de leur maturité, ils sont d'une couleur pourpre, tirant sur le bleu. Ces fruits contiennent un noyau très-dur, qui n'est couvert que d'une petite quantité de substance pulpeuse : ils restent attachés aux branches une partie de l'hiver ; et leur couleur alors, contraste très-agréablement avec le beau feuillage de cet arbre. L'écorce qui couvre le tronc de l'*Olea americana* est lisse et de couleur grisâtre ; son bois a le grain fin, serré, et il est très-compacte; lorsqu'il est bien sec, il est d'une excessive dureté, ce qui le rend très-difficile à couper ou à fendre; c'est de là que lui est venu le nom de *Devil wood*, Bois du diable. Cependant on ne l'emploie à aucun usage. J'ai remarqué que lorsqu'on mettoit à découvert le tissu cellulaire de la partie vive de son écorce, de couleur jaunâtre qu'elle est naturellement au moment où elle vient d'être entamée, elle passe en moins d'une demi-minute à une teinte rouge assez foncée, et son bois prend également, par l'effet du contact de l'air, une couleur rose. Il seroit à désir que quelques expériences fussent tentées pour reconnoître la nature de ce principe si actif que contient le tissu cellulaire de cette écorce, et qui subit une altération aussi prompte par le seul contact de l'air.

A en juger par la température des pays où croît l'*Olea americana*, il n'y a aucun doute qu'il ne puisse supporter des froids plus considérables que l'Olivier ordinaire. Dès-lors cet arbrisesau, dont le beau feuillage est toujours vert, dont les fleurs sont très-odorantes et les fruits d'une couleur remarquable, deviendra très-précieux pour l'embellissement des jardins, non-seulement dans le Midi des Etats-Unis, mais encore dans les départemens méridionaux de la France et en Italie.

PLANCHE VI.

Rameau représentant les feuilles et les fruits de grandeur naturelle.

CARPINUS Ostrya.

Iron Wood.

CARPINUS *OSTRYA.*

IRON WOOD.

Monœcie polyandrie, LINN. Fam. des Amentacées, JUSS.

CARPINUS *ostrya, foliis cordatò oval bus, amentis fœmineis oblongioribus : involucris fructiferis, compressò-vesicariis.*

IL n'est aucunes parties des Etats-Unis, situées à l'Est du Mississippi, où l'on ne rencontre le *Carpinus ostrya ;* il est également fort commun dans les provinces de la Nouvelle-Ecosse, de la Nouvelle-Brunswick, ainsi que dans le Bas-Canada. Dans les Etats du Milieu et du Sud, cet arbre est connu sous le nom d'*Iron wood*, Bois de fer ; tandis que dans ceux de Vermont, du New-Hampshire et dans le District de Maine, il est désigné par celui de *Lever wood*, Bois à levier. Les Français dés Illinois l'appellent Bois dur. De ces différentes dénominations, j'ai cru devoir choisir la première, comme étant celle qui est en usage dans une plus grande étendue de pays, et dans ceux surtout où il m'a paru que cet arbre étoit le plus multiplié, comme dans la Pensylvanie, le New-Jersey et l'État de New-York.

Quoique le *Carpinus ostrya* soit assez commun dans les forêts de cette partie de l'Amérique-Septentrionale que je viens d'indiquer, cependant on ne le voit jamais couvrir exclusivement des espaces de terrains, même d'une petite étendue ; il est, au contraire, très-disséminé dans les bois, et seulement dans les endroits où le sol est constamment frais, fertile et ombragé. Ainsi, je ne l'ai vu nulle part d'une plus belle végétation et plus commun, que dans le Génessée, près des lacs Erié et Ontario. D'après mes remarques, le *Carpinus ostrya* ne parvient généralement qu'à une hauteur médiocre; c'est pourquoi il ne peut être considéré que comme un arbre de la deuxième, et même de la troisième grandeur, quoiqu'il s'élève quelquefois à 35 et 40 pieds (11 à 13 mètres) sur 12 à 15 pouces (32 à 40 centimètres) de diamètre : mais il est très-rare de trouver des individus de cette force ; car il n'atteint le plus souvent que la moitié de ces dimensions.

Les feuilles de l'*Ostrya americana* sont ovales-acuminées, finement dentées dans leur contour, mais d'une manière inégale; et elles sont disposées alternativement sur les branches. Les fleurs mâles et les fleurs femelles sont séparées, mais placées sur le même arbre ; les premières sont disposées en chatons pendans et fasciculées. Aux fleurs femelles succèdent des fruits très-semblables à ceux du houblon, qui se composent de plusieurs petites vésicules ovales, attachées sur un pédicule commun. Ces vésicules, de couleur rousse, contiennent chacune une petite graine noirâtre et très-dure. A l'époque de la maturité des graines, ces vésicules sont couvertes d'un duvet très-fin, et qui irrite vivement la peau, pour un instant, lorsqu'on les manie sans attention.

Lorsque cet arbre est dépouillé de ses feuilles en

hiver, il est facile à reconnoître à son écorce, qui est fort unie, grisâtre, et surtout remarquable en ce qu'elle est fendillée très-finement, et qu'elle se détache naturellement en petites lanières très-étroites, qui ont tout au plus une ligne (3 millimètres) de large.

Le bois du *Carpinus ostrya* est très-blanc, et le grain en est fin et très-serré; ce qui le rend fort compacte et fort pesant. Les couches concentriques sont très-rapprochées les unes des autres et très-nombreuses dans les pieds qui n'ont que 4 à 5 pouces (12 à 15 centimètres) d'épaisseur : leur nombre et leur rapprochement indiquent assez combien de temps cet arbre met à croître pour arriver à ce petit diamètre. C'est à cette cause principalement, qu'il faut attribuer le peu d'usage que l'on fait de son bois, quoique les noms de Bois de fer, de Bois à levier et de Bois dur, attestent suffisamment ses bonnes qualités.

Dans les Etats les plus septentrionaux, et notamment dans le District de Maine, c'est avec le bois de cet arbre que les habitans des campagnes font des leviers pour remuer et transporter les tronçons des arbres qu'ils abattent dans les défrichemens, et qu'ils réunissent en tas pour brûler. Dans les environs de New-York, on en fait aussi fréquemment des balais, en réduisant en lanières l'extrémité d'un bâton de longueur convenable. C'est aussi le bois qu'on choisit de préférence pour faire des *scrubing brushes,* qui servent à ratisser les planchers des appartemens.

Ces usages, comme je l'ai déjà fait pressentir, sont très-bornés. On ne peut cependant douter que, d'après les qualités reconnues de ce bois, on ne puisse en tirer un bon parti dans beaucoup d'autres cas : ainsi, il me paroît très-propre, lorsqu'il est bien sec, à faire des dents d'engrenage de moulins, des vis, des maillets, etc.

Le *Carpinus ostrya* vient très-bien en France : car il en existe dans les anciennes possessions de M. Duhamel-Dumonceau, plusieurs individus hauts de 15 à 20 pieds (5 à 7 mètres), qui fructifient tous les ans ; et on trouve, dans les environs, de jeunes arbres provenus des graines qui se sont semées d'elles-mêmes. Cet arbre est donc du nombre des espèces exotiques dont on doit désirer la propagation dans les forêts européennes.

PLANCHE VII.

Rameau représentant les feuilles et les fruits de grandeur naturelle. Fig. 1, graine.

CARPINUS Virginiana.

Hornbeam.

CARPINUS *AMERICANA.*

AMERICAN HORNBEAM.

CARPINUS *americana , foliis oblongò-ovalibus, serratis,*
involucrorum laciniis acutè dentatis.

LE Bas-Canada, les provinces de la Nouvelle-
Ecosse et de la Nouvelle-Brunswick, sont les parties
de l'Amérique-Septentrionale les plus avancées vers
le Nord où se trouve le *Carpinus americana ;* mais ,
de même que dans le District de Maine et l'Etat de
Vermont, les froids extrêmement rigoureux qui s'y
font sentir en hiver, empêchent qu'il n'y soit aussi
multiplié qu'à quelques degrés plus au Sud , comme
dans le New-Jersey, la Pensylvanie et la Virginie ;
il est également fort commun dans les Carolines et
la Géorgie. Dans ces diverses parties des Etats-Unis,
il est désigné par le seul nom d'*Hornbeam ;* les
Français de la Haute-Louisiane lui donnent celui de
charme.

Il est peu d'expositions et de terrains qui ne conviennent à cet arbre ; car on le rencontre dans tous
les endroits qui ne sont pas trop long-temps submergés, ou qui ne sont pas entièrement sablonneux,
comme le sol des pinières de la partie maritime des
Etats méridionaux et des Florides. La hauteur la
plus ordinaire du *Carpinus americana* est de 12 à
15 pieds (4 à 5 mètres) ; il s'élève cependant quelquefois jusqu'à 25 et 30 (8 et 10 mètres) sur 6 pouces

(16 centimètres) de diamètre ; mais il n'y a pas un centième des individus qui parvienne à ces dimensions ; de sorte qu'on pourroit, avec raison, le considérer plutôt comme un très-grand arbrisseau que comme un arbre : et si j'en donne la description, c'est parce qu'il est tellement multiplié, qu'il se présente à chaque pas qu'on fait dans les forêts.

Les feuilles du *Carpinus americana*, longues d'un à deux pouces (3 à 6 centimètres), sont ovales-acuminées et bordées de dents nombreuses et aiguës. Ses fleurs sont unisexuelles, mais placées sur le même pied ; elles sont attachées sur un filet commun, et disposées en chaton lâches, pendans et écailleux. Les écailles qui entourent les fleurs femelles, sont d'un vert pâle, et elles augmentent de grandeur, à mesure que les graines avancent vers leur maturité. A cette époque, elles sont assez grandes, évasées et échancrées dans leur pourtour. Chacune d'elles cache, à sa base, une petite graine de forme ovale et très-dure. La fructification de cet arbre est toujours abondante, et ses chatons restent long-temps suspendus aux branches après que ses feuilles sont tombées.

Le tronc du *Carpinus americana*, comme celui de son analogue, le *Carpinus vulgaris* d'Europe, est fréquemment sillonné dans toute sa longueur, et toujours obliquement et d'une manière très-irrégulière. Cette disposition qui est très-apparente, et la couleur de son écorce qui est très-unie et parsemée de taches blanches, suffisent pour le faire reconnoître au premier aspect, même lorsqu'il a perdu ses feuilles.

Le bois de cette espèce ressemble entièrement à celui du Charme d'Europe : il présente la même blancheur, et le grain en est aussi très-serré et très-fin : mais, comme il ne parvient qu'à un très-petit diamètre, on n'en fait aucun usage, pas même comme combustible. J'ai cependant remarqué que dans le District de Maine, on s'en servoit quelquefois pour cercles à barriques, mais ce n'est toujours qu'au défaut des autres bois qu'on lui préfère quand on peut se les procurer.

D'après la description que je viens de donner du Charme de l'Amérique-Septentrionale, on jugera facilement que l'espèce qui croît dans l'ancien continent lui est très-supérieure, et que les Européens n'ont aucun intérêt à le propager comme arbre forestier. En effet, le Charme d'Europe s'élève à 40 et 45 pieds (13 à 15 mètres), sur 15 à 18 pouces (40 à 48 centimètres) de diamètre, et son bois qui est doué de beaucoup de force et de solidité, est utilement employé dans plusieurs arts mécaniques, et il fournit un très-bon combustible. Le seul avantage que peut être l'espèce américaine pourroit offrir sur celle d'Europe, seroit pour en faire des charmilles ; car, comme cet arbre s'élève peu, et qu'il est très-rameux, on restreindroit plus facilement sa végétation, et il offriroit de même un feuillage touffu et très-serré. Mais, sous tout autre rapport, je ne doute pas que les forestiers Améri-

cains ne regardent le Charme d'Europe comme une
bonne acquisition pour leur pays.

PLANCHE VIII.

Rameau représentant les feuilles et les chatons femelles de grandeur naturelle. Fig. 1 , graine.

H. J. Redouté del.   Gabriel sculp

HOPEA Tinctoria.

Sweet Leaf.

HOPEA *TINCTORIA.*

SWEET LEAF.

Polyadelphie polyandrie, Linn. Fam. des Plaqueminiers, Juss.

Hopea *tinctoria, foliis lanceolato-ovatis , subserratis ,
nitidis.*

C'est dans les environs de Petersbourg en Virginie, que , pour la première fois, j'ai observé cet arbre en me rendant dans le Midi des Etats-Unis. Il est assez commun dans l'Ouest-Tennessée , ainsi que dans les Hautes-Carolines et la Haute-Georgie ; mais il l'est encore beaucoup plus dans la partie basse de ces derniers Etats, dans les limites que j'ai indiquées à l'article du *Pinus australis*, pour les pinières , *Pines barrens*, dont le sol est léger, et où les froids sont bien moins sensibles que dans l'intérieur des terres.

L'*Hopea tinctoria* est désigné par le seul nom de *Sweet leaf*, Feuille douce ; sa grandeur varie beaucoup suivant les endroits où il croît. Sur les bords de la rivière Savanah et des grands marais , dont le sol est meuble, profond et très-fertile, j'en ai trouvé plusieurs pieds qui avoient 25 à 30 pieds (8 à 10 mètres) de hauteur, sur 7 à 8 pouces (18 à 21 centimètres) de diamètre à 5 pieds (16 décim.) de terre. Il est vrai qu'on trouve rarement des individus de cette force ; ils ont presque toujours la moitié moins de grandeur et d'élévation : il en est même qui ne s'élèvent pas à plus de 3 à 4 pieds (9 à 12 mètres) : ceux-ci croissent dans les pinières, où cet arbre est si multiplié qu'on le rencontre à chaque pas. Le feu que l'on met tous les printemps dans les forêts, brûle ses tiges jusqu'au niveau du sol ; celles qui repoussent n'excèdent jamais cette hauteur, et elles ne portent point de fleurs, alors il se propage par ses racines qui tracent et qui, à quelques pieds plus loin, donnent naissance à de nouveaux rejettons.

Le tronc de l'*Hopea tinctoria* est couvert d'une écorce unie, et lorsqu'elle est entamée au printemps, elle rend une sève laiteuse d'une odeur désagréable. Le bois a peu de dureté, et il n'est employé à aucun usage. Ses feuilles, disposées alternativement sur les branches, sont longues de 3 à 4 pouces (8 à 10 centimètres) , de forme ovale-alongée et légèrement dentées sur les bords. Elles sont lisses, un peu épaisses, d'une saveur douce et même un peu sucrée : c'est delà, probablement, que lui est venu le nom qu'il porte.

Lorsque cet arbre croît dans des situations très-abritées, il conserve ses feuilles deux et trois ans, tandis que dans les pinières elles sont altérées par les premiers froids et deviennent jaunes ; mais elles ne tombent que vers le commencement de février : pendant cet intervalle elles sont recherchées avidement par les chevaux et les vaches qui sont abandonnés dans les forêts , et qui se trouvent alors privés des herbes détruites par la gelée.

Les fleurs de l'*Hopea tinctoria* ont une couleur jaunâtre et une odeur agréable ; elles se composent d'un grand nombre d'étamines, réunies en plusieurs faisceaux à leur base , et qui sont plus courtes que les pétales. Ces fleurs naissent dans les aisselles des feuilles, et paroissent de bonne heure au printemps. Les fruits qui leur succèdent sont très-petits, de forme cylindrique et de couleur bleue, à l'époque de la maturité.

Les feuilles sont les seules parties de cet arbre qui offrent quelque degré d'utilité. Une poignée de ces feuilles sèches donne, par la simple décoetion , une très-belle couleur jaune , que l'addition d'une petite quantité d'alun rend assez solide. Les habitans des campagnes s'en servent pour teindre en jaune la laine et le coton ; mais l'emploi qu'on en fait est absolument limité aux contrées où croît cet arbre. Je ne doute point que le commerce ne se fût emparé de cette matière colorante, si elle avoit présenté un avantage marqué : et le premier obstacle qui s'y oppose , dans ces pays où les bras sont rares , c'est la difficulté de se procurer une quantité considérable de ces feuilles, comme plusieurs quintaux : c'est ce dont je puis juger par celle que j'ai eue pour en ramasser seulement quelques livres.

Tels sont les résultats de mes observations sur l'*Hopea tinctoria* , qui n'a d'autre intérêt pour les

Européens, que d'augmenter le nombre des plantes agréables que se plaisent à cultiver les amateurs d'arbres étrangers.

PLANCHE IX.

Rameau avec ses feuilles et ses fleurs de grandeur naturelle.
Fig. 1, petit rameau avec ses fruits de grosseur naturelle.

Bessa del.

Gabriel sculp

MALUS Coronaria.

Crab Apple.

MALUS *CORONARIA*.

CRAB APLE.

Icosandrie pentagynie, LINN. Fam. des Rosacées, JUSS.

MALUS *coronaria, foliis lato-ovalibus, basi rotundatis, sub-angulatis, serratis, nitide glabris : pedunculis corymbosis ; fructu parvo, odorato.*

ON trouve dans les forêts du nord de l'Amérique, comme en Europe, un Pommier sauvage ; mais il n'a pas encore été comme ce dernier soumis à la culture. C'est cette culture qui continuée pendant une longue suite d'années, a donné pour résultats cette grande variété de pommes dont le nombre, en France, approche de trois cents. A l'exception du District de Maine, de l'Etat de Vermont, et de la partie supérieure de celui de New-Hampshire, on rencontre le *Malus coronaria*, tant à l'est qu'à l'ouest des montagnes. Cet arbre m'a paru cependant plus multiplié dans les Etats du milieu, et notamment dans les parties reculées de la Pensylvanie et de la Virginie. Il est surtout fort commun dans les *Glades*. On appelle ainsi, dans la Pensylvanie, un espace de terrain de 15 à 18 milles (25 à 30 kilom.) en diamètre, qu'on trouve après être arrivé au sommet de l'Alléghany Ridge, et qui est traversé par la route qui conduit de Philadelphie à Pittsburg. La hauteur la plus ordinaire de ce Pom-

mier sauvage est de 15 à 18 pieds (5 à 6 mètres),
sur 5 à 6 pouces (13 à 16 centimètres) de diamètre ;
mais il parvient quelquefois à 25 et 30 (8 à 10 mèt.),
sur 12 à 15 pouces d'épaisseur (32 à 38 centimètres) ;
il est vrai que les deux pieds de cette force que j'ai
mesurés, se trouvoient dans un champ cultivé depuis
long-temps, et dont la culture avoit très-probablement contribué à leur grand accroissement. Ces arbres étoient isolés et avoient toute l'apparence d'un
Pommier ordinaire. J'ai constamment remarqué que
cet arbre se trouvoit toujours de préférence dans
les endroits frais et même humides, dont le sol étoit
de bonne qualité.

Les feuilles du *Malus coronaria* ont une forme
ovale ; elles sont lisses à leur partie supérieure, et
fortement dentées à l'époque de leur entier développ-
pement ; quelques-unes même sont comme trilobées.
Si on les froisse légèrement entre les dents, quand
elles sont encore jeunes, elles ont une saveur amère
et même un peu aromatique, ce qui me fait croire
qu'on pourroit en faire une infusion théiforme, fort
agréable, surtout en y ajoutant du sucre. Comme
le Pommier ordinaire, celui-ci fleurit de très-bonne
heure, au printemps. Ses fleurs réunies en bouquets
pendants, sont blanches, mêlées de rose, et produisent un bel effet. A l'époque de la floraison, elles
répandent l'odeur la plus délicieuse ; et lorsque cet
arbre est très-commun, comme dans les *Glades*, l'air
en est parfumé à une grande distance. Aux fleurs succèdent de petites pommes suspendues par de longs

pédicules; leur couleur est entièrement verte; elles sont extrêmement acides et très-odorantes. Quelques fermiers en font du cidre, quand il se trouve naturellement beaucoup de pieds de cet arbre dans le voisinage de leurs habitations. On dit que ce cidre est fort bon. On fait également avec ces pommes des confitures très-agréables, en y mettant beaucoup de sucre.

On n'a pas encore tenté, dans les États-Unis, d'améliorer cette espèce de Pommier sauvage ; on n'a pas même essayé de s'en servir pour greffer les variétés de celles qui y ont été importées d'Europe. Il est vrai qu'elles y viennent dans une telle perfection, même de pepins, qu'elles se reproduisent si parfaites, ou qu'elles donnent de nouvelles variétés si excellentes, qu'on perdroit peut-être beaucoup de temps pour n'obtenir que des résultats moins utiles, à moins que ce ne soit comme fruit à cidre, que l'on essaye de cultiver ce Pommier indigène; ce qui, à la vérité, est d'une assez grande importance: mais, jusqu'à ce que quelques essais de ce genre aient été tentés, il faudra se contenter de considérer le *Malus coronaria* comme un arbre infiniment agréable par la beauté de ses fleurs et par la suavité de leur parfum.

PLANCHE X.

Rameau avec les feuilles de grandeur naturelle et un fruit à maturité. Fig. 1, petit rameau avec des fleurs de grandeur et de couleur naturelle.

MESPILUS *ARBOREA.*

JUNE BERRY.

Mespilus canadensis. A. Mich., Flora b. Amer.

MESPILUS *arborea , foliis sub-ovalibus , acutissime serratis , sub acuminatis ; adultis glabris : racemo simplici , elongato ; florifero lanuloso ; fructifero glabro : petalis oblongis ; fructibus atropurpureis ; edulibus.*

A l'exception de la partie basse et maritime des deux Carolines et de la Géorgie, on trouve cet arbre dans toute l'étendue des Etats-Unis, ainsi qu'en Canada : mais c'est sur-tout dans la région montagneuse des Alleghanys, et sur les bords élevés des rivières qui y prennent naissance, qu'il est le plus multiplié. Dans les États septentrionaux, on lui donne le nom de *Wild per*, Poirier sauvage ; et dans ceux du milieu, celui de *June berry*, Graines de juin. J'ai adopté cette dernière dénomination , d'abord parce qu'elle est la seule usitée par-tout où cet arbre est le plus abondant ; ensuite, parce qu'elle indique que cet arbre est, parmi les végétaux arborescents un des premiers à donner des fruits mûrs au printemps ; enfin, parce que le *Mespilus arborea* est fort éloigné de ressembler au Poirier sauvage.

Dans les environs de New-York et de Philadelphie, cet arbre vient, de préférence, aux endroits humides et ombragés, et sur les bords des ruisseaux et des petites rivières ; tandis qu'à l'Ouest des mon-

MESPILUS Arborea.

June Berry.

tagnes. on le trouve en plein bois, parmi les Chênes,
les Noyers, les Érables, etc. Dans ces dernières situations, il parvient à une élévation plus grande, mais
qui cependant n'excède pas 35 à 40 pieds (11 à 13
mètres sur 10 à 12 pouces (26 à 32 centim.) de
diamètre.

Les feuilles du *Mespilus arborea*, longues de 2 à
3 pouces (5 à 8 centimètres), et disposées alternativement sur les branches, sont dans le commencement de leur développement, couvertes d'un duvet
argentin, très-épais, mais qui disparoît à mesure
qu'elles deviennent plus grandes ; et elles finissent
par être parfaitement lisses en-dessus et en-dessous.
Ces feuilles, de forme ovale-alongée, sont très-finement dentées dans leur contour, et d'une texture
très-délicate. Les fleurs, de couleur blanche et assez
grandes, paroissent dès les premiers jours d'avril, et
sont disposées en longs épis au sommet des branches.
Elles sont remplacées par de petits fruits, de couleur
purpurine, d'une saveur douce et agréable. L'arbre le
plus gros en donne rarement plus d'une demi-livre.
Ces fruits sont à maturité dès le commencement de
juin, et avant ceux d'aucune autre espèce d'arbres et
d'arbrisseaux. On en apporte quelquefois au marché
de Philadelphie, où il n'y a que les enfans qui les
achètent. J'en ai vu aussi au marché de Pittsburgh,
mais en petite quantité.

Le tronc du *Mespilus arborea* est couvert d'une
écorce assez semblable à celle du Cerisier ; et son
bois, qui ne présente aucune différence entre l'au-

bier et le cœur, est d'une grande blancheur : il offre cela de remarquable, qu'il est traversé longitudinalement de petits vaisseaux d'un beau rouge, qui s'entre-croisent et s'anastomosent les uns avec les autres. Cette particularité qui, je crois, est très-digne de l'observation des personnes qui s'occupent de physiologie végétale, est aussi commune au *Betula rubra*. J'en ai fait mention à l'article dans lequel j'ai donné la description de cet arbre.

Le *Mespilus arborea* porte, selon moi, des fruits trop petits et trop peu abondans pour qu'on cherche, par une longue culture, à en améliorer le goût et à en augmenter le volume. On ne doit donc le regarder que comme un arbre fort agréable pour l'embellissement des jardins, à cause de ses fleurs qui font un très-bel effet, et qui, des premières, annoncent le retour de la belle saison.

PLANCHE XI.

Rameau avec les feuilles et les fruits de grandeur naturelle. Fig. 1, rameau en fleur.

MAGNOLIA Grandiflora.
Large Magnolia
or Big Laurel.

MAGNOLIA *GRANDIFLORA.*

THE LARGE MAGNOLIA.

OR BIG LAUREL.

Polyandrie polygynie , Linn. Fam. des Magnoliers, Juss.

Magnolia *grandiflora , foliis perennantibus , ovalibus ,
rigidè crassèque coriaceis ; pistillis lanatis : petalis
dilatatò-ovalibus , abruptè in unguem angustatis.*

Parmi les nombreuses espèces d'arbres qui composent les vastes forêts de l'Amérique Septentrionale, à l'Est du Mississipi, il n'en est aucune aussi remarquable par son port majestueux, son superbe feuillage et ses fleurs magnifiques, que le *Magnolia grandiflora.* C'est dans la Basse-Caroline du Nord, près de la rivière Nuse, latitude 35°. 3o'., qu'en se dirigeant du Nord au Sud , on commence à le voir paroître : et à partir de cet endroit, on le retrouve dans la partie maritime et méridionale des États-Unis, des deux Florides, de la Basse-Louisiane, et en remontant le fleuve du Mississippi, jusqu'aux Natchès, éloignés de 3oo milles au-dessus de la Nouvelle-Orléans; ce qui embrasse une étendue de pays de 7 à 8oo lieues (3,5oo à 4,ooo kilomètres).

A Charleston, S. C., et dans les environs de cette ville, cet arbre est ordinairement désigné par le nom de *Large Magnolia*, grand Magnolia : mais il est plus généralement connu des habitans des campagnes, sous celui de *Big Laurel*, grand Laurier. Les Français de la Louisiane l'appellent *Laurier Tulipier*.

Le *Magnolia grandiflora*, par sa haute élévation, doit être rangé au nombre des plus grands arbres qui croissent dans les États-Unis, car il acquiert quelque-fois jusqu'à 90 pieds (30 mètres), sur 2 à 3 pieds (7 à 10 décimètres) en diamètre. Cependant il est rare de le voir parvenir à ces dimensions; car sa hauteur la plus ordinaire est de 60 à 70 pieds (20 à 23 mètres). Son tronc est le plus souvent très-droit, et sa cîme d'une forme pyramidale assez régulière. Ses feuilles toujours vertes, entières, portées sur de courts pétioles, ovales, acuminées ou obtuses à leur sommet, sont longues de 6 à 8 pouces (18 à 24 cen-timètres). Elles sont épaisses, coriaces et très-brillan-tes à leur surface supérieure. Lorsque dans les défri-chemens, on conserve quelques-uns de ces arbres, à cause de leur grande beauté, les feuilles, alors exposées à l'ardeur du soleil, prennent en-dessous une couleur ferrugineuse ou de rouille; la même chose s'observe dans les arbres qui se trouvent sur la lisière des forêts: la moitié de leurs feuilles qui est exposée au grand air, est de couleur ferrugineuse, tandis que l'autre moitié, qui tient aux branches, cachées parmi les autres arbres, est entièrement verte.

Les fleurs du *Magnolia grandiflora*, de couleur blanche, et d'une odeur agréable, ont 7 à 8 pouces (18 à 21 centimètres) de largeur ; elles sont plus grandes que celles d'aucun arbre connu, et commu-nément très-nombreuses dans les arbres isolés. Alors, placées au milieu d'un aussi riche feuillage, elles produisent un si bel effet, que ceux qui ont vu le *Magnolia grandiflora* dans son pays natal, s'accordent à le considérer comme une des plus belles productions du règne végétal.

Aux fleurs succèdent des fruits ou cônes ovales, charnus, longs d'environ 4 pouces (12 centimètres). Ces cônes se composent d'un grand nombre de cellules, qui, à l'époque de la maturité, s'ouvrent longitudinalement, et laissent apercevoir une ou deux graines d'un rouge vif, qui bientôt après sortent entièrement, et sont suspendues par un filet blanc qui s'attache au fond de ces mêmes cellules. Après quelques jours, ce filet se rompt, et la graine tombe; la substance rouge et pulpeuse qui entoure le noyau, s'altère et le laisse à nud : celui-ci contient une amande blanche et laiteuse. En Caroline, cet arbre est en fleur dans le courant de mai, et ses graines sont à maturité vers le 1er. octobre.

Le tronc du *Magnolia grandiflora* est couvert d'une écorce grisâtre, unie et assez semblable à celle du Hêtre; son bois, d'une texture tendre, est remarquable par sa grande blancheur, couleur qu'il conserve même après qu'il est parfaitement sec. On m'a dit qu'il se travailloit aisément, et qu'il n'étoit point sujet à se tourmenter, mais qu'exposé aux injures de l'air, il étoit peu durable. C'est pourquoi les planches que l'on tire de son bois ne sont employées que pour la menuiserie intérieure. Dans des arbres de 15 à 18 pouces (45 à 54 centimètres) de diamètre, je n'ai rien vu qui indiquât aucune différence entre le cœur et l'aubier, si ce n'est un point d'un brun foncé, de l'épaisseur de 2 à 3 lignes (4 à 6 millimètres), qui se trouve dans le centre. Les arbres, sur lesquels j'ai fait ces observations, avoient été abattus depuis environ trois semaines; et j'ai remarqué que plusieurs des copeaux, à la suite d'une légère fermentation, avoient contracté une couleur rose ; observation que j'ai cru devoir consigner ici, parce qu'elle se rattache à une autre du même genre, que j'ai faite sur le bois du Tulipier, et dont je parlerai à son article.

Le *Magnolia grandiflora* ne croît que dans les lieux frais, ombragés, où le sol, de couleur brune, est meuble, profond et très-fertile ; ces cantons sont voisins, ou font partie des grands marais qui se trouvent le long des rivières, ou qui sont enclavés dans les pinières ; mais on ne le voit pas dans ces marais longs et étroits, qui traversent en tous sens les pinières, dont le terrein bourbeux est peu profond, et repose sur un sable blanc et quartzeux. Dans les endroits que je viens d'indiquer, il croît plus particulièrement avec le *Quercus p^{us}. palustris*, le *Quercus falcata*, le *Fagus sylvatica*, l'*Ulmus alata* et l'*Olea americana*. J'ai aussi toujours remarqué que, là où se trouve le *Magnolia grandiflora*, croissoit presque indubitablement le *Magnolia tripetala*, mais que le premier ne vient pas par-tout où croît cette dernière espèce, qui est susceptible de supporter un plus grand degré de froid.

Les graines du *Magnolia grandiflora* rancissent

moins promptement que celles des autres sortes de *Magnolia* ; et elles peuvent se conserver bonnes plusieurs mois, sans être semées. C'est aussi l'espèce dont on trouve dans les cantons où il croît, un plus grand nombre de plants : ils sont quelquefois si multipliés, qu'en moins d'une heure, on peut en arracher, à la main, plusieurs centaines ; et ils sont aussi beaux que s'ils avoient été élevés avec tous les soins possibles dans une pépinière.

Les arbres isolés donnent proportionnellement un plus grand nombre de fleurs et de cônes, que ceux qui sont au milieu des forêts ; un seul pied en porte jusqu'à 3 et 400, et chacun de ses cônes contient de 40 à 50 graines.

C'est avec raison qu'en Europe, les Amateurs d'arbres étrangers recherchent avec empressement le *Magnolia grandiflora.* Il est doublement intéressant, soit par son feuillage et ses fleurs magnifiques, soit parce qu'il est peu sensible au froid ; il l'est beaucoup moins que l'Oranger ; car il se trouve dans l'Amérique Septentrionale à 5 degrés plus au Nord que ce dernier, qui ne croît naturellement dans les forêts, qu'à partir du 28e. degré. En Europe, le point le plus avancé vers le Nord où le *Magnolia grandiflora* passe bien l'hiver en pleine terre, est près de Nantes, latitude 47°. 13'. ; mais ce n'est que dans les environs de Grenoble, latitude 45°. 11'., que ses fruits murissent. J'ai vu aussi près de Philadelphie, dans les jardins de M*r*. W. Hamilton, un *Magnolia grandiflora* en pleine terre, qui supportoit très - bien les froids rigoureux qu'on éprouve dans cette partie de la Pensylvanie, et qui le sont beaucoup plus que ceux qu'on ressent à Paris ou à Londres, dans la même saison. De ces faits on peut conclure, qu'avec le temps et la persévérance, on parviendra à acclimater le *Magnolia grandiflora*, sous une température beaucoup plus froide que celle qui lui est naturelle, et que par suite cet arbre superbe deviendra le plus bel ornement des parcs et des jardins d'une grande étendue.

PLANCHE Ire.

Feuille de grandeur naturelle. Fig. 1, fleur de moitié grandeur naturelle. Fig. 2, cône de moitié grandeur naturelle.

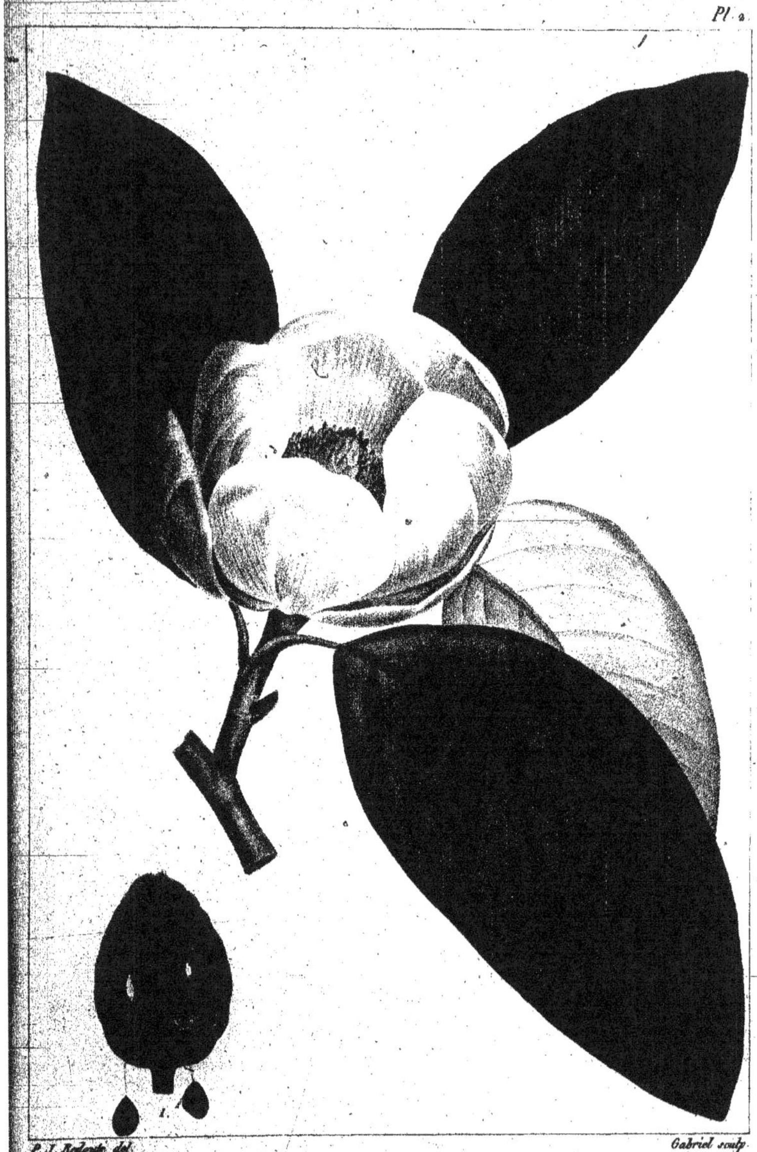

MAGNOLIA Glauca.
Small Magnolia
or *White Bay.*

MAGNOLIA *GLAUCA.*

THE SMALL MAGNOLIA.

OR WHITE BAY.

Magnolia *glauca, foliis æqualiter ovalibus, vel ovali-oblongis; subtùs glaucis.*

Cette espèce, dont l'élévation est beaucoup moindre que celle du *Magnolia grandiflora*, et dont les branches ont une forme beaucoup moins régulière, offre néanmoins, comme lui, un grand degré d'intérêt, à cause de son joli feuillage et de ses fleurs charmantes. Le *Magnolia glauca* a été, dans ces derniers temps, trouvé vers le Nord, jusques vers le Cap An, dans l'État de Massachussett, latitude 45°. 50′. Il est déjà assez commun dans le Bas-Jersey, et il le devient encore davantage, à mesure qu'on avance vers le Sud ; enfin, dans toute la partie basse et maritime des États méridionaux, ainsi que dans les Florides et la Basse-Louisiane, cet arbre est, parmi ceux qui viennent aux lieux humides, un des plus multipliés. Mais on ne le rencontre pas à une grande distance dans l'intérieur des terres: ainsi, dans les États de New-York, de la Pensylvanie et du Maryland, on ne le voit plus à 3o ou 4o milles (5o ou 6o kilomètres) au Nord des Villes de New-York, de Philadelphie et de Baltimore. Dans les Carolines et la Géorgie, les limites que j'ai indiquées pour les pinières, sont aussi celles où croît seulement le *Magnolia glauca;* car je ne me ressouviens pas de l'avoir vu dans la partie haute de ces États, non plus que dans ceux qui sont situés à l'Ouest des montagnes. A Philadelphie, ainsi qu'à New-York et dans les environs, il est connu sous le nom de *Magnolia* ou de *small Magnolia;* cette dénomination a entièrement remplacé celles de *Swamp sassafras* et de *Beaver wood,* bois à castor, qui étoient autrefois en usage parmi les anciens Suédois, qui les premiers vinrent se fixer dans ce pays. Dans les États méridionaux, il est plus universellement désigné par les noms de *White bay* et de *Sweet bay*.

Dans le Bas Jersey, la Basse-Pensylvanie et plus au Sud, le *Magnolia glauca* ne se voit jamais autre part que dans les marais les plus fangeux, et qui sont tellement aquatiques pendant la plus grande partie de l'année, qu'ils sont impraticables. Il s'y trouve mêlé parmi le *Cupressus thyoïdes*, les diverses sortes d'*Andromeda* et de *Vaccinium*. Dans les Carolines et la Géorgie, on rencontre bien rarement le *Magnolia glauca* dans les grands marécages qui bordent les rivières: il vient, au contraire, fort abondamment, je pourrois dire presque exclusivement, dans ces marais longs et étroits qui, dans toutes les directions, traversent les pinières, et où, avec le *Gordonia lasyanthus*, le *Laurus caroliniensis*, il constitue la masse des arbres qui remplissent ces mêmes marais, dont le sol noir, et toujours bourbeux, repose sur un sable peu productif. Dans ces États, le *Magnolia glauca* s'élève quelquefois jusqu'à 40 pieds (13 mètres), sur

12 à 14 pouces (36 à 42 centimètres) de diamètre; mais sa hauteur la plus ordinaire est de 20 à 30 pieds (7 à 10 mètres), et elle est encore moins considérable dans les environs de New-York et de Philadelphie, où il fructifie à 5 ou 6 pieds (2 mètres) d'élévation.

Les feuilles de cet arbre longues de 5 à 6 pouces (15 à 18 centimètres), disposées alternativement sur les branches et pétiolées, sont entières et de forme ovale-alongée; elles sont lisses et d'un vert foncé à leur surface supérieure, et glauques, ou d'un blanc bleuâtre à leur surface inférieure. Le mélange de ces deux couleurs forme un contraste fort agréable. Ces feuilles tombent tous les ans, à l'automne, et se renouvellent de bonne heure, au printemps.

Les fleurs solitaires aux extrémités des rameaux, larges de 2 à 3 pouces (6 à 9 centimètres), et de couleur blanche, se composent de plusieurs pétales, ovales et concaves. A l'époque de la floraison, qui a lieu dans les environs de Charleston, S. C., en mai, et un mois plus tard dans les environs de New-York et de Philadelphie, elles répandent une odeur très-suave; ce qui fait que dans le voisinage de ces deux grandes villes, les femmes et les enfans s'enfoncent dans les marais fangeux où croît cet arbre, pour en couper les fleurs et les porter au marché, où elles sont vendues sous le nom de *Magnolia* ou de *Small magnolia*, petit Magnolia.

Aux fleurs, succèdent de petits cônes charnus et de couleur verte, composés d'un grand nombre de cellules, et dont la longueur varie de 12 à 18 lignes (36 à

54 millimètres). A l'époque de leur maturité , les graines qui sont de couleur écarlate, forcent l'ouverture des cellules pour sortir : et avant de tomber, elles sont suspendues pendant quelques jours par un filet blanc, mince et délié.

Les graines de *Magnolia glauca* rancissent avec la plus grande facilité : pour conserver long-temps leur faculté germinative, il faut , aussitôt qu'elles sont récoltées, et avant que la pulpe qui entoure le noyau, soit ridée , les mettre dans du bois pourri ou du sable frais, et même un peu humide, qui les maintient dans l'état de fraîcheur, jusqu'au moment d'être mises en terre ; c'est le seul moyen de se procurer cet arbre de semence. Quoique le *Magnolia glauca* soit si multiplié dans la Basse-Virginie, les Carolines et la Géorgie, qu'on en rencontre un très-grand nombre de pieds dans tous les lieux humides, néanmoins, on ne trouve que très-rarement de jeunes plants.

Le tronc du *Magnolia glauca* est couvert d'une écorce unie et grisâtre ; il est toujours tortueux et très-rameux, et ses branches sont divariquées. Son bois, de couleur blanche et très-léger, n'est employé à aucun usage ; le nom de *Castor wood*, bois à Castor, donné autrefois au *Magnolia glauca*, prouve , d'une part, qu'il y avoit des Castors dans les diverses parties des États du Milieu, où cet arbre est indigène; et de l'autre, que ces animaux le coupoient de préférence à tout autre , parce qu'il est très-tendre, soit pour en faire les pieux nécessaires pour la construction de leurs digues et de leurs habitations, soit pour en manger l'écorce durant le cours de l'hiver. L'écorce des racines de cet arbre a une odeur aromatique et une saveur amère. Quelques habitans la font infuser dans l'eau-de-vie et boivent de cette teinture dans les affections rhumatismales, la considérant comme légèrement sudorifique. Dans le Bas-Jersey, les habitans des campagnes en font aussi infuser les cônes et les fruits dans du rhum et du wiskey; et la liqueur qui, par cette infusion, contracte une saveur très-amère, passe parmi eux pour un préservatif contre les fièvres d'automne.

Le *Magnolia glauca* offre l'avantage précieux de résister très-bien aux froids rigoureux qu'on éprouve en hiver, en France, en Allemagne et en Angleterre: en 1811, on en a vu dans les environs de Paris, un grand nombre de pieds, dont les graines sont venues à maturité. De tous les arbres, soit indigènes, soit exotiques, qui sont susceptibles de supporter d'aussi grands froids, il n'en existe point, qui soient parés d'un aussi beau feuillage, ni qui portent d'aussi belles fleurs. Aussi, cette espèce de *Magnolia* est-elle, à juste titre, extrêmement recherchée des Amateurs de jardinage; et on ne peut trop les engager à la multiplier, afin d'ajouter à l'embellissement de leur résidence champêtre.

PLANCHE II.

*Rameau avec les feuilles et une fleur de grandeur naturelle.
Fig. 1, cônes avec des graines de grandeur et de couleur naturelles.*

MAGNOLIA *ACUMINATA.*

Magnolia *acuminata, foliis ovalibus, acuminatis, sub-tùs pubescentibus : floribus flavò-cærulescentibus.*

Le *Magnolia acuminata* est désigné dans toutes les parties des États-Unis, où il croît, par le seul nom de *Cucumber tree*, arbre à concombre. C'est un fort bel arbre qui égale en hauteur et en diamètre le *Magnolia grandiflora.* Parmi les espèces de ce genre trouvées jusqu'ici dans le Continent de l'Amérique Septentrionale, ce sont les seules qui parviennent à de très-grandes dimensions. Les bords de la rivière Niagara, près de la fameuse chute de ce nom, latitude 43°., est le point le plus avancé vers le Nord, où j'ai personnellement observé cette espèce, et je ne pense pas qu'elle existe beaucoup plus loin dans cette direction. Elle abonde au contraire dans toute la région montagneuse des Alléghanys, jusqu'à leur terminaison en Géorgie, ce qui comprend un intervalle de plus de 300 lieues (1500 kilom.) Elle est également fort commune dans les montagnes de Cumberland, qui coupent en deux l'État de Tennessée. Les parties déclives des montagnes, les vallons resserrés et le voisinage des torrens où il règne constamment une grande humidité, et dont le sol est meuble et très-fertile, sont les situations, où cet arbre affecte de croître plus spécialement: et cela, à un tel point que, dès qu'on s'éloigne

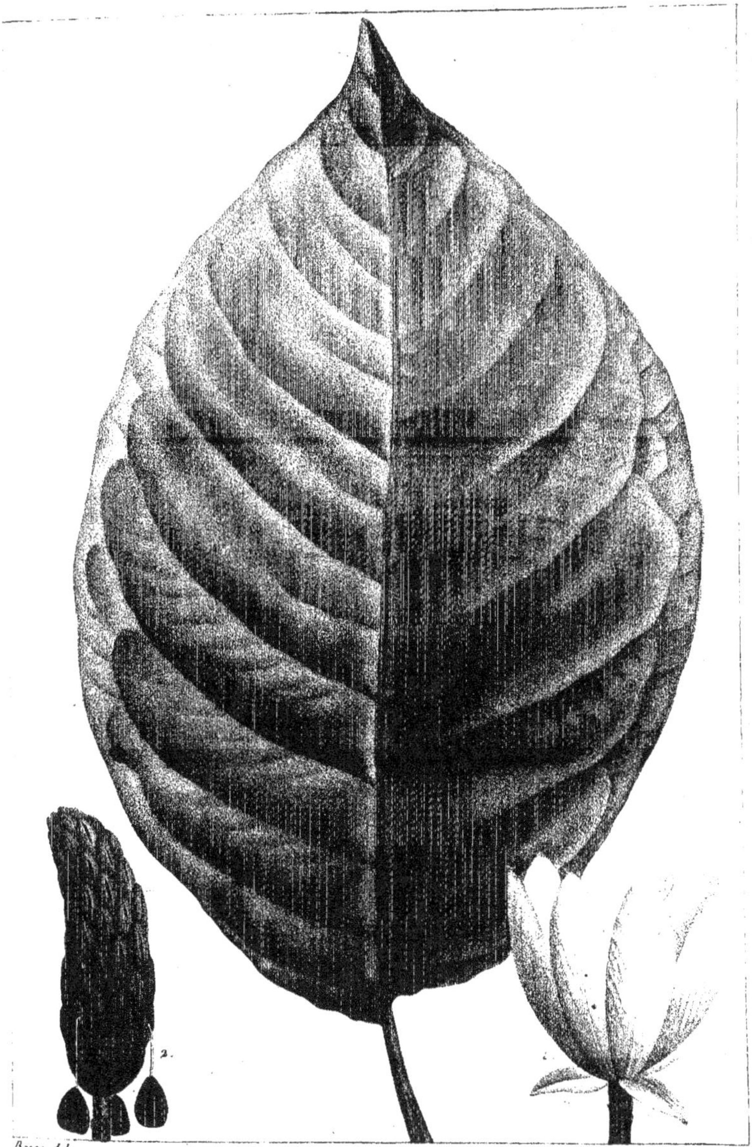

Bessa del. Gabriel sculp.

MAGNOLIA Acuminata.

Cucumber Tree.

de toutes ces montagnes, à l'Est ou à l'Ouest, à une distance de 40 ou 50 milles (65 à 80 kilomètres), on ne le rencontre, pour ainsi dire plus qu'accidentellement, et seulement sur les bords escarpés des rivières, où l'atmosphère est toujours rafraîchie par l'évaporation des eaux.

D'après ce qui vient d'être dit, on peut donc considérer le *Magnolia acuminata*; 1°. comme étranger à tous les pays situés au Nord de la rivière Hudson; 2°. comme ne se trouvant point non plus dans toute la partie atlantique des États-Unis qui s'étend depuis les bords de la mer jusqu'à 100, 150 et 200 milles (165, 250, 330 kilomèt.) dans l'intérieur des terres, où la chaleur extrême du climat, en été, et la nature du terrein paroissent entièrement contraires à sa végétation. Cet arbre est encore assez rare dans cette partie du Kentucky et de l'Ouest Tennessée, qui est la plus éloignée des montagnes, et où la surface du sol est plus égale.

Les feuilles du *Magnolia acuminata*, sont longues de 6 à 7 pouces (18 à 21 centimètres) et larges de 3 à 4 pouces (9 à 12 centimètres) dans les grands arbres; mais elles ont quelquefois le double de cette grandeur dans les jeunes pieds qui croissent aux lieux humides, et qui sont abrités dans les forêts. Ces feuilles, de forme ovale, entières et très-acuminées à leur sommet, sont d'une texture assez molle; elles tombent à l'automne, et se renouvellent au printemps.

Les fleurs du *Magnolia acuminata* ont de 3 à 4 pouces (9 à 12 centimètres) de large. Elles sont fort belles, et le plus ordinairement bleuâtres; quelquefois aussi elles sont blanches, mêlées d'une teinte jaune. Elles ont peu d'odeur, mais comme elles sont très-grandes et très-nombreuses, elles produisent un bel effet, étant accompagnées d'un riche feuillage.

Les cônes ou fruits, longs d'environ 3 pouces (9 centimètr.), et épais de 8 à 10 lignes (24 à 30 millim.), ont toujours une forme cylindrique ou à-peu-près, et sont fréquemment un peu plus gros à leur partie supérieure : toujours un peu convexes d'un côté, et concaves à la partie correspondante, ils ont, lorsqu'ils sont encore verts, assez de ressemblance avec un petit cornichon : d'où est venu à cet arbre le nom de *Cucumber tree*, arbre à Concombre. Les cellules disposées comme dans les autres espèces de ce genre, contiennent chacune une graine de couleur rose qui, après être sortie, est aussi suspendue pendant quelques jours par un petit filet mince et blanc. La plupart des habitans qui vivent dans le voisinage des Alléghanys, cueillent les cônes du *Magnolia acuminata* vers le milieu de l'été, lorsqu'ils sont à la moitié de leur maturité, et les mettent infuser dans de l'eau-de-vie de grain, ce qui lui communique un grand degré d'amertume. Ils sont dans l'habitude de prendre tous les matins, un ou plusieurs petits verres de cette liqueur amère, qu'ils regardent comme un bon préservatif contre les fièvres automnales; préservatif au surplus dont on ne conteste pas l'effet, mais dont l'usage jusqu'à présent, ne paroît pas avoir été suivi de résultats assez positifs pour qu'aucun médecin ait cherché à en constater l'efficacité.

Le *Magnolia acuminata* excède quelquefois 80 pieds (27 mètres) de hauteur, sur 3 à 4 pieds (30 à 33 décimètres) de diamètre, à 3 et 4 pieds (1 mètre) de terre. Le tronc en est parfaitement droit, d'une grosseur uniforme, et souvent sans branches dans les deux tiers de son élévation ; sa cime est large et régulière : c'est, sans aucun doute, un des beaux arbres des forêts américaines. Dans les vieux individus, l'écorce est grisâtre et sillonnée très-profondément. Le vrai bois ou le cœur est d'un jaune brun, et d'une texture assez tendre: à cet égard, il a quelque rapport avec celui du Tulipier. Comme lui, il a le grain fin, et il prend un beau poli; mais il a moins de force et ne résiste pas aussi bien aux intempéries des saisons : d'ailleurs, cet arbre généralement assez peu multiplié dans les forêts, n'est jamais employé qu'accidentellement. Débité en planches, il sert seulement pour la menuiserie, dont on revêt endedans la charpente des maisons en bois. On en fait aussi de très-grandes pirogues, à cause de sa légèreté. Ainsi ce bois ne possède aucune propriété qui puisse le faire rechercher pour certains usages déterminés : il en résulte que le *Magnolia acuminata* ne peut être considéré que comme un arbre fort agréable, à cause de la beauté de son feuillage et de ses fleurs, et parce que, comme toutes les espèces de ce genre, il les produit lorsque les arbres sont encore très-jeunes. Comme le *Magnolia glauca*, il ne souffre aucunement des froids qu'on éprouve en hiver, dans le

Nord de la France, en Allemagne et en Angleterre :
il y réussit très-bien en pleine terre, et fleurit à chaque printemps, mais ses fruits ne mûrissent que rarement ; cependant on a le droit d'attendre qu'ils par-
viendront à maturité, lorsque les arbres qui les produisent seront un peu plus âgés, et qu'ils seront placés
dans des situations exposées au Midi, mais ombragées.

PLANCHE III.

*Feuilles de grandeur naturelle. Fig. 1, fleur de moitié gran-
deur naturelle. Fig. 2, fruit avec ses graines de grandeur naturelle.*

MAGNOLIA Cordata.

Heart Leaved Cocumber Tree.

Magnolia *cordata, foliis cordatis, subtùs subtomentosis:*
floribus flavis.

CETTE espèce qui a beaucoup de ressemblance
avec le *Magnolia acuminata*, par son port, et par
la forme de ses fruits, a été confondue avec lui par
les habitans des lieux où il croît, et ils les connoissent sous la même dénomination; c'est ce qui
fait qu'elle n'a porté jusqu'à présent aucun nom
qui puisse la faire distinguer. J'ai dû y suppléer, et
je lui ai donné celui d'*Heart leaved Cucumber tree*,
Arbre à concombre à feuilles en cœur.

Les bords de la rivière Savanah, dans la Haute-
Géorgie, et de celles qui traversent également la partie supérieure de la Caroline méridionale, sont les
endroits où mon Père et moi avons observé cet arbre:
j'indiquerai plus particulièrement les bords d'une
petite rivière nommée *Horn Creek*, à 12 milles
d'Augusta, à l'endroit où elle traverse une habitation
nommée *Good rest*, comme le point le plus rapproché de la mer, où je l'ai trouvé dans mon dernier
voyage.

Le *Magnolia cordata* s'élève de 40 à 50 pieds
(13 à 17 mètres), et il acquiert de 12 à 15 pouces
(36 à 45 centimètres) en diamètre. Son tronc est
droit, couvert d'une écorce inégale, fendillée assez

profondément, qui ressemble beaucoup à celle du
Liquidambar et même des jeunes Chênes blancs.
Ses feuilles portées sur d'assez longs pétioles, sont en
cœur : elles sont lisses, entières et ont de 4 à 6 pouces (12 à 18 centimètres) de longueur, et de 3 à 5
pouces (9 à 15 centimètres) de largeur. Les fleurs
paroissent dans le courant du mois d'avril ; elles ont
une couleur jaune, et les pétales sont, à l'intérieur,
striées longitudinalement de plusieurs lignes rougeâtres. Ces fleurs un peu moins grandes que celles du
Magnolia acuminata, ont cependant près de 4 pouces (12 centimètres) de diamètre. Elles sont remplacées par des cônes longs d'environ 3 pouces
(9 centimètres), sur 10 à 12 lignes (30 à 36 millimètres) de diamètre : ils sont cylindriques et présentent la même structure que ceux des autres espèces
de ce genre. Les graines de couleur rose, sont également disposées dans des cellules particulières.

Le bois du *Magnolia cordata* ressemble en tout
à celui du *Magnolia acuminata*. Comme lui, il est
tendre et susceptible de pourrir très-promptement.
Aussi, on ne l'employe à aucun usage particulier. Il
est d'ailleurs peu multiplié, même dans la Haute-
Géorgie, où j'ai dit qu'on ne le voyoit que sur les
bords élevés des rivières. Car jamais il ne fait partie
des forêts composées de Chênes, de Noyers, etc. La
beauté de ses fleurs, dont la couleur jaune tranche
fort agréablement sur son feuillage bien fourni, et
l'avantage qu'il a de supporter un grand degré de
froid, sont donc les seuls titres de recommandation

avec lesquels il se présente aux Amateurs ; et sous
ce rapport, il est aussi digne qu'aucune autre espèce
de ce genre, de figurer dans les parcs et jardins d'une
grande étendue.

PLANCHE IV.

*Feuilles de grandeur naturelle. Fig. 1, . fleur de moitié gran-
deur naturelle. Fig. 2 , fruit de grandeur naturelle.*

MAGNOLIA *TRIPETALA.*

Magnolia *tripetala, foliis amplioribus, oblongis, sub-cuneatò-obovalibus, calice reflexo.*

Obs. *Petala solitò novem.*

Cette espèce commence à se trouver vers le Nord, dans la partie Septentrionale de l'État de New-York: mais on l'observe plus fréquemment, à mesure qu'on avance vers le Sud, et elle est déjà assez commune sur quelques-unes des îles qui existent dans la rivière Susquehannah: elle l'est encore davantage dans les États méridionaux, ainsi que dans ceux de l'Ouest, soit dans la partie maritime et méridionale des Carolines et de la Géorgie, soit dans cette portion des Monts Alléghanys qui traverse les mêmes États, à 300 milles (500 kilomètres) de la mer. J'indiquerai plus particulièrement les forêts qui avoisinent la rivière Nolachachuky dans l'Est Tennessée, comme un des endroits où j'ai vu le *Magnolia tripetala* proportionnellement plus multiplié. Quoique cet arbre se trouve dans une très-grande étendue de pays, cependant il ne peut être mis au nombre de ceux qu'on rencontre à chaque pas dans les forêts, comme le *Cornus florida*, l'*Hamameis virginica*, et quelques espèces de Chênes. On ne le voit jamais que dans les situations qui sont parfaitement convenables à sa

MAGNOLIA Tripetala.
Umbrella Tree.

végétation, tel qu'un terrein meuble, profond, de bonne qualité et qui est toujours ombragé ou abrité par de très-grands arbres. Ainsi, dans la Basse-Caroline méridionale et la Basse-Géorgie, il vient exclusivement dans le voisinage des grands marais qui longent les rivières, ou qui sont enclavés dans les pinières. On l'y rencontre presque indubitablement avec le *Magnolia grandiflora*, le *Quercus palustris*, l'*Hopea tinctoria*, etc.; mais jamais il ne vient parmi les *Magnolia glauca*, les *Laurus caroliniensis* et les *Gordonia lasyanthus*, qui remplissent ces petits marais étroits, dont les pinières sont traversées dans toutes sortes de directions, et dont le sol est noir, peu profond, et souvent bourbeux.

Le *Magnolia tripetala*, comme les espèces suivantes, est très-remarquable par l'amplitude de ses feuilles et la grandeur de ses fleurs, et il forme, par ses dimensions, l'anneau de la chaîne qui lie les grands arbrisseaux et les arbres de la troisième grandeur : car, quoiqu'il s'élève quelquefois à 3o et 35 pieds (10 à 12 mètres), sur 5 à 6 pouces (15 à 18 centimètres) de diamètre, il est plus ordinaire de le voir au-dessous de cette élévation. Ses feuilles, minces, entières, de forme ovale, acuminées à leurs deux extrémités, ont quelquefois, dans les arbres jeunes et vigoureux, 18 à 20 pouces (5 à 6 décimètres) de longueur, sur 7 à 8 pouces (21 à 24 centimètres) de largeur à leur partie moyenne. Très-souvent disposées en rayons aux extrémités des jets vigoureux, elles embrassent un grand espace, et elles peuvent cou-

vrir une surface de 30 pouces (9 à 12 décimètres)
en diamètre ; d'où lui est venu le nom d'*Umbrella
tree*, arbre à parasol. J'ai assez constamment remarqué que le tronc du *Magnolia tripetala* étoit toujours plus ou moins penché ; la cause en est que cet
arbre quoique abrité , donne toujours, par son large
feuillage, beaucoup de prise aux vents, qui font incli-
ner ses tiges, trop foibles dans leur jeunesse pour
leur résister, parce qu'alors étant moins grosses que le
petit doigt, elles sont chargées de très-grandes feuilles.
Les fleurs de couleur blanche, composées de plusieurs pétales oblongs et concaves, ont de 7 à 8 pouces (21 à 24 centimètres) de diamètre. Placées aux
extrémités des branches , elles produisent un très-bel
effet , quoiqu'elles soient moins régulières que celles
des autres espèces de ce genre : elles ont aussi une
odeur moins agréable.

Les cônes du *Magnolia tripetala* ont 4 à 5 pouces
(12 à 15 centim.) de longueur, sur environ 2 pouces (6 centim.) de diamètre ; ils entrent en maturité
vers le 1er. octobre, ils sont alors d'une belle couleur
rose et les graines d'un rouge pâle. Dans les cônes
bien nourris et bien conformés , on en trouve de 50
à 60 : comme elles sont susceptibles de rancir promptement, il faut les semer aussitôt qu'elles sont récoltées ; alors on est assuré d'obtenir un grand nombre
de jeunes plants. On peut aussi leur conserver leur
faculté germinative, pendant plusieurs mois, si, immédiatement après les avoir cueillies, on les met dans
de la mousse constamment tenue à l'état d'humidité.

Le bois du *Magnolia tripetala*, très-tendre et très-spongieux, ne peut être employé à aucun usage. L'écorce qui couvre le tronc, est de couleur grise, parfaitement unie, et même luisante: entamée encore fraîche, elle exhale une odeur désagréable.

Ce *Magnolia* qui peut supporter un très-grand degré de froid, a été introduit, depuis fort long-temps, dans les jardins d'agrément en France et en Angleterre, où il se fait remarquer par ses feuilles, ses fleurs et ses fruits, dont la grandeur et la forme extraordinaire ne se trouvent point dans les arbres qui croissent naturellement en Europe. Depuis plusieurs années, il y fructifie et donne de bonnes graines; ce qui fait qu'actuellement on peut se dispenser d'en faire venir de son pays natal.

PLANCHE V.

Feuilles du quart de grandeur naturelle. Fig. 1, un pétale de grandeur naturelle. Fig. 2, fruit avec des graines de grandeur naturelle.

MAGNOLIA *AURICULATA.*

THE LONG LEAVED CUCUMBER TREE.

OR INDIAN PHISIC.

Magnolia *auriculata , foliis subrhomboïdeis obovalibus ,
infernè angustatis , basi profundo sinu quasi auricula-
tis , membranaceis utrinquè viridibus.*

Cette espèce de *Magnolia,* aussi remarquable que
la précédente par son beau feuillage, et dont les
fleurs aussi fort grandes, sont plus agréables à cause
de leur bonne odeur, ne se trouve que fort avant
dans l'intérieur du pays, et dans une étendue très-
limitée; ce qui fait qu'elle n'a été connue des Botanistes, que dans ces derniers temps. D'après les
résultats de mes propres recherches, elle est particulièrement confinée dans cette partie des Monts
Alléghanys qui traverse les États méridionaux, et
se trouve éloignée à une distance d'environ 100 lieues
(500 kilomètres) de la mer. Il est aussi à remarquer
que dans cette partie des États-Unis, ces montagnes
embrassent en largeur une étendue beaucoup plus
considérable, que dans la Virginie et dans les États
situés plus au Nord. On trouve cependant encore quelquefois le *Magnolia auriculata* sur les bords escarpés
des rivières qui prennent naissance dans ces hautes
montagnes, et dont les unes dirigeant le cours de
leurs eaux vers le Sud, les portent directement à
l'Océan, et les autres prenant une direction oppo-

MAGNOLIA Auriculata.

Long Leaved Cucumber Tree.

sée, les versent dans l'Ohio, après avoir traversé les États du Kentucky et du Tennessée. Le point le plus rapproché de la mer, où j'ai observé le *Magnolia auriculata*, est près de Tow Sister Ferry, éloigné d'environ 12 lieues (60 kilomètres) de la ville de Savanah en Géorgie. Mais il m'a semblé que cet arbre ne se trouvoit qu'accidentellement dans cet endroit; car, depuis là jusqu'aux montagnes, dont la distance est d'environ 60 lieues (200 kilomètres), je ne l'ai plus rencontré. De cette portion des Monts Alléghanys qui traverse les Hautes-Carolines et la Haute-Géorgie, et où croît le *Magnolia acuminata*, j'indiquerai principalement les parties les plus déclives des hautes montagnes de la Caroline du Nord, et notamment celles qui sont désignées dans le pays par les noms des *Great father mountains*, *Black* et *Iron mountains*, comme les endroits où j'ai vu cet arbre plus multiplié que partout ailleurs. Il est désigné par les noms de *long leaved cucumber tree*, arbre à Concombre à longues feuilles, et de *Indian phisic*, *Médecine Indienne*. Le sol de ces montagnes, de couleur brune, meuble, profond et d'une excellente qualité, est aussi le plus favorable à sa végétation; et il s'y reproduit si facilement de lui-même, que j'ai pu m'en procurer mille jeunes plants, dans le courant d'une journée. Le Chêne noir, le Chêne écarlate, le Chêne rouge, le Châtaignier, le Frêne rouge, le Marronier jaune, le *Magnolia acuminata* et l'*Andromeda arborea* réunis avec lui, sont les arbres qui composent plus particulièrement sur ces montagnes, la masse des forêts; lieux solitaires où l'atmosphère, dans les plus beaux jours de l'été, est surchargée d'humidité, par l'évaporation des eaux des torrens sans nombre qui se précipitent de leur sommet.

Le *Magnolia auriculata*, de moitié moins élevé que la plupart des arbres avec lesquels il croît, n'en parvient pas moins à 40 et 45 pieds (13 et 15 mètres) de hauteur, sur 12 à 15 pouces (36 à 45 centimètres) de diamètre. Son tronc, droit et assez bien filé, est fréquemment dégarni de branches dans la moitié de cette élévation. Ses branches fort espacées et peu ramifiées, lui donnent, lorsqu'il est dégarni de feuilles, un aspect particulier qui le fait reconnoître au premier abord.

Les feuilles d'un vert tendre et d'une texture fine, ont de 8 à 9 pouces (24 à 27 centimètres) de longueur, sur 4 à 6 pouces (12 à 18 centim.) dans leur plus grande largeur, et souvent un tiers, et même moitié plus dans les jeunes individus qui poussent vigoureusement. Les feuilles disposées alternativement sur les branches, glabres en-dessus et en-dessous, sont pointues à leur sommet, enflées dans leur tiers supérieur, et se retrécissent à leur base : elles se terminent par une échancrure qui forme deux lobes arrondis, d'où lui est venu le nom spécifique latin d'*Auriculata*.

Les fleurs naissent aux extrémités des jeunes pousses, qui sont d'un rouge violet et ponctuées de points blancs; elles ont de 3 à 4 pouces (9 à 12 centimèt.)

de diamètre; la couleur en est très-blanche et l'odeur fort suave.

A ces belles fleurs succèdent des cônes ovales, d'environ 3 à 4 pouces (9 à 12 centimètres) de largeur: comme ceux du *Magnolia tripetala*, ils sont d'une belle couleur rose, à l'époque de leur maturité; et ils n'en diffèrent seulement que parce qu'ils sont un peu moins gros, et que chacune des cellules qui contient aussi une ou deux graines rouges, est terminée à sa partie supérieure par un petit appendice.

Le bois du *Magnolia auriculata*, tendre, spongieux et fort léger, n'est propre à aucun usage. L'écorce qui le couvre est grise et toujours unie, même dans les plus vieux arbres. Si on enlève l'épiderme, on remarque, qu'en moins d'une minute, le tissu cellulaire, par le seul contact de l'air, passe de la couleur blanche à la couleur jaune : cette écorce a une odeur aromatique assez agréable ; infusée dans une liqueur spiritueuse, elle passe parmi les habitans de ces montagnes pour un bon sudorifique, dont ils font usage dans les affections rhumatismales.

Le *Magnolia auriculata* réussit très-bien en pleine terre, sous la température de Paris et de Londres; et il commence à être assez répandu en Europe, dans les jardins des amateurs de cultures étrangères : c'est avec raison qu'ils le recherchent préférablement au *Magnolia tripetala*, à cause de ses fleurs qui, quoique un peu moins grandes, ont, sur celles de ce dernier, l'avantage d'une forme plus régulière et

d'une odeur agréable. Cet arbre supporte également
bien les froids extrêmement rigoureux qui se font
ressentir, en hiver, à Philadelphie. Car plusieurs pieds
que mon Père envoya des montagnes de la Caroline
du Nord, à MM. W. Hamilton et Bartram, qui résident près de cette ville, réussissent très bien en pleine
terre dans leurs jardins, et depuis plusieurs années,
ils y donnent des fleurs et des graines. C'est ainsi que
les productions agréables et souvent utiles, que la
main de la nature avoit fixées dans un seul canton,
se propagent d'une extrémité du globe à l'autre, et
viennent contribuer au bonheur de la société, en
adoucissant par le plaisir attaché à leur culture, les
peines dont elle est trop souvent affligée.

PLANCHE VI.

*Feuille des trois-quarts de la grandeur naturelle. Fig. 1, fleur
d'un tiers moindre que la grandeur naturelle. Fig. 2, cône avec
ses graines de grandeur naturelle.*

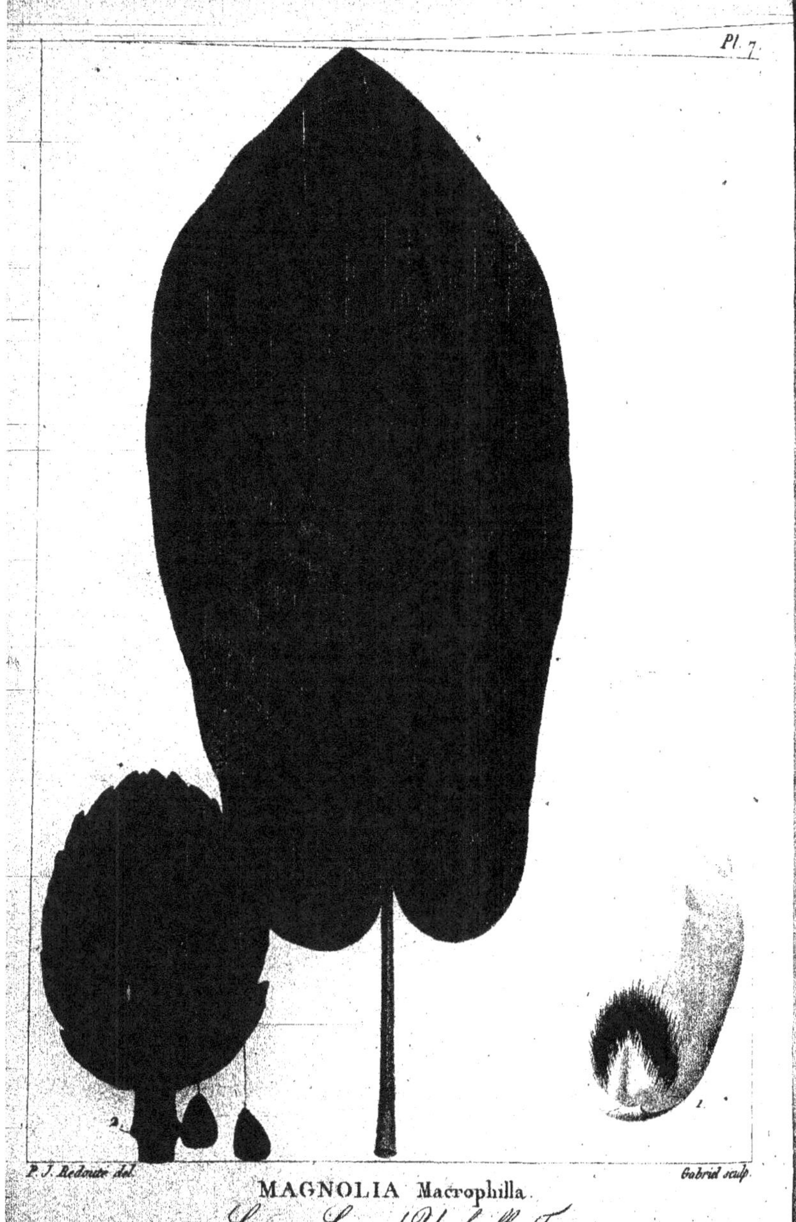

MAGNOLIA Macrophilla.

Large Leaved Umbrella Tree.

MAGNOLIA *MACROPHYLLA.*

Magnolia *macrophylla, ramis medullosis, fragilibus ;
foliis omnium amplissimis, oblongè subcuneatò-obo-
valibus, basi sinuatá, subauriculatis, subtùs glaucis;
junioribus argenteis, densissimè holosericeis.*

Obs. *Folia* 1—2 ⅓ *ped. longa, figura ferè M. auriculatæ, petala
sex, alba, inferiora basi purpurea.*

Des diverses sortes de *Magnolia* dont je donne la
description, et même de toutes celles qui ont été
découvertes jusqu'ici dans l'ancien continent, et qui,
réunies, forment ensemble douze espèces, il n'en est
aucune aussi remarquable par l'amplitude de son
feuillage, et par la grandeur de ses fleurs, que le
Magnolia macrophylla : c'est aussi celle des espèces
américaines qui est la moins multipliée, et qu'on ne
voit que très-rarement dans les forêts. La ressemblance qu'a cet arbre par ses feuilles, avec le *Magnolia tripetala* qui vient aux mêmes endroits, l'a fait
jusqu'à présent, confondre avec lui par les habitans
des lieux où il croît; ce qui fait qu'ils les désignent par la même dénomination. J'ai donc dû y
suppléer, et le nom de *Large leaved, umbrella tree*,
Arbre à parasol à grandes feuilles, m'a paru le plus
propre à le bien caractériser. Mon Père, dans son
Flora boreali americana, et les Botanistes qui en
ont parlé après lui, l'ont indiqué sous le nom de
Magnolia macrophylla; les amateurs et les Jardi-

niers botanistes le désignent au contraire, dans leurs catalogues, par celui de *Magnolia Michauxii*. Malgré les observations des personnes pour lesquelles j'ai la plus grande déférence, j'ai pensé qu'il n'eût pas été convenable à moi surtout, dans cette occasion, d'adopter ce nom spécifique, tout honorable qu'il soit pour mon Père, préférablement à celui qu'il a le premier consacré.

Ce fut dans le mois de juin 1789, lors du premier voyage que mon Père fit de Charleston dans les montagnes de la Caroline du Nord, où je l'accompagnai, que je trouvai personnellement cet arbre, qu'il jugea immédiatement être une espèce de *Magnolia*, différente de celles qui avoient été décrites ou connues jusqu'alors. Le lieu où nous rencontrâmes ce magnifique végétal, est à 10 milles (15 kilomètres), Sud, en-deçà de Lincolton, dans la Caroline du Nord, et à 250 milles (415 kilomètres) de Charleston. Les recherches botaniques, fort multipliées, que nous fîmes dans la partie supérieure des États méridionaux, pour le retrouver, et même celles qui ont été faites après nous par plusieurs Jardiniers botanistes anglais, qui ne le trouvèrent non plus que nous, à l'Est des Monts Alléghanys, sont une preuve assez convaincante que cet arbre est fort rare entre cette chaîne de montagnes et la mer ; tandis que dans le Tennessée, qui est situé au-delà, il est plus commun, quoiqu'on ne le rencontre cependant qu'à des intervalles de 40 à 50 milles (65 à 80 kilomètr.), et qu'on n'en trouve seulement que quelques pieds à la fois ;

c'est une observation que j'ai eu occasion de faire, pendant mon voyage dans les États de l'Ouest, en 1803.

Le *Magnolia macrophylla*, comme le *Magnolia tripetala*, auquel il est assez constamment réuni, aime les situations fraîches, abritées des vents, dont le sol très-fertile est meuble et profond. C'est aussi avec cette espèce qu'il a le plus d'analogie, par son port et la disposition terminale de ses feuilles, quoiqu'il se rapproche davantage du *Magnolia auriculata*, par leur conformation inférieure. Il tient aussi le milieu entre ces deux espèces, par sa hauteur qui n'excède pas 35 pieds (12 mètres), et par son diamètre, qui n'a pas plus de 4 à 5 pouces (12 à 15 centimètres). Le corps de l'arbre est couvert d'une écorce unie et d'une grande blancheur, laquelle suffit en hiver, lorsqu'il est dégarni de ses feuilles, pour le faire reconnoitre au premier abord, d'avec le *Magnolia tripetala*, dont il diffère encore, à cette époque, par ses bourgeons qui ne se terminent point, comme ceux de ce dernier, en pointes arrondies, mais qui sont au contraire, comme déprimés, et couverts d'un duvet soyeux, de couleur argentine.

Le *Magnolia macrophylla* est, de toutes les espèces de ce genre, celle dont les feuilles acquièrent le plus d'amplitude : on en trouve qui ont jusqu'à 35 pouces (près d'un mètre) de longueur, sur 9 à 10 pouces (27 à 30 centimètres) dans leur plus grande largeur. Ces feuilles, disposées alternativement sur les branches, et portées sur des pétioles proportionnément assez courts, sont de forme ovale-alongée, pointues à leur extrémité supérieure, échancrées, en cœur à leur base, d'un vert clair en-dessus, et d'une belle couleur glauque ou blanche à leur surface inférieure. Elles tombent tous les ans à l'automne, et se renouvellent d'assez bonne heure au printemps.

Les fleurs, de couleur blanche sont plus grandes que celles d'aucune autre espèce de *Magnolia* connue; car lorsqu'elles sont entièrement épanouies, elles ont de 8 à 9 pouces (27 à 30 centimètres) de diamètre. Ces fleurs se composent de six pétales plus longs et plus larges que ceux du *Magnolia tripetala*. A la partie inférieure et interne de chaque pétale, se trouve une large tache, de couleur purpurine, de 7 à 8 lignes (21 à 24 millimètres) de diamètre. Ces fleurs répandent une odeur douce, et produisent un très-bel effet au milieu d'un aussi beau feuillage.

Aux fleurs succèdent des cônes longs d'environ 4 pouces (12 centimètres), presque cylindriques, et d'un rose vif, à l'époque de leur maturité. Ils ressemblent d'ailleurs, pour les dispositions des valves et des graines qui y sont enfermées, à ceux du *Magnolia tripetala* et du *Magnolia auriculata*; ils en diffèrent seulement, en ce que chaque valve n'est pas surmontée d'un petit appendice, qui s'observe surtout dans cette dernière espèce, lorsqu'ils sont desséchés.

Les graines du *Magnolia macrophylla* demandent les mêmes soins que celles des autres espèces, pour être maintenues à l'état de germination: ils consistent à les tenir fraîchement jusqu'au moment d'être mises en terre.

Le bois de cet arbre est plus tendre et plus spongieux que celui du *Magnolia tripetala,* qui l'est déjà beaucoup; et de même que celui-ci, il n'est propre à aucun usage. Tout son mérite, comme celui d'une infinité d'autres plantes, consistera donc à décorer nos jardins et à donner un nouveau charme au séjour de la campagne, par la beauté de son feuillage et la grandeur singulière de ses fleurs. C'est aussi par cette seule considération, que les amateurs d'arbres étrangers, en France et en Angleterre, recherchent avec empressement, pour leur résidence champêtre, cette espèce magnifique de *Magnolia ;* et avec d'autant plus de raison, qu'elle supporte très-bien les froids qu'on éprouve en hiver, à Paris et à Londres.

Un pied de ce *Magnolia* que j'avois apporté d'Amérique, il y a sept ans, a fleuri en 1811, dans les jardins de S. M. l'Impératrice Joséphine, à la Malmaison. Le *Magnolia tripetala* étant beaucoup plus commun, on pourroit s'en servir pour greffer cette espèce précieuse, ainsi que le *Magnolia auriculata,* en approche ou en écusson. Cette tentative a été faite par mon Père, dans un jardin qu'il possédoit près de Charleston, dans la Caroline méridionale, et elle a été couronnée du plus heureux succès.

PLANCHE VII.

Feuilles des quatre-cinquièmes de moins que grandeur naturelle. Fig. 1 , un pétale de moitié grandeur naturelle. Fig. 2 ; cône avec ses graines des deux tiers de la grosseur naturelle.

III.   14

FRÊNES.

Dans l'Amérique Septentrionale, comme en Europe, il n'existe point d'arbres, qui, après le Chêne, soit d'une utilité aussi génerale et aussi habituelle que le Frêne. Les propriétés distinctives de son bois sont la force et l'élasticité, qu'il réunit à un haut degré et qui le rendent propres à des usages fort importans et pour lesquels on ne pourroit, dans ces contrées, y suppléer que très-imparfaitement, par celui d'autres sortes d'arbres. Ces remarques s'appliquent surtout au *Fraxinus excelsior*, ou Frêne commun d'Europe, et au *Fraxinus americana*, Frêne blanc de l'Amérique, qui l'un et l'autre acquièrent les plus grandes dimensions, qui sont les plus multipliés et aussi les plus appréciés dans les arts mécaniques.

Les espèces de Frêne qui croissent en Europe, sont bien connues: huit ont été décrites par les Botanistes. Dans l'Amérique Septentrionale, il en existe un bien plus grand nombre, et j'ai cette certitude, 1º. par mes remarques, 2º. par l'Herbier de mon Père, qui renferme quelques échantillons d'espèces que je n'ai pas trouvées, 3º. parce qu'il en existe d'autres en Europe, qui y ont été envoyées autre fois, et qu'on cultive depuis long temps dans les jardins et les pépinières, lesquelles me sont également étrangères. D'après ces considérations, je suis persuadé qu'à l'Est du Mississippi, ce qui renferme le Canada et les États-Unis, on trouvera plus de trente espèces de Frênes. Comme il paroît exister beaucoup d'analogie entr'elles, outre les observations faites sur les lieux, aux époques de la floraison et de la fructification, on devra encore semer les graines de chaque espèce pour étudier le développement de leur végétation. Ce sera un nouveau moyen pour observer les différences que ces arbres présentent dans leur jeunesse, et dont on pourra aussi tirer des inductions utiles sur l'accélération comparative de leur croissance. Mon séjour, dans les États-Unis, n'ayant pas été assez prolongé pour me livrer à ce travail intéressant, je me suis restreint à ne décrire que les espèces de Frênes qui y sont les plus connues, à cause de leur utilité, et une ou deux de celles qui sont les plus remarquables par la forme de leurs graines.

FRAXINUS *AMERICANA.*

THE WHITE ASH.

Polygamie dioecie , **Linn.** Fam. des Jasminées , **Juss.**

Fraxinus *americana , foliolis integerrimis , longè acu-*
minatis , petiolatis , subtùs glaucis.

Cette espèce de Frêne, très-intéressante par les
excellentes qualités de son bois, et la plus remarquable de toutes celles que je me propose de décrire,
par la beauté de son feuillage, m'a paru plus
multipliée dans les États situés au Nord de la
rivière Hudson , et notamment dans le New-
Hampshire et le District de Maine , que dans
ceux qui sont plus au Sud. Elle est aussi plus
commune dans les forêts du Gennessée , que
dans le bas de l'État de New-York, ainsi que dans
le New - Jersey et la Pensylvanie. La province de
la Nouvelle - Écosse et le Canada, très - semblables au District de Maine, par la nature du sol
et la température du climat, produisent encore cet
arbre très-abondamment. Je crois donc pouvoir en
conclure qu'une température très-froide est celle qui
est la plus favorable au développement de sa végétation. Par-tout où je viens d'indiquer que l'on rencontre cette espèce de Frêne, elle est connue sous
le seul nom de White Ash , *Frêne blanc,* dénomination qui paroît lui avoir été donnée , à cause de la

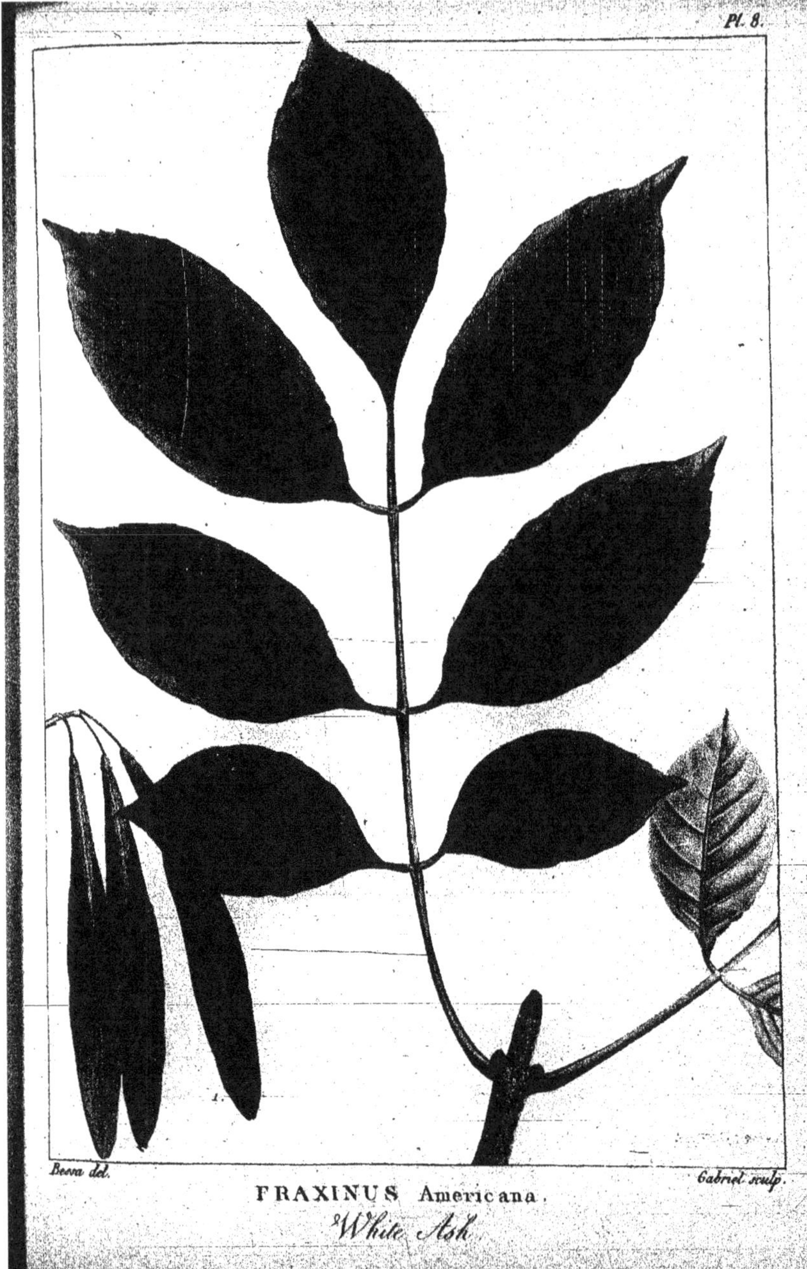# FRAXINUS Americana.

White Ash.

grande blancheur de son écorce, qui fait reconnoître cet arbre au premier abord. A cette grande blancheur, l'écorce réunit un autre caractère, qui est
d'être crevassée très-profondément, et d'être divisée
assez régulièrement en petits quarrés de 1 à 3 pouces
(3 à 9 centimètres) de largeur : observations que j'ai
faites dans les gros individus.

Les bords des rivières, le pourtour des marais et
quelquefois même la partie déclive des coteaux qui
les avoisinent, sont les situations les plus favorables
à la croissance du Frêne blanc. Il y parvient quelquefois jusqu'à 80 pieds (27 mètres) d'élévation, sur
environ 3 pieds (1 mètre) de diamètre; dimensions
qui le placent parmi les plus grands arbres des États-
Unis. Dans le District de Maine et dans la partie
supérieure du New-Hampshire, l'*Ulmus Americana*,
le *Betula lutea*, l'*Acer eriocarpum*, l'*Hemlock spruce*
et l'*Abies nigra*, sont les arbres avec lesquels on le
trouve constamment; et dans le New-Jersey, il est
mêlé avec l'Érable rouge, le *Juglans squamosa*, le
Platane, dans les lieux toujours fort humides et
momentanément submergés.

Le Frêne blanc est un très-bel arbre, parfaitement droit, et souvent dégarni de branches jusqu'à
plus de 40 pieds (13 mètres) de hauteur. Ses feuilles, opposées les unes aux autres et fort grandes,
se composent de 3 à 4 paires de folioles, et d'une
impaire. Elles ont dans leur ensemble, de 12 à
14 pouces (36 à 42 centimètres) de longueur.
Les folioles, longues de 3 à 4 pouces (9 à 12 centi-

mètres), sur environ 2 pouces (6 centimètres)
de largeur, et portées sur un court pétiole,
sont ovales-acuminées, ondulées sur leurs côtés et
rarement dentées. Au commencement du printemps,
elles sont couvertes d'un léger duvet, qui disparoît
à mesure qu'elles grandissent et qu'on approche de
l'été, époque de l'année, où elles sont parfaitement
glabres en-dessus et en-dessous. Ces folioles, dont
la texture est fine et légère, sont d'un vert clair en-
dessus, et blanchâtres en-dessous, ce qui produit entre
ces deux teintes, un contraste très-marqué. Cette
dissemblance qu'on n'observe dans aucune des autres espèces et variétés nombreuses de Frênes, qu'on
trouve dans le Nord de l'Amérique, lui a fait donner
par le R^{vd}. D^r. Muhlemberg, le nom spécifique de
Discolor.

Les graines du Frêne blanc sont réunies en grappes, longues de 4 à 5 pouces (12 à 15 centimètres),
et chacune d'elles a environ 18 lignes (54 millimètr.)
de longueur. Elles sont cylindriques dans leurs deux
tiers supérieurs et s'élargissent ensuite, pour former
une aile ou languette, à l'extrémité de laquelle
on remarque souvent une petite échancrure. Ces
graines sont à maturité au commencement de l'automne.

Dans cette espèce de Frêne, les pousses des deux
années précédentes, sont de couleur gris bleu, très-
unies, et la distance entre les bourgeons supérieurs et
inférieurs est considérable, indice certain d'une végétation vigoureuse. Dans les gros arbres, le cœur ou

le vrai bois est rougeâtre, et l'aubier qui l'entoure, est très-blanc.

De toutes les espèces de Frênes qui croissent dans le Nord des États-Unis, c'est certainement celle dont la végétation est la plus belle et la plus accélérée, et dont le bois est le plus apprécié, à cause de ses excellentes qualités. En effet, il réunit la force, la souplesse et l'élasticité, et il présente un grand degré de solidité dans tous les usages pour lesquels il est mis en œuvre; ces usages sont tellement variés, que je me contenterai d'indiquer ceux auxquels j'ai remarqué qu'on l'employoit le plus constamment. Ainsi les carrossiers s'en servent toujours pour les brancards et les jantes des roues de cabriolets et de carrosses, et à New-York, à Philadelphie, pour la charpente de la caisse. Les charrons l'employent pour les traîneaux et pour les bras de brouettes. Dans le District de Maine, où le Chêne blanc est assez rare, c'est de Frêne blanc qu'on fait la pièce circulaire, *bow*, qui forme le dos des chaises, dites de *Windsor*. Les manches de faulx, ceux des rateaux à foin, les cercles très-larges des seaux à puiser de l'eau, la pièce circulaire des boites rondes qui s'enchassent les unes dans les autres, et celle qui forme le tour des tamis et des devidoirs; tous ces objets qui se fabriquent principalement à Hingham, près de Boston, sont tirés du Frêne blanc. On fait aussi, dans le Connecticut, presque toutes les sébiles en bois de de cet arbre.

Dans le Nord des États-Unis, et notamment dans

le District de Maine, on fabrique avec le Frêne blanc, beaucoup de merrain, qui, par sa qualité, tient le milieu entre ceux que l'on tire du Chêne blanc et du Chêne rouge. C'est avec ce merrain que se font les meilleures barriques destinées à conserver des salaisons.

Dans le District de Maine, le Frêne blanc entre dans la charpente inférieure des navires, mais il est moins estimé pour cet usage que le Bouleau jaune et le cœur du Hêtre rouge. Dans tous les ports des États atlantiques, les poulies à bord des vaisseaux, et les chevilles pour amarrer les cordages, sont faites en Frêne ; dans les États du Nord, elles le sont de l'espèce que je décris, et plus au Sud, de Frêne rouge. Le bois du Frêne blanc est surtout considéré comme supérieur à celui de quelque espèce que ce puisse être, pour les rames ou les avirons, parce que, à une grande force, il réunit beaucoup d'élasticité; et il est tellement apprécié pour ce seul usage, qu'on exporte une grande quantité de ces rames toutes façonnées, aux Colonies des Indes occidentales et en Angleterre. C'est aussi, après l'Hickery, le meilleur bois dont on puisse se servir pour faire des barres de cabestan, dont on fait des envois en Angleterre et aux Colonies. On exporte aussi en Angleterre, le bois de Frêne blanc, débité en madriers. On lui reconnoît dans ce pays, plusieurs propriétés qui le font préférer à celui de l'espèce ordinaire, *Fraxinus excelsior*: c'est la remarque que fait Ody, dans son Traité, *on the European commerce.*

Le Frêne blanc est depuis long-temps connu en
France, en Allemagne et en Angleterre ; il y réussit
très-bien, soit franc de pied, soit de greffe : et j'ai
même cru remarquer que sa végétation étoit plus
accélérée que celle d'aucune autre espèce que j'aie
vu, surtout dans les lieux humides. On a aussi
remarqué que ses feuilles, comparativement à celles
des autres espèces de Frênes, étoient bien moins
sujettes à être attaquées par les mouches cantharides.
Je le considère donc, à cause des précieuses qualités de son bois, comme une acquisition avantageuse pour les forêts du Nord de l'Europe ; et je ne
puis trop en recommander la propagation, comme
arbre utile, sans parler de la beauté de son feuillage
qui l'emporte infiniment sur celui du *Fraxinus excelsior*.

PLANCHE VIII.

*Rameau avec les feuilles de moitié grandeur naturelle. Fig. 1,
graines de grandeur naturelle.*

FRAXINUS *TOMENTOSA.*

Fraxinus pubescens, Lam.

Fraxinus *tomentosa, foliolis subnovenis , dentatis , petiolatis, ramulis petiolisque pubescenti-tomentosis.*

Des diverses espèces de Frênes qui se trouvent dans la partie atlantique des États-Unis, celle-ci est la plus multipliée dans la Pensylvanie, le Maryland et la Virginie. Elle est le plus habituellement désignée par le nom de *Red ash,* Frêne rouge, et très-souvent aussi par celui de *Frêne,* sans aucune autre distinction spécifique. De même que le Frêne blanc, cette espèce croît, de préférence, dans les marais, ainsi que dans tous les endroits fréquemment submergés, ou qui sont exposés à l'être par les fortes pluies. Dans de pareilles situations, il se trouve réuni avec les arbres qui, comme lui, aiment les terreins fort humides, tels que le *Juglans squamosa,* le *Juglans amara,* le *Quercus discolor,* l'*Acer rubrum,* le *Liquidambar styraciflua* et le *Nyssa aquatica.*

Le Frêne rouge est un arbre d'une belle apparence, qui s'élève parfaitement droit jusqu'à la hauteur de 5o à 6o pieds (17 à 20 mètres), sur 15 à 18 pouces (45 à 54 centimètres) de diamètre. Par conséquent, il est inférieur en dimensions au vrai Frêne blanc,

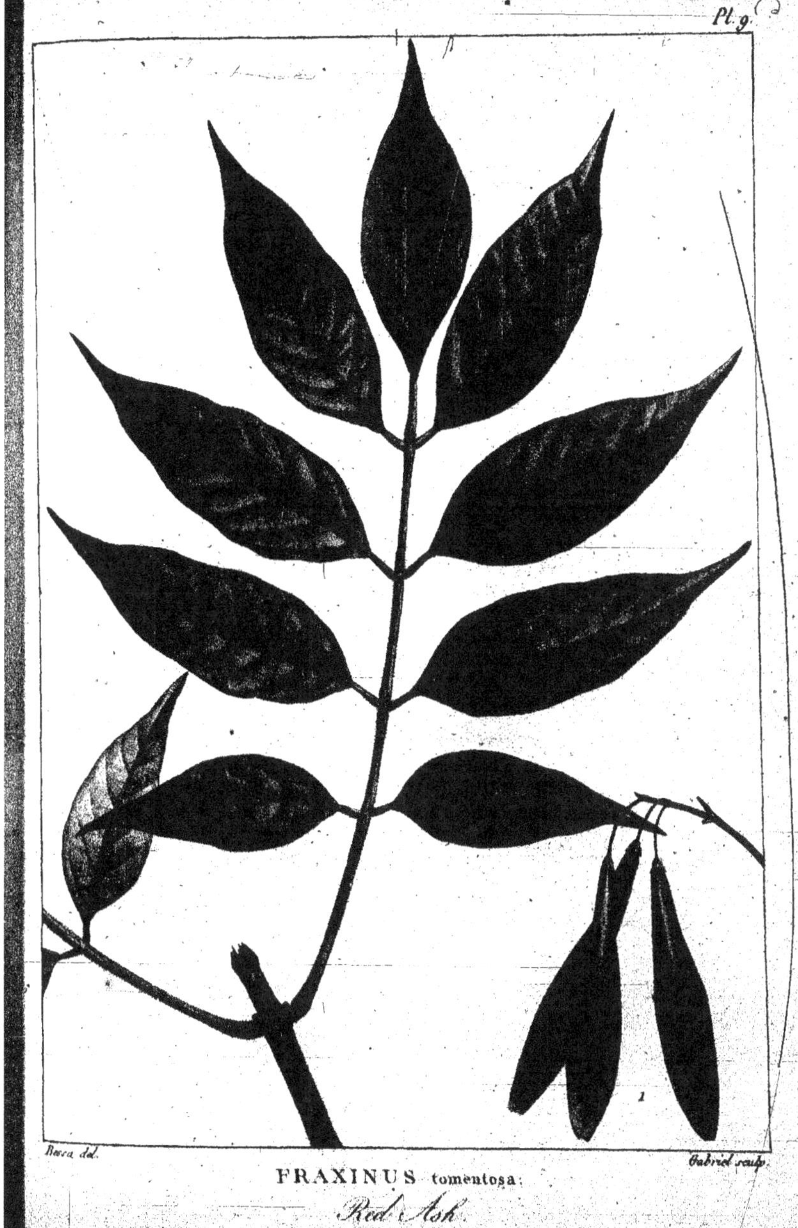

FRAXINUS tomentosa.

Red Ash.

qui, comme je l'ai dit à son article, acquiert un bien
plus grand développement. La végétation du Frêne
rouge est aussi moins accélérée, je m'en suis assuré
par l'observation suivante : j'ai comparé la longueur
des pousses annuelles de ces deux espèces, ainsi que
la distance qui existe entre leurs bourgeons, et j'ai
vu que l'une et l'autre étoient toujours moindres de
moitié dans le Frêne rouge.

Les feuilles de ce Frêne, longues dans leur ensemble de 12 à 15 pouces (36 à 45 centimètres), et composées de 3 ou 4 paires de folioles, avec une impaire,
sont très-tomenteuses à leur surface inférieure , ainsi
que les pousses annuelles auxquelles elles sont attachées. Lorsque les arbres sont isolés, et aux approches
de l'automne, le duvet dont elles sont couvertes en-
dessous, est de couleur rousse. C'est delà qu'est venu
probablement à cette espèce, la distinction particulière
de *Frêne rouge*. Ces folioles, dentées dans leur pourtour, sont très-acuminées, et diminuent très-rapidement de largeur de la base au sommet. Les graines
de cette espèce , disposées en grappes pendantes
comme celles du Frêne blanc , sont moins longues ,
mais leur forme est exactement la même : elles sont
cylindriques dans le tiers inférieur , aplaties supérieurement et terminées par une petite échancrure.

L'écorce qui couvre le tronc du Frêne rouge ,
est d'une couleur très-rembrunie, et le vrai bois ou
le cœur est d'une teinte plus rouge que celui du
Frêne blanc.

On retrouve dans le bois de ce Frêne, toutes les

qualités précieuses qui font si fort estimer celui du
Frêne blanc; c'est du moins, ce que paroissent attes-
ter les usages très-multipliés, auxquels il est jour-
nellement employé dans tous les ports de mer des
États du Milieu, et de ceux qui sont situés plus au
Nord; les ouvriers qui, dans tous ces États, mettent
en œuvre le bois de Frêne, ne m'ont paru faire aucune
différence entre ces deux espèces : je pense néanmoins, que le bois de celle que je décris, est plus
dur et par conséquent moins élastique. Le bois du
Frêne rouge est employé par les carrossiers, pour
la charpente, les trains, les jantes des roues de carrosses et de cabriolets, et l'on en fait d'excellentes rames,
ainsi que les boîtes de poulies et les chevilles pour
amarrer les cordages à bord des vaisseaux. Enfin il est
appliqué à tous les usages que j'ai détaillés en trai-
tant des propriétés du Frêne blanc , et à l'article
duquel je renvoye sous ce rapport. Quoique le Frêne
rouge ne parvienne pas à d'aussi grandes dimensions
que le Frêne blanc, néanmoins il sera peut-être plus
convenable de le propager dans les Contrées que la
nature lui a assignées. C'est ce que l'expérience apprendra aux forestiers Américains, qui, dans tous les
temps, devront s'efforcer de conserver et de multiplier ces deux arbres d'une utilité aussi générale.

PLANCHE IX.

*Rameau avec les feuilles de moitié grandeur nature lle. Fig. 1 ,
graines de grandeur naturelle.*

H. J. Redouté del.

Gabriel sculp.

FRAXINUS Viridis.

Green Ash.

FRAXINUS *VIRIDIS.*

Fraxinus juglandifolia, Lam.

FRAXINUS *viridis, foliolis septenis, dentatis, petiolatis, viridibus : ramulis petiolisque glabris.*

C'EST dans les parties occidentales de la Pensylvanie, du Maryland et de la Virginie, que cette espèce m'a paru la plus multipliée, quoiqu'elle le soit beaucoup moins que le vrai Frêne blanc et le Frêne noir. M. le Rév. Dr. Muhlenberg, de Lancaster, a plus particulièrement observé le Frêne vert, dans les Iles, situées au milieu de la rivière Susquehannah, près de Columbia : et je l'ai trouvé, personnellement, plus abondant que par-tout ailleurs, sur les bords des rivières Monongahela et Ohio, entre Brownville et Wheeling. A l'époque de mon passage dans ces Contrées, il étoit en fruit ; et à en juger par les individus qui en étoient couverts, il ne doit parvenir qu'à une médiocre hauteur ; car ces arbres n'avoient guères plus de 20 à 25 pieds (7 à 8 mètres) d'élévation, sur 4 à 5 pouces (12 à 15 centimètres) de diamètre.

On reconnoît aisément cette espèce de Frêne, à la belle couleur verte et luisante de ses jeunes pousses et de ses feuilles, dont la teinte diffère très-peu dans les deux surfaces. C'est à cause de cette similarité, qu'on observe assez rarement dans le feuillage des arbres, que M. le R^{év}. D^r. Muhlenberg lui a donné le nom spécifique de *Concolor, de même couleur*, et c'est pour la même raison, que je l'ai désigné par celui de *Green ash*, Frêne vert; car, jusqu'à présent, cet arbre n'a reçu des habitans aucune dénomination particulière.

Les feuilles du Frêne vert varient en longueur, depuis 6 pouces (18 centimètres) jusqu'à 15 pouces (45 centimètres), suivant la vigueur des arbres qui les portent, et la fraîcheur du terrein où ils croissent : elles sont composées de 3, 4 et 5 paires de folioles, avec une impaire: ces folioles longues de 2 à 3 pouces (6 à 9 centimètres), sont pétiolées, ovales-acuminées, et très-sensiblement dentées dans leur contour. Les graines de moitié moins grandes que celles du Frêne blanc, ont la même forme : elles sont arrondies dans leur tiers inférieur, et aplaties supérieurement, avec une petite échancrure à leur extrémité.

Le bois du Frêne vert doit nécessairement participer des bonnes qualités des espèces précédentes ; mais, comme il est d'une médiocre grosseur, et qu'il ne parvient qu'à une hauteur très-bornée, il n'est employée qu'accidentellement ; d'autant plus que le Frêne blanc et le Frêne rouge abondent dans les pays où il croît.

Le Frêne vert existe depuis long-temps en France, où il s'est multiplié des graines qui furent envoyées par mon Père, peu de temps après son arrivée dans les États-Unis, en 1785. Il supporte très bien les froids de nos hivers, et il est recherché par les Amateurs de cultures étrangères, à cause de la teinte particulière de son feuillage, qui forme toujours un contraste marqué avec celui des autres arbres près desquels il se trouve placé.

PLANCHE X.

Rameau avec ses feuilles de moitié grandeur naturelle. Fig. 1, graines de grandeur naturelle.

FRAXINUS _QUADRANGULATA._

FRAXINUS _quadrangulata, ramulatis quadrangulatis:_
foliolis ad summum 4 jugis, subsessilibus, ovali lan-
ceolatis, argutè serratis, subtùs pubentibus; capsulis
utrinquè obtusis.

CETTE espèce de Frêne, entièrement étrangère à la
partie atlantique des États-Unis, ne se trouve que dans
le Kentucky, le Tennessée et la partie méridionale de
l'État de l'Ohio, situés à l'Ouest des Monts Alléghanys. Elle y est connue sous le seul nom de _Blue ash,_
Frêne bleu. Dans ces Contrées, la température du
climat est très-douce en hiver, et la fertilité du sol
est si grande, en certains endroits, qu'on a de la
peine à s'en faire une idée, quand on n'a pas été
témoin de la force de la végétation, et de l'abondance
des produits de l'agriculture. Or, ces Contrées offrent
une chose digne de remarque, c'est que cette richesse
du terrain paroît y tenir lieu, pour les Frênes et pour
plusieurs autres espèces d'arbres, du degré d'humidité qui, dans les États atlantiques, paroît indispen-
sable à leur croissance. Ainsi, dans le Kentucky et
l'Ouest Tennessée, la masse des forêts qui couvrent
des terrains secs, à surface inégale et fort éloignés
des rivières, est composée, outre les Chênes et les
Noyers, d'Érables rouges, d'Érables negundo, de

FRAXINUS Quadrangulata.

Blue Ash.

Micocouliers et de plusieurs sortes de Chênes, qui, à l'Est des montagnes, ne viennent que dans les lieux les plus aquatiques.

Le Frêne bleu parvient à un assez grand accroissement, car il dépasse souvent 60 à 70 pieds (20 à 23 mètres) d'élévation, sur 18 à 20 pouces (54 à 60 centimètres) de diamètre. Ses feuilles longues de 12 à 18 pouces (36 à 54 centimètres), sont composées de 2, 3 et 4 paires de folioles, avec une impaire. Ces folioles assez grandes, et portées sur de courts pétioles, sont lisses, ovales-acuminées et sensiblement dentées. Les jeunes pousses, auxquelles les feuilles sont attachées, offrent, dans le Frêne bleu, un caractère spécifique très-particulier; il consiste à avoir, dans toute leur longueur, quatre membranes opposées les unes aux autres, qui sont de couleur verdâtre, et qui ont de 2 à 3 lignes (6 à 9 millimètres) de largeur; ces membranes disparoissent à la 3e. et 4e. année, et ne laissent plus que les traces de leur existence. Les graines ressemblent beaucoup à celles du *Fraxinus sambucifolia;* elles sont aplaties dans toute leur longueur, et seulement un peu plus étroites vers leur base.

Le bois du Frêne bleu à la solidité, réunit la force et l'élasticité. C'est celui des diverses espèces de Frênes qu'on trouve dans les États de l'Ouest, qui est le plus estimé et dont l'usage est le plus varié. Ainsi, outre l'emploi habituel qu'en font les carrossiers pour les jantes des roues de carrosses, de cabriolets et pour le train, l'on s'en sert généralement dans la construction des maisons en bois, pour le plancher inférieur, fréquemment aussi pour les planches qui en forment l'enveloppe extérieure, et quelquefois encore pour les essentes dont ces maisons sont couvertes, quoique pour ce dernier usage, celles du Tulipier soient préférables. On m'a assuré que l'écorce intérieure de cette espèce de Frêne donnoit une couleur bleue, mais je ne l'ai pas vue employée, et j'ignore quels sont les procédés qu'on suit pour l'obtenir. On dit aussi que le lait dans lequel on a fait bouillir ses feuilles, est un remède certain contre la morsure du serpent à sonnette; c'est une propriété sur l'efficacité de laquelle je crois qu'on peut avoir des doutes, jusqu'à ce qu'elle ait été constatée par des médecins éclairés.

Mon Père est le premier qui a décrit cette espèce de Frêne dans son *Flora boreali americana*; il en a envoyé en Europe, des graines qui ont très-bien levé, et qui ont donné naissance à de beaux individus. Mais, comme ils sont trop jeunes pour fructifier, on est encore obligé de les perpétuer par la greffe, qui réussit assez bien en fente sur le Frêne commun, quoique plus difficilement que celles des autres espèces des Etats-Unis.

Les usages très-variés auxquels j'ai dit que le bois de cet arbre étoit employé dans les États de l'Ouest, sont un motif suffisant pour engager les Européens à le multiplier dans leurs forêts, en attendant que l'expérience leur ait appris si son bois égale, ou même surpasse en bonté, le *Fraxinus americana* et le *Fraxinus excelsior*.

PLANCHE XI.

Rameau avec les feuilles de moitié grandeur naturelle. Fig. 1, graines de grandeur naturelle.

FRAXINUS *SAMBUCIFOLIA.*

BLACK ASH.

Fraxinus *sambucifolia , foliolis petiolatis , ovalibus , serratis , sessilibus , ramis punctatis.*

Parmi les diverses espèces de Frênes qui sont indigènes aux Etats du Nord, ainsi qu'aux Provinces de la Nouvelle-Brunswick et de la Nouvelle-Ecosse, ce qui comprend une étendue de pays fort considérable, le Frêne blanc dont j'ai parlé, et celui dont je donne ici la description, sont les seules qui soient les plus multipliées dans les forêts et parfaitement connues des habitans. Ils désignent celle-ci plus habituellement par le nom de *Black ash*, et quelque fois aussi par celui de *Water ash*, Frêne aquatique.

Le Frêne noir est un grand arbre qui s'élève de 60 à 70 pieds (20 à 23 mètres) de haut, sur environ 2 pieds (64 centimètres) de diamètre; mais il paroît requérir une nature de terrain plus aquatique, et exposée à être plus long-temps submergée que le Frêne blanc qui n'est pas entièrement confiné à des situations aussi humides. L'Érable rouge, le Bouleau jaune, l'*Abies nigra* et le *Thuya occidentalis*, sont les arbres auxquels cette espèce est la plus constamment réunie; et dans les Etats du Milieu, l'Erable

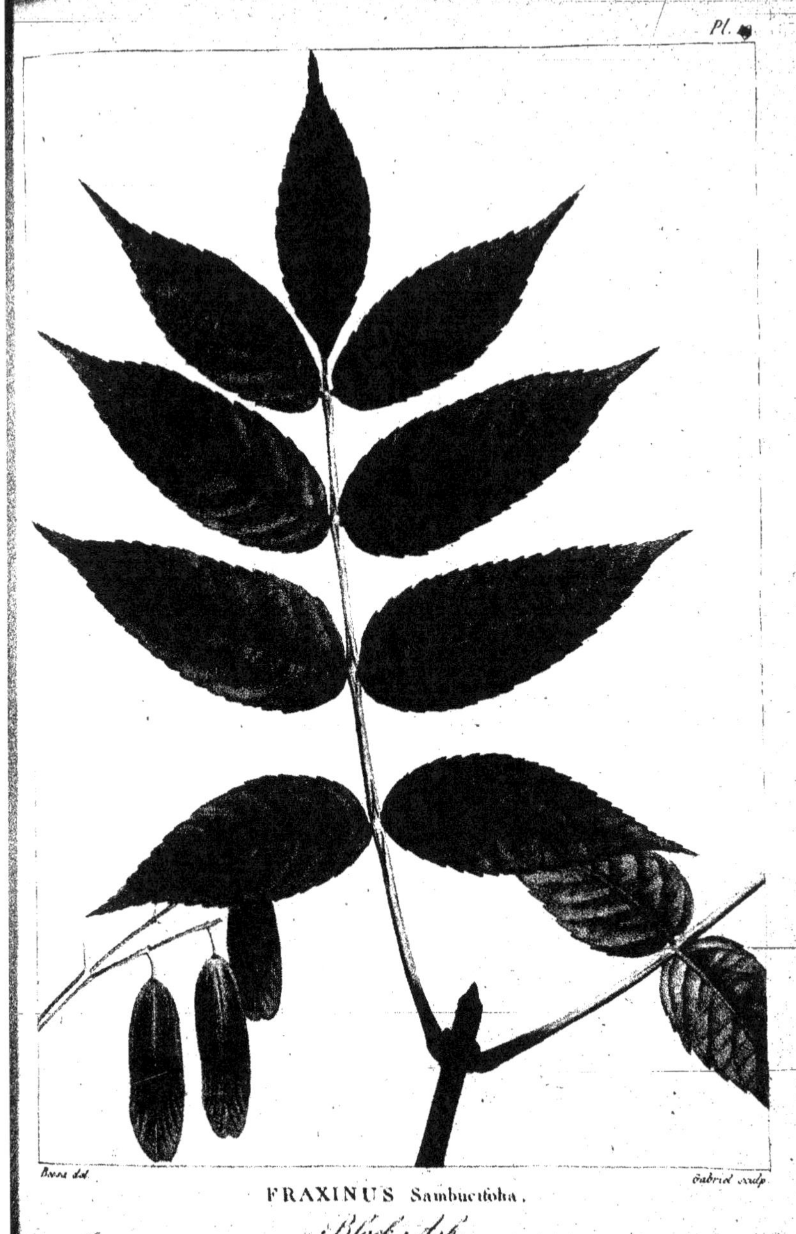

FRAXINUS Sambucifolia.

Black Ash.

rouge et le Frêne rouge sont ceux avec lesquels elle se trouve de préférence.

Dans cette espèce de Frêne, les bourgeons sont d'une couleur bleue très-foncée, et les jeunes pousses, de couleur très-verte : elles sont parsemées d'un grand nombre de points, de même couleur, mais qui disparoissent à mesure que l'on avance vers l'été. Les feuilles, lors de leur développement au printemps, sont accompagnées de stipules qui tombent après quinze jours ou trois semaines. Lorsqu'elles ont acquis toute leur grandeur, elles sont longues de 10 à 15 pouces (30 à 45 centimètres). Ces feuilles composées de 3 à 4 paires de folioles, avec une impaire, sont sessiles, ovales-acuminées, et dentées très-sensiblement dans leur contour. Froissées, elles ont une odeur de feuilles de sureau. Ces folioles, d'un vert foncé, et lisses à leur surface supérieure, ont leurs principales nervures inférieures, couvertes d'un duvet de couleur rousse. Les graines sont disposées en grappes de 4 à 5 pouces (12 à 15 centimètres) de longueur. Ces graines sont aplaties; et presque aussi larges à leur base qu'à leur sommet; en quoi elles se rapprochent de celles du *Fraxinus quadrangulata.*

Le Frêne noir se distingue facilement du Frêne blanc, par la seule couleur de son écorce qui est plus terne, et surtout par ce qu'elle est fendillée moins profondément, et que les feuillets de l'épiderme sont disposés par plaques minces et assez larges. Le cœur ou le vrai bois est de couleur brune, et le grain en est assez fin. Il a plus de ténacité, et il est surtout plus élastique que le Frêne blanc, mais il est moins durable, lorsqu'il est exposé aux alternatives de la sécheresse et de l'humidité ; c'est ce qui fait que le bois de Frêne noir est d'un usage bien moins général, je dirai même assez limité ; ainsi, les carrossiers ne l'emploient en aucune manière, et on n'en fabrique ni rames, ni barres de cabestan, ni boîtes de poulies. Dans le District de Maine, sa grande élasticité le fait préférer au Frêne blanc pour les cercles à barriques. Ces cercles sont faits de jeunes brins de 6, 8 et 10 pieds (2 et 3 mètres) de long, qu'on fend en deux. Comme ce bois est susceptible de se subdiviser en lanières très-minces et très-étroites , on le choisit préférablement pour en faire le fond des chaises de campagnes, et celui des tamis à grillage de bois.

Le Frêne noir est plus sujet qu'aucune autre espèce, à se charger de nodosités ou loupes, qui, quelque fois, sont très-grosses. On les détache du corps de l'arbre, et on en fait des sébiles très-solides, et qui, lorsqu'elles ont été bien polies, présentent des accidens très-singuliers, produits par le tortillement des fibres ligneuses. Je crois que ces loupes divisées en lames très-minces et bien polies, pourroient servir à embellir les plus beaux meubles d'acajou.

En traversant le New-Hampshire et l'Etat de Vermont, où il se fabrique beaucoup de potasse, j'ai appris que les cendres de Frêne noir sont les plus riches en principes alkalins.

Tels sont les principaux usages auxquels on emploie le bois de Frêne noir. Ils suffisent pour nous donner

une idée de quelques propriétés qui lui sont particulières, et qui me paroissent assez intéressantes, pour en
recommander l'introduction dans les forêts du Nord
de l'Europe. L'expérience apprendra ensuite avec
plus de certitude, les services qu'on pourra tirer du
bois de cet arbre, par l'usage qu'on en fera dans
les arts.

Obs. Il existe dans le Kentucky, une autre espèce
de Frêne qui s'élève très-haut, et à laquelle on donne
aussi le nom de Frêne noir; comme je ne la connois
qu'imparfaitement, je n'ai pas cru devoir la décrire.

PLANCHE XII.

Feuilles moitié moins grande que nature. Fig. 1 *, graines de
grandeur naturelle.*

FRAXINUS *PLATICARPA.*

THE CAROLINIAN ASH.

Fraxinus *platicarpa , foliolis petiolatis , ovalibus ,
serratis : capsulis latò-lanceolatis.*

Cette espèce de Frêne, qui offre dans la forme de
ses feuilles et de ses graines, des caractères spécifi-
ques très-distincts, ne croît que dans les États méridionaux. Elle est particulièrement fort abondante
dans la Caroline Septentrionale, le long de la rivière
Cap Fear, et dans la Caroline Méridionale, près de
celles Cooper et Asheley; c'est ce qui m'a engagé à
lui donner le nom de *Carolinian ash*, Frêne de
Caroline, car jusqu'à présent, elle n'a reçu des habitans aucune dénomination particulière.

Les bords très-marécageux des rivières, des *creeks*,
et tous les endroits où les eaux séjournent long-temps,
paroissent les plus propres à la croissance de ce Frêne
qui, comparativement aux autres espèces qui se trouvent dans les mêmes pays, demande des situations
plus aquatiques. L'élévation du Frêne de Caroline
est assez bornée, car elle excède rarement plus de
3o pieds (1o mètres), et il fructifie même à la moitié de cette hauteur. Cet arbre est d'une belle végétation; au printemps, ses feuilles et ses jeunes pousses
sont blanchâtres et couvertes en-dessous d'un duvet
assez épais, mais ce duvet disparoît progressivement,
à mesure qu'on avance vers l'été, époque à laquelle

FRAXINUS Platicarpa.

Carolinian Ash.

elles en sont entièrement dépouillées. Ces feuilles sont rarement composées de plus de deux paires de folioles, avec une impaire. Celles-ci sont pétiolées, grandes, presque rondes et sensiblement dentées dans leur pourtour. Ses fleurs, comme celles de toutes les espèces de Frênes, sont petites et fort peu apparentes ; mais ses graines sont très-différentes ; elles sont ovales, aplaties et beaucoup plus larges que longues ; ce qui est constamment le contraire dans les Frênes que nous connoissons.

Le Frêne de Caroline est toujours d'un assez petit diamètre ; c'est par cette raison qu'il n'est point employé. Cependant, il est à désirer que des expériences soient faites dans les États-Unis, sur les qualités comparatives des bois, alors on découvrira peut-être que le bois de cet arbre, comme celui de beaucoup d'autres, que l'on regarde aujourd'hui comme à-peu-près inutiles, renferment des propriétés, qui les feront rechercher dans les arts mécaniques.

PLANCHE XIII.

Rameau avec les feuilles de moitié moins grandes que nature.
Fig. 1, graines de grandeur naturelle.

GORDONIA Lasyanthus.

Loblolly Bay.

GORDONIA *LASYANTHUS.*

Monœcie polyandrie, Linn. Fam. des Malvacées, Juss.

Gordonia *lasyanthus, foliis glaberrimis, subserratis, nitidis, coriaceis: floribus longè pedunculatis; capsulâ conoïdeâ, acuminatâ.*

Les limites que j'ai assignées avec assez de précision pour le Pin à longues feuilles, *Pinus australis,* et qui comprennent la partie basse et maritime des États méridionaux, les deux Florides et la Basse-Louisiane, sont les mêmes qui renferment le *Gordonia lasyanthus.* C'est dans les *Branchs swamps,* marais longs et étroits, qui traversent dans toutes sortes de directions les Pinières, *Pines barrens,* que cet arbre se trouve en très-grande abondance et toujours en plus grande proportion, que le *Laurus caroliniensis,* le *Magnolia glauca* et le *Nyssa sylvatica,* avec lesquels il est assez constamment réuni. Il y a encore dans ces Pinières, de distance à autre, des espaces de terrein de 5o à 100 arpens (25 à 5o hectares), dont la superficie plus basse que les parties adjacentes sont constamment humectées par les eaux qui s'y rendent après les grandes pluies. Ces endroits sont aussi entièrement couverts de *Gordonia lasyanthus;* et on leur donne le nom de *Bay swamps,* marais à Gordonia, et quoique la couche

de terre végétale n'ait que 3 à 4 pouces (9 à 12 centimètres) de profondeur, et qu'elle repose sur un lit
de sable quartzeux, absolument infertile, les arbres
y poussent avec une vigueur remarquable.

Le *Gordonia lasyanthus* parvient fréquemment à
60 pieds (20 mètres) de hauteur, sur 18 à 20 pouces
(54 à 60 centimètres) de diamètre: jusqu'à la hauteur de 25 à 30 pieds (8 à 10 mètres), il est parfaitement droit et il offre une forme pyramidale très-
régulière, qu'il doit à ses branches qui sont fort
rapprochées du tronc; mais ensuite elles s'en écartent, et alors il ressemble aux autres arbres des forêts.

Les feuilles du *Gordonia lasyanthus*, toujours
vertes, longues de 5 à 6 pouces (15 à 18 centim.),
et disposées alternativement sur les branches, sont
ovales-acuminées, légèrement dentées dans leur pourtour, lisses et luisantes à leur face supérieure. Les
fleurs de plus d'un pouce (3 centimètres) de diamètre, sont de couleur blanche, et répandent une odeur
douce et très-agréable. Elles paroissent vers le 15
juillet, et se succèdent les unes aux autres sur le
même arbre, pendant l'espace de deux à trois mois.
A cet avantage, sous le rapport de l'agrément, cet arbre
réunit encore celui de fleurir dès qu'il a atteint de
3 à 4 pieds (1 à 2 mètres) de hauteur.

Aux fleurs succèdent des capsules ovales, qui se
partagent en cinq divisions, et dont chacune contient
de petites graines ailées et de couleur noire. Ces
graines ne paroissent bien germer que dans les
endroits couverts de *Sphagnum*, espèce de mousse

fortement imbibés d'eau et où l'on trouve seulement des milliers de jeunes plants de cet arbre, qu'on enlève presque sans résistance.

Les *Gordonia lasyanthus* qui ont moins de 6 pouces (18 centim.) de grosseur, ont leur écorce très-lisse; mais dans les vieux arbres elle est fort épaisse, et présente des crevasses très-profondes. Dans les arbres qui ont plus de 15 pouces (45 centim.) de diamètre, on trouve quatre cinquièmes de cœur ou de vrai bois, sur un cinquième d'aubier. Le bois est de couleur rosée, d'une texture fine et soyeuse; ce qui me fait présumer qu'on pourroit l'employer pour l'intérieur des meubles, mais on lui préfère celui du cyprès chauve. Le bois de ce *Gordonia* est d'une grande légèreté; lorsqu'il est sec, il offre très-peu de résistance et il pourrit avec la plus grande facilité, pour peu qu'il conserve encore de la verdeure ou de l'humidité; aussi est-il considéré comme absolument inutile, et on ne l'employe à aucun usage; on ne le coupe pas même comme combustible.

Si le bois du *Gordonia lasyanthus* est inutile à la société, sous le rapport des arts, son écorce lui fournit une ressource utile pour le tannage des cuirs. On s'en sert pour cet usage dans toute la partie maritime des États méridionaux et même des deux Florides. Car, bien que ce genre d'industrie soit très-limité dans cette partie des États-Unis, comparativement aux États septentrionaux, et qu'il y ait dans ces premiers pays une grande variété de chênes, cependant ceux dont l'écorce est propre au tannage, ne sont pas partout assez multipliés pour fournir aux besoins de la consommation. C'est pourquoi on mêle à l'écorce de cet arbre, le plus qu'on peut de celle du *Quercus falcata*, dont le prix est de moitié plus élevé. On considère encore comme un avantage en faveur de cet arbre, que restant en séve fort long-temps, on en peut lever l'écorce pendant 3 à 4 mois.

Je n'ai rien à ajouter à la description que je viens de donner du *Gordonia lasyanthus*. Le luxe de sa végétation, l'éclat de ses fleurs et la beauté de son feuillage, qui se conserve toujours vert, le placent au rang des *Magnolias*, et il contribue avec eux à l'ornement des forêts de la partie méridionale des Etats-Unis. A ces titres, qui le recommandent aux amateurs de cultures étrangères, il joint l'avantage d'être moins sensible au froid que le *Magnolia grandiflora*; ce qui permet de croire, qu'avec quelques soins, il supportera ceux qu'on éprouve habituellement en hiver, aux environs de Paris et de Londres. Cette opinion me paroît d'autant mieux fondée que j'en ai vu plusieurs pieds en pleine terre, dans des jardins près de New-York, où l'on se contentoit de les couvrir légèrement en hiver.

PLANCHE Ire.

Rameau avec les feuilles et la fleur de grandeur naturelle. Fig. 1, capsule qui contient les graines. Fig. 2, graine.

GORDONIA Pubescens.
Franklinia.

P. J. Redouté del.

Gabriel sculp.

GORDONIA *PUBESCENS.*

GORDONIA *pubescens, foliis lanceolatis, subserratis, subpubescentibus : floribus subsessilibus : capsulâ sphæricâ.*

CET arbre est du nombre de ceux à qui la nature paroît avoir assigné des limites très-bornées, car jusqu'à présent, cette espèce de *Gordonia* n'a été trouvée que sur les bords de la rivière Alatamaha, en Géorgie. Elle y fut observée pour la première fois, en 1770, par J^{hn}. Bartram, qui lui donna le nom de *Franklinia*, en l'honneur d'un des plus illustres Fondateurs de l'indépendance Américaine, et non moins distingué par l'étendue de ses connoissances, que par ses vertus patriotiques.

Le *Gordonia pubescens* est un arbre beaucoup moins élevé que l'espèce précédemment décrite : il s'élève rarement à plus de 30 pieds (10 mètres), sur 6 à 8 pouces (18 à 24 centimètres) de diamètre. L'écorce qui couvre le corps de l'arbre, offre toujours une surface très-unie et anguleuse ; en quoi il ressemble beaucoup au tronc du *Carpinus betulus* ou *Americana.* Ses feuilles, longues de 5 à 6 pouces (15 à 18 centimètres), et disposées alternativement sur les branches, sont oblongues, rétrécies vers leur base et dentées dans leur pourtour : elles tombent tous les ans, à l'automne.

Les fleurs du *Gordonia pubescens*, paroissent en Caroline, au commencement de juillet, et un mois plus tard à Philadelphie. Elles sont très-grandes, de couleur blanche, d'une odeur très-suave et toujours nombreuses: de même que dans le *Gordonia asyanthus*, ses fleurs se succèdent pendant près de trois mois, et cet arbre fleurit aussi dès qu'il a atteint 3 à 4 pieds (1 mètre) de haut. Les fleurs sont remplacées par des fruits ou capsules rondes et ligneuses; à l'époque de la maturité, elles s'ouvrent à leur sommet, en cinq parties, et laissent échapper ses graines qui sont petites et anguleuses.

Quoique le *Gordonia pubescens* ne se trouve que de 2 à 3 degrés, plus au Midi que le *Gordonia lasyanthus*, il paroît néanmoins beaucoup moins sensible au froid; car j'en ai vu plusieurs pieds dans le jardin de J^hn. et W. Bartram, situé à quatre milles de Philadelphie, qui avoient de 20 à 30 pieds (7 à 10 mètres) d'élévation, dont la végétation étoit magnifique, et qui depuis plus de 25 ans, n'avoient jamais été endommagés par les hivers extrêmement rigoureux, qui se font ressentir tous les ans dans cette partie de la Pensylvanie.

Le *Gordonia pubescens* a été depuis long-temps introduit en France et en Angleterre; et quoique les froids aient moins d'intensité aux environs de Paris, qu'à Philadelphie, il y vient plus difficilement ; mais je crois aussi que les Amateurs de cultures exotiques, n'attachent pas à cet arbre charmant, tout l'intérêt qu'il mérite. C'est cependant un de ceux

qui promettent le plus de s'acclimater parmi nous,
et dont les fleurs magnifiques, très-susceptibles de
devenir doubles, contribueront le plus à embellir
les jardins d'agrément.

PLANCHE II.

*Rameau avec les feuilles et les fleurs de grandeur naturelle.
Fig. 1, capsule qui contient les graines. Fig. 2, graine.*

CORNUS *FLORIDA.*

DOG WOOD.

Tétrandrie monogynie, LINN. Fam. des Chèvrefeuilles, JUSS.

CORNUS *florida , foliis ovalibus, acuminatis, subtùs albicantibus; floribus sessiliter capitatis ; involucro maximo , foliolis apice deformi quasi obcordatis : fructibus ovatis , rubris.*

DES diverses espèces de Cornouillers qui, jusqu'ici, ont été trouvées dans l'Amérique Septentrionale, et dont le nombre s'élève à huit, celle-ci est la seule qui arrive quelquefois à une hauteur assez grande, pour être mise au rang des arbres forestiers. C'est aussi la plus intéressante à connoître, à cause de la bonté de son bois, des propriétés de son écorce, et de l'éclat de ses fleurs. Dans tous les États-Unis, elle est connue sous le nom de *Dog wood*, Bois de Chien, et quelquefois aussi dans l'État de Connectitut, sous celui de *Box wood*, Bois de Buis.

C'est dans l'État de Massachussets, entre les 42 et 43 degrés de latitude, qu'en se dirigeant du Nord au Sud, l'on commence à observer le *Cornus florida*, qui ensuite se trouve sans interruption dans tous les États de l'Est et de l'Ouest, ainsi que dans les deux Florides, jusqu'au Mississipi. Dans cette vaste étendue de pays, le *Cornus florida* est un des végétaux arborescents les plus multipliés, et il l'est comparativement davantage dans le New-Jersey, la Pensylvanie, le Maryland et la Virginie, partout où le sol est frais,

P. J. Redouté del.

Gabriel sculp.

CORNUS Florida.

Dog Wood.

inégal et un peu graveleux. Car, plus au Sud, dans les deux Carolines, la Géorgie et les Florides, on ne le voit que sur le bord des marais, et non dans les pinières, dont le sol est trop sablonneux et trop aride pour qu'il puisse y végéter. Dans les cantons les plus fertiles de Kentucky et de l'Ouest-Tennessée, il ne fait pas non plus partie des arbres qui composent les forêts, mais on le trouve dans tous ceux où le terrein est pierreux et de médiocre qualité.

Le *Cornus florida* parvient quelquefois à 30 et 35 pieds (10 à 12 mètres) de hauteur, sur 9 à 10 pouces (27 à 30 centimètres) de diamètre ; mais le plus communément il reste au-dessous de ces dimensions : sa grosseur la plus ordinaire n'excède pas 4 à 5 pouces (12 à 15 centimètres), sur 18 à 20 pieds (6 à 7 mètres) d'élévation. Son tronc est résistant et couvert d'une écorce noirâtre, moyennement épaisse, et très-divisée par des gerçures qui la partagent en autant de petites portions, qui souvent présentent de petits carrés plus ou moins réguliers. Les branches disposées régulièrement et comme en croix, sont moins nombreuses en proportion que dans les autres arbres, et on observe que les jeunes rameaux se relèvent et affectent une direction demi-circulaire.

Les feuilles, longues d'environ 3 pouces (9 centimètres), opposées les unes aux autres, de forme ovale, et légèrement glauques ou blanchâtres en-dessous sont entières et offrent à leur surface supérieure plusieurs sillons très-marqués. Vers la fin de l'été, elles sont souvent semées de taches noires, et aux approches de l'hiver, elles deviennent d'un rouge terne.

Dans les États de New-York et de New-Jersey, les fleurs de cet arbre sont entièrement épanouies du 10 au 15 mai, époque à laquelle les feuilles commencent seulement à se développer. Ces fleurs qui sont petites, jaunâtres, et réunies plusieurs ensemble, sont entourées d'une collerette de 3 à 4 pouces (9 à 12 centimètres) de large, composée de quatre feuilles florales de couleur blanche et qui quelquefois sont teintes de violet. Les fleurs, qui empruntent tout leur éclat de cette belle collerette blanche, sont toujours très-nombreuses, et font, dans cette saison, du *Cornus florida*, alors aussi blanc qu'un Pommier en pleine fleur, un des plus beaux ornemens des forêts Américaines.

Les graines d'un rouge vif et luisant, et de forme ovale, sont toujours réunies au nombre de trois à quatre. Elles restent sur les arbres jusqu'aux premières gelées, époque à laquelle elles deviennent, malgré leur grande amertume, la nourriture des merles, *Turdus migratorius*, qui arrivent alors des Contrées Septentrionales.

Le bois du *Cornus florida* est dur, compacte, pesant et d'une texture très-fine; ce qui fait qu'il est susceptible de prendre un beau poli. L'aubier est très-blanc et le cœur de couleur chocolat. Dans un échantillon très-sain qui avoit 5 pouces (15 centimètr.) de diamètre, j'ai trouvé 18 lignes (54 millimètres) d'aubier, et 24 lignes (72 millimèt.) de cœur. Comme ce Cornouiller n'atteint le plus ordinairement qu'une grosseur médiocre, on ne peut l'employer qu'à certains ouvrages qui ne demandent que des morceaux peu volumineux. Ainsi, on en fait des manches d'outils légers, des maillets, de petites vis, des doubles-pieds à l'usage des charpentiers, qui, après avoir été teints en jaune, imitent ceux en buis importés d'Angleterre ; dans les campagnes, quelques fermiers en font des dents de herses et des attelles pour les colliers de chevaux ; ils s'en servent encore pour doubler leurs traîneaux : mais à quelque usage qu'on le destine, il demande à n'être mis en œuvre que lorsqu'il est parfaitement sec, car il a l'inconvénient d'être très-sujet à se fendre : on a encore trouvé que les jets des quatre à cinq dernières années, étoient propres à faire des cercles légers pour de petits barils portatifs, mais son emploi comme tel, est très-limité. Dans les États Méridionaux, on se sert aussi de ce bois dans les moulins, pour en faire les dents d'engrénage. Enfin, dans les campagnes, les fourches qu'on met au col des cochons, pour les empêcher de passer à travers les barrières qui enclosent les champs cultivés, sont de *Cornus florida*, dont les branches présentent naturellement beaucoup d'écartement. Tels sont les principaux services que l'on tire du bois de cet arbre, qui fournit aussi un fort bon combustible ; mais son peu de diamètre ne permet pas de le vendre, pour cet usage, dans les Villes.

La seconde écorce, (le *Liber*) du *Cornus florida* a une grande amertume, et c'est un remède très-utile dans les fièvres intermittentes. Depuis plus de cinquante ans, les habitans des campagnes en font usage, et très-souvent ils se guérissent de ces sortes de fièvres, par le moyen de ce spécifique. Cette propriété bien reconnue a donné lieu à une thèse soutenue en 1803, au Collège de Médecine de Philadelphie. On y rend compte de l'analyse chimique des écorces du *Cornus florida* et du *Cornus sericea*, comparées à celles du *Cinchona officinalis*. Il résulte des expériences faites à cette occasion, que l'écorce du *Cornus florida*, a beaucoup d'analogie avec le Kinkina, et peut, dans bien des cas, le remplacer avec succès. L'Auteur de cette excellente dissertation, cite un Médecin de la Pensylvanie, qui l'emploie constamment depuis 20 ans, et qui estime que 35 grains de cette écorce réduite en poudre, correspondoient à 30 grains de Kinkina. Il ne lui trouve que le seul défaut d'occasionner parfois des tranchées, lorsqu'on l'emploie la première année qu'elle a été recueillie; mais il remédie à cet inconvénient, en y joignant 5 grains de Serpentaire de Virginie, *Aristolochia serpentaria*.

L'Auteur de la même dissertation donne la recette suivante, d'une encre qu'il dit être fort bonne et dans la composition de laquelle il substitue cette écorce à celle de la noix de galle; prenez écorce de *Cornus florida*, une demi-once; sulphate de fer, 2 gros; gomme arabique, 2 scrupules; eau de pluie, 16 onces: laissez infuser et remuez à différentes reprises.

Il seroit aussi bien à désirer que quelques Médecins éclairés des États du Midi, se chargeassent aussi d'examiner les propriétés médicales de l'écorce du *Pinckneya pubens*, comparée à celle du *Cinchona officinalis*, d'indiquer le mode de l'employer, et d'assigner avec certitude les bons effets qu'on peut attendre de ce médicament indigène, fourni par un arbre qui a tant d'analogie, par ses caractères botaniques, avec ce dernier, que quelques Botanistes ont pensé qu'il ne devoit pas former un genre séparé.

Il résulte de cet article que le *Cornus florida* est un arbre ou grand arbrisseau qui, à cause des excellentes qualités de son bois, mérite de fixer l'attention des Forestiers Européens, et que surtout il est un de ceux de l'Amérique Septentrionale, qui est le plus fait, par l'éclat de ses fleurs, pour contribuer à l'embellissement des forêts, des parcs et jardins d'une grande étendue.

PLANCHE III.

Rameau avec des feuilles et des fleurs de grandeur naturelle.
Fig. 1 , rameau avec ses fruits de grosseur naturelle.

RHODODENDRON *MAXIMUM.*

DWARF ROSE BAY.

Décandrie monogynie, LINN. Fam. des Rosages, JUSS.

RHODODENDRON *maximum; arborescens ; foliis subcu-
neatò-oblongis , abruptè acuminatis, crassis , coriaceis ,
glabris : calycis laciniis ovalibus , obtusis ; corollà
subcampanulatá.*

QUOIQUE le plus communément on ne trouve le
Rhododendron maximum que sous la forme d'arbrisseau et d'une élévation moindre de 8 à 10 pieds
(2 à 3 mètres), il arrive cependant quelquefois qu'il
parvient à 20 et 25 pieds (7 et 8 mètres) de hauteur,
sur 4 à 5 pouces (12 à 15 centimètres) de diamètre.
Ce motif, joint à ce qu'il est très-multiplié dans une
grande partie des États-Unis, et que ses fleurs sont
d'une beauté remarquable, m'a déterminé à en donner
la description.

L'Ile longue, située près de New-York et le bords
de la rivière Hudson au-dessous des Highlands,
peuvent être considérés pour lui et pour le *Kalmia
latifolia* que je décrirai ci-après, comme très-rapprochés des limites au-delà desquelles, vers le Nord,
on ne l'observe plus dans les forêts. Le *Rhododendron maximum* est au contraire fort abondant dans
tous les États du Milieu et dans la partie supérieure
de ceux du Sud, notamment dans la région montagneuse qui les traverse. C'est sur les bords immédiats

RHODODENDRON maximum.

Dwarf Rose Bay.

des Creeks et des Rivières, qu'on le rencontre presque exclusivement. On remarque que plus on approche des montagnes, plus il devient abondant; enfin,
lorsqu'on arrive au milieu des différens chaînons,
de ceux surtout qui traversent la Virginie et les
Hautes-Car.lines, on trouve cet arbrisseau tellement multiplié le long des torrens, qu'il forme sur
leurs bords des lisières épaisses et des taillis impénétrables, où les ours trouvent une retraite assurée
contre les chasseurs et les chiens qui n'osent les
poursuivre, lorsqu'ils y sont entrés.

Le voisinage immédiat des eaux froides et limpi-
des qui circulent au milieu des rochers, une atmosphère surchargée d'humidité, une exposition obscure
et ombragée, paroissent donc être les situations les
plus favorables à la végétation de ces grands arbrisseaux. Ces deux dernières conditions semblent, surtout en Amérique, lui être nécessaires; car, dans le
Bas-Jersey, on voit encore de forts beaux pieds de
Rhododendron maximum dans les marais sombres
et bourbeux, couverts de *Cupressus thyoïdes*, et dont
la surface est tapissée de mousse, toujours très-imbi-
bée d'eau.

Les feuilles du *Rhododendron maximum*, lorsqu'elles commencent à se développer, sont de couleur rosée, et garnies d'un duvet de couleur rousse;
mais lorsqu'elles sont parvenues à leur entier développement, elles sont lisses, longues de 5 à 6 pouces
(15 à 18 centimètres), de forme ovale-alongée,
d'une texture épaisse et coriace; elles se conservent

toujours vertes, et ne se renouvellent partiellement
que tous les trois ou quatre ans. ,

Les fleurs, ordinairement de couleur rose et ponctuées de jaune à l'intérieur, quelquefois entièrement blanches, sont assez grandes et toujours réunies
plusieurs ensemble aux extrémités des rameaux ; elles
forment de très-beaux bouquets, qui ont d'autant
plus d'éclat, qu'ils se trouvent mêlés parmi un riche
feuillage. Les graines d'une finesse extrême, sont contenues dans des capsules qui s'ouvrent en automne,
pour les laisser échapper.

Le bois du *Rhododendron* est dur, compacte
et le grain en est très-fin : cependant il possède ces
propriétés dans un degré inférieur au *Kalmia latifolia*, ce qui fait qu'il n'est employé à aucun usage
que je sache.

On possède depuis long-temps en Europe, le
Rhododendron maximum ; mais comme il a besoin de
plus de fraîcheur et d'ombrage que le *Rhododendron ponticum*, il est moins multiplié, parce qu'il
demande plus de soin pour sa conservation. Les
Rhododendron maximum à fleurs parfaitement blanches, ne sont que des variétés de l'espèce que je viens
de décrire.

PLANCHE IV.

Rameau avec les feuilles et les fleurs de grandeur naturelle.
Fig. 1, capsule qui contient les graines. Fig. 2, graines.

KALMIA Latifolia.

Mountain Laurel.

KALMIA *LATIFOLIA.*

Décandrie monogynie. Famille des Rosages, Juss.

KALMIA *arborescens; foliis petiolatis, ovalibus, coriaceis, glabris; corymbosis terminalibus, viscidò-puberulis.*

A ne considérer que la hauteur à laquelle s'élève le *Kalmia latifolia*, il sembleroit, de même que l'espèce précédente, devoir être exclu de la série des grands végétaux, que je m'applique à mieux faire connoître que les Auteurs qui en ont parlé avant moi; car celui-ci ne forme véritablement qu'un grand arbrisseau; mais l'emploi qu'on commence à faire de son bois, m'a paru un motif suffisant pour que j'en donne la description. Cet arbrisseau est assez indifféremment désigné par les noms de *Mountain laurel*, Laurier de montagne; *Laurel,* Laurier; *Ivy,* Lierre, et de *Callico tree.* La première de ces dénominations m'a semblé préférable, et je l'ai adoptée.

L'Ile longue, près de New-York, et les environs de Poughepsie, située sur la rivière du Nord, entre les 42 et 43 degrés de latitude, peuvent être considérés comme très-rapprochés du point le plus Septentrional, où commence à se montrer le *Kalmia latifolia.* En effet, je ne l'ai point vu sur les rives du lac Champlain, non plus que sur les bords de la rivière des Mohawks, où il y a beaucoup de situa-

tions qui seroient très-propres à le produire, si,
probablement, la rigueur du climat en hiver ne s'y
opposoit. Cet arbrisseau est au contraire très-commun dans le New-Jersey : la colline de Weehock,
qui est presque vis-à-vis de la ville de New-York, en
est en grande partie couverte. Il croît également aux
portes de Philadelphie, près de la Schuylkill : enfin,
en se dirigeant vers le Sud-Ouest, on le retrouve sur
les bords escarpés de toutes les rivières qui prennent leur source dans les montagnes; mais on remarque aussi qu'à l'Est de ces montagnes, il devient
moins abondant à mesure que les rivières s'éloignent
de leur source et se rapprochent de leur embouchure dans la mer, et qu'à l'Ouest de ces montagnes
son abondance diminue pareillement à mesure que
les rivières s'éloignent de leur source, et se rapprochent de leur embouchure dans l'Ohio et le Mississipi;
car ce végétal est peu commun dans la partie occidentale du Kentucky et dans l'Ouest-Tennessée. Dans les
États méridionaux, le *Kalmia latifolia* cesse aussi
entièrement de se montrer, dès que les rivières ont
gagné le bas pays, où commencent les Pinières.

Quoique le *Kalmia latifolia* soit fort abondant sur
les bords élevés des rivières des États du Centre et
du Sud, cependant il l'est moins en proportion que
sur les montagnes elles-mêmes, depuis la Pensylvanie, jusqu'à leur terminaison en Géorgie, où très-
fréquemment il couvre exclusivement des espaces de
plusieurs arpents. Mais, nulle part, il ne m'a paru
qu'il étoit plus multiplié, qu'il parvenoit à une plus

grande hauteur et qu'il développoit un plus grand luxe de végétation, que sur les hautes montagnes de la Caroline du Nord, qui sont elles-mêmes les plus élevées de la chaîne des Alléghanys. Souvent le *Kalmia latifolia* y occupe à lui seul des espaces de plus de 100 arpens (50 hect.) et forme sur le tiers supérieur de ces montagnes, des taillis hauts de 18 à 20 pieds (6 à 7 mètres), dont l'accès est très-difficile, parce que ces grands arbrisseaux, dont le tronc toujours tortueux, est très-résistant, se croisent et s'enchevêtrent les uns dans les autres : et comme ils s'élèvent à la même hauteur et que leur sommet est garni d'un feuillage touffu et toujours vert, les espaces qu'ils occupent çà et là au milieu des forêts, présentent dans l'éloignement plutôt l'aspect d'une prairie, entourée de grands arbres que celui d'un bois de *Kalmia latifolia.*

Les feuilles de *Kalmia latifolia*, d'une texture coriace, de forme ovale-acuminée, sont longues d'environ 3 pouces (9 centim.), entières et toujours vertes. Les fleurs disposées en corymbes ou bouquets, à l'extrémité des rameaux, sont d'une belle couleur rose, et quelquefois toutes blanches ; mais elles n'ont point d'odeur. Comme elles sont toujours très-nombreuses, elles produisent un effet magnifique, et leur éclat est d'autant plus brillant qu'elles sont accompagnées d'un riche feuillage. Aussi cette espèce est-elle la plus appréciée pour l'embellissement des jardins. Les graines contenues dans de petites capsules globuleuses, sont très-fines et leur maturité a lieu au mois de novembre.

Sur la pente des hautes montagnes de la Caroline du Nord, où j'ai observé les plus grands *Kalmia*, leur tronc a assez généralement 3 pouces (9 centimètres) de diamètre ; le bois, surtout celui des racines, est compacte, d'une texture très-fine et mêlé de petites lignes rouges. Lorsqu'il est bien sec, il est très-dur, ce qui fait qu'il se tourne bien et qu'il prend un beau poli. On l'employe, à Philadelphie, pour faire des manches d'outils légers, de petites vis, de petites boîtes, etc. On m'a dit aussi qu'on en faisoit de bonnes clarinettes. Je pense même que par la suite, il sera plus employé qu'il ne l'est actuellement ; car c'est l'arbrisseau des États-Unis, dont le bois approche le plus du Buis, et qui me paroît le plus propre aux mêmes usages. On m'a assuré que les feuilles du *Kalmia latifolia* étoient un véritable poison pour les moutons qui en mangent. Elles agissent, dit-on, comme narcotique.

Le *Kalmia latifolia* a été introduit depuis longtemps en Europe, où l'on s'applique à le multiplier à cause de la beauté de ses fleurs et de son feuillage; mais ce n'est qu'après bien des années que, de ses graines, on obtient des pieds en état de fleurir. Une terre douce, meuble et fraîche, une exposition découverte et au Nord, me paroissent les plus convenables à sa végétation.

PLANCHE V.

Rameau avec les feuilles et les fleurs de grandeur naturelle.
Fig. 1 , capsules qui contiennent les graines. Fig. 2 , graines.

CERASUS Virginiana.

Wild Cherry.

CERASUS *VIRGINIANA.*

THE WILD CHERRY.

Icosandrie monogynie, LINN. Fam. des Rosacées, JUSS.

CERASUS *virginiana ; foliis deciduis , ovali-oblongis , acuminatis, serratis, nitidis ; racemis terminalibus , elongatis ; fructibus globosis , nigris.*

LE Cerisier de Virginie est un des plus grands arbres des forêts des États-Unis. Le bois en est bon, beau et fort utilement employé dans les arts. Dans les États atlantiques, comme dans ceux de l'Ouest, où il est connu sous le seul nom de *Wild cherry,* Cerisier sauvage, on le trouve plus ou moins abondamment, suivant que la température du climat, et la nature du sol sont favorables à sa végétation ; car les froids trop rigoureux, les chaleurs trop fortes et les terreins trop secs et trop aquatiques, sont contraires à sa croissance. Ainsi, dans le District de Maine, où les froids sont aussi rigoureux que prolongés pendant l'hiver, il ne s'élève guères au-dessus de 30 à 40 pieds (10 à 13 mètres), sur 8 à 12 pouces (24 à 36 centimètres) de diamètre. Dans la partie méridionale et maritime des deux Carolines et de la Géorgie, où les chaleurs sont trop fortes en été et dont le terrein est généralement trop sablonneux et trop aride, on ne le voit que très-rarement. Enfin sur les bords des rivières, dont le sol est trop aqua-

tique, il ne parvient pas à de fortes dimensions.
Dans la partie haute de ces derniers États, dont le
climat est fort tempéré, le sol plus fertile, il est assez
commun, quoiqu'il le soit moins que dans la Virginie et la Pensylvanie. Mais, nulle part dans l'Amérique Septentrionale, il n'est plus multiplié et il
n'acquiert un plus grand développement, qu'au-delà
des montagnes, dans les Etats de l'Ohio, du Kentucky et du Tennessée : Il abonde également dans
tout le pays des Illinois, ainsi que dans le Gennessée et le Haut-Canada. Dans toutes ces Contrées,
dont le sol est très-fertile, le *Cerasus Virginiana*,
réuni au *Quercus macrocarpa*, au *Juglans nigra*,
au *Gleditsia triacanthos*, à l'*Ulmus rubra*, au
Gymnocladus canadensis, etc., concourt à former la masse des forêts qui les couvrent. On le
voit aussi dans tous les vallons, au milieu desquels circulent les rivières de l'Ouest, et dont le sol
est encore plus frais, plus meuble et plus profond.
Dans ces endroits, son accroissement est bien plus
considérable. Sur les bords de l'Ohio, j'ai mesuré
plusieurs de ces Cerisiers, qui avoient de 12 à 16 pieds
(4 à 5 mètres) de circonférence, et de 80 à 100 pieds
(27 à 33 mètres) d'élévation. Leur tronc étoit d'une
grosseur uniforme et sans branches, jusqu'à la hauteur de 25 à 30 pieds (8 à 10 mètres).

Les feuilles de cet arbre, longues de 5 à 6 pouces
(15 à 18 centimètres), sont ovales, très-pointues et
dentées dans tout leur pourtour; elles sont d'un beau
vert luisant et munies à leur base de deux petites

glandes rougeâtres On remarque autour des endroits
habités, que ses feuilles sont les plus sujettes à être
attaquées par les chenilles.

Les fleurs, de couleur blanche, sont disposées en
épis, longs de 6 à 8 pouces (18 à 24 centimètres),
et à l'époque de la floraison elles produisent un effet
charmant. Les fruits, de la grosseur d'un pois, disposés pareillement en épis ou en grappes, ont une couleur presque noire, lorsqu'ils sont à maturité : ils
deviennent bientôt alors, malgré leur amertume, la
nourriture des oiseaux. Ces fruits sont apportés
aux marchés de New-York et de Philadelphie, où on
les achète pour en faire une liqueur spiritueuse,
dans laquelle on met une certaine quantité de
sucre ou de cassonade.

L'écorce du Cerisier de Virginie, diffère assez de
celle des autres arbres, pour le faire reconnoître au
premier aspect, toutes les fois que sa haute élévation
ne permet pas d'en distinguer le feuillage ; cette
écorce qui présente dans son ensemble une surface
fort égale, est noirâtre et raboteuse ; elle se détache
demi-circulairement, en petites lames dures et épaisses, qui restent long-temps adhérentes au corps de
l'arbre, avant de se renouveler.

Le bois où le cœur de ce Cerisier est de couleur
rouge clair, teinte, qui, à la longue, prend plus d'intensité. Le grain en est fin, serré et très-compacte ;
ce qui le rend susceptible de recevoir un très-beau
poli. Il a encore l'avantage, lorsqu'il est bien sec,
de ne pas se tourmenter. Ces excellentes qualités le

font employer dans toutes les petites villes des États
du Centre et de l'Ouest, pour la fabrique des meubles de toutes espèces, qui, lorsqu'ils sont faits de
morceaux choisis et les plus rapprochés des bifur-
cations, sont veinés très-agréablement ; alors ces
meubles rivalisent de beauté avec ceux d'Acajou.
Car assez généralement on préfère les meubles en
Cerisier à ceux du Noyer noir, dont la couleur déjà
très-brune, devient presque noire, avec le temps.
Pour ce seul usage, le Cerisier de Virginie est certainement d'une utilité réelle pour toutes les parties
des États-Unis, éloignées des ports de mer, où l'on
n'est pas à portée de se procurer de l'Acajou ; car
parmi les nombreuses espèces d'arbres qu'on trouve
dans l'Amérique Septentrionale, à l'Est du Mississipi,
il n'en est aucune qui puisse remplacer aussi bien
l'Acajou que le Cerisier de Virginie. C'est au moins
ce que l'expérience prouve par l'emploi très-borné
qu'on fait de leur bois pour cet objet.

Sur les bords de l'Ohio, à Pittsburgh, à Marietta
et à Louisville, on fait aussi entrer le *Cerasus Vir-*
giniana, dans la construction des vaisseaux. On dit
qu'aux Illinois, les Français s'en servent pour des
jantes de roues.

On trouve à New-York, à Philadelphie et à Baltimore, chez les marchands de bois, du Cerisier de
Virginie, débité en planches de différentes épais-
seurs, propres à faire des meubles, des montans de
bois de lit et d'autres ouvrages analogues. Ces planches, *planks*, d'environ 3 pouces (9 centimètres)

d'épaisseur, s'y vendent à raison de 20 centimes le
pied, et moins de la moitié de ce prix à Pittsburgh,
ainsi que dans le Gennessée. Du Kentucky, on envoie
des planches de Cerisier de Virginie, à la Nouvelle-
Orléans, où on en fait aussi des meubles.

De tout ce que nous venons de dire, il résulte
que le Cerisier de Virginie est un arbre dont les
dimensions sont considérables, dont le bois est d'une
excellente qualité, et dont la brillante végétation
rend l'aspect très-agréable. C'est donc, sous tous les
rapports, un des arbres de l'Amérique Septentrionale
qui mérite de trouver place dans les forêts de la
France, et surtout dans celles qui sont situées dans
les Départemens du Nord, dans les Départemens
réunis et le long du Rhin, pays qui me semblent plus
analogues à ceux dans lesquels on le voit dans les
Etats-Unis. Recommander la propagation de cet
arbre aux forestiers Européens, c'est engager les
Américains à le conserver avec soin et à favoriser sa
reproduction sur les terres qu'ils se proposent de
conserver en bois. Ils devront donc d'abord y laisser
subsister quelques-uns des vieux pieds qui s'y trouveront naturellement, pour fournir par leurs graines
à leur reproduction, et ensuite accélérer la croissance des jeunes, en détruisant les autres espèces d'arbres qui pourroient la retarder.

PLANCHE VI.

*Deux rameaux, l'un avec des fleurs, l'autre avec des fruits
à maturité.*

III.   20

CERASUS *CAROLINIANA.*

WILD ORANGE.

Cerasus *carioliniana : foliis perennantibus , breviter petiolatis , lanceolatò-oblongis , mucronatis , lævigatis, subcoriaceis , integris ; racemis axillaribus , brevibus ; fructu subgloboso , acuto , sub-exsuco.*

Obs. *Arbor formosa , fastigiata , ramis strictis ; fructibus hieme persistantibus.*

Cette belle espèce de Cerisier existe aux Iles de Bahama, où elle a été observée par mon Père, et plus anciennement par Catesby. Sur le Continent de l'Amérique Septentrionale, elle paroît confinée aux Iles qui sont sur la Côte des Deux-Carolines, de la Géorgie et des Deux-Florides. Car, sur la Terre-Ferme, à l'exception des bords des *Lagoons*, il est bien rare de la trouver naturellement, même à une distance de 8 à 10 milles (15 kilomètres) dans l'intérieur des terres, attendu que, à cette petite distance, la température est de 5 à 6 degrés plus froids en hiver, et les chaleurs moindres en été dans la même proportion. Cet arbre connu sous le nom de *Wild orange,* Oranger sauvage , parvient à plus de 40 pieds (13 mètres) de haut, sur 10 à 15 pouces (30 à 45 centim.) de diamètre. Ses feuilles toujours vertes, longues d'environ 3 pouces (9 centim.), sont de forme ovale-acuminée, lisses et luisantes à leur surface supé-

CERASUS Caroliniana.

Wild Orange.

rieure. Les fleurs de couleur blanche, sont disposées en petites grappes, longues d'un pouce à un pouce et demi, et prennent naissance dans les aisselles des feuilles. Les fruits qui leur succèdent sont petits, ovales et presque noirs, à l'époque de leur maturité : ils contiennent un noyau assez tendre, qui est entouré d'une substance pulpeuse, de couleur verte, mais très-peu abondante, et qui n'est point bonne à manger. Ces fruits subsistent sur les branches, une grande partie de l'année suivante, ce qui fait que le même arbre est au printemps chargé de fruits et de fleurs, celles-ci sont toujours nombreuses et mêlées parmi le plus riche feuillage. Cet arbre peut-être placé au rang des plus belles productions végétales de cette partie des États-Unis ; aussi les habitans se plaisent-ils à le planter autour de leurs maisons, avec d'autant plus de raison qu'il pousse rapidement, et que son feuillage épais garantit très-bien des rayons du soleil.

J'ai remarqué que, de tous les arbres qui croissent spontanément dans les Carolines et la Géorgie, le *Cerasus caroliniana* est celui dont les fleurs sont, au printemps, les plus visitées par les abeilles.

Le tronc de ce Cerisier se ramifie assez promptement, et sa cime très-touffue, embrasse beaucoup d'espace ; la cause en est peut-être que cet arbre croît isolément et dans des lieux découverts, et qu'il n'est pas, comme les autres arbres des forêts, resserré de manière à s'élever plus perpendiculairement, afin chercher la lumière. L'écorce qui couvre le tronc est d'une teinte très-obscure et rarement crevassée.

Le cœur du bois est de couleur rose et le grain en
est très-fin: mais, comme c'est un arbre très-peu
multiplié, je ne sache pas qu'on fasse usage de son
bois, d'autant plus qu'on se procure avec facilité celui
d'autres espèces qui sont plus communes, et dont
la qualité est tout aussi belle pour en faire des
meubles, etc.

J'ai observé que l'écorce des racines du *Cerasus
Caroliniana* a une odeur très-forte de noyaux de
cerises ordinaires, ce qui me fait présumer qu'on
pourroit en faire une liqueur spiritueuse de table,
chargée de ce principe odorant.

Tout le mérite de cet arbre consiste donc jusqu'à
présent dans sa brillante végétation, qui, à l'époque
de sa floraison, en fait un des plus beaux arbres que
j'aie vus dans le Midi des États-Unis; sensible aux
froids qu'on éprouve en hiver, sous la latitude de
Paris, il ne viendra bien en pleine terre, que dans
le Midi de la France et en Italie.

PLANCHE VII.

Rameau avec des feuilles et des fleurs de grandeur naturelle.
Sur le même rameau des fruits de l'année précédente.

CERASUS Borealis.

Red Cherry.

CERASUS *BOREALIS.*

Cerasus borealis , foliis ovali-oblongis , acuminatis , membranaceis , glabris : floribus subcorymbosis : fructibus rubris.

Cette espèce de Cerisier n'est assez commun eque dans les Etats les plus Septentrionaux, ainsi que dans le Canada, les Provinces de la Nouvelle-Brunswick et de la Nouvelle-Ecosse. On la rencontre rarement dans le New-Jersey et la Pensylvanie ; elle est entièrement étrangère aux Etats Méridionaux. Dans le District de Maine et l'Etat de Vermont, où je l'ai principalement observé , cet arbre est désigné par les noms de *Small Cherry*, petit Cerisier, et de *Red Cherry*, Cerisier rouge; cette dernière dénomination m'a paru préférable et je l'ai adoptée.

Cette espèce de Cerisier n'est un arbre que de la troisième grandeur, car il ne s'élève guère au-dessus de 25 à 30 pieds (8 à 10 mètres), sur 5, 6 et 8 pouces (15, 18 et 24 centimètres) de diamètre, souvent même il reste au-dessous de ces dimensions. Ses feuilles longues de 5 à 6 pouces (15 à 18 centimètres), sont ovales, très-acuminées et dentées dans leur pourtour. Les fleurs disposées en petits bouquets, sont de couleur blanche, et donnent naissance à de petits fruits ronds, de couleur rouge, et très-acides; ils sont à maturité dans le courant de juillet.

Le tronc du *Cerasus borealis* est couvert d'une écorce unie et de couleur brune, qui se détache latéralement. Ce bois a le grain fin, et la couleur en est rougeâtre; mais le très-petit diamètre auquel il parvient, ne permet pas de l'employer dans les arts mécaniques. Ses fruits qui excèdent peu la grosseur d'un pois, sont trop aigres pour être mangés, et ils sont d'ailleurs très-peu abondans, même sur les plus gros pieds.

Ce Cerisier offre cela de remarquable, qu'il se reproduit spontanément dans tous les endroits qui ont été anciennement cultivés, et même dans les parties des forêts qui ont été brûlées, ainsi que dans les endroits où des Voyageurs ont fait momentanément du feu. Sous ce rapport, il ressemble au Bouleau à canot, qui offre la même particularité.

De tous les Cerisiers sauvages de l'Amérique Septentrionale, le *Cerasus borealis* est celui qui a le plus d'analogie, avec le Cerisier cultivé en Europe, et par conséquent, c'est celui qui doit être le plus propre à greffer; car quelques personnes ont éprouvé que la greffe du Cerisier d'Europe réussit très-difficilement sur le Cerisier de Virginie.

PLANCHE VIII.

Rameau avec des fruits de grosseur naturelle. Fig. 1, petit bouquet de fleurs.

ANNONA Triloba.

Papaw.

ANNONA *TRILOBA.*

THE PAPAW.

Polyandrie polyginie, Linn. Fam. des Anones, Juss.
Orchidocarpum arietinum , A. Mich. Fl. b. Am.

Annona *triloba, foliis glabriusculis , oblongè cuncatò-
obovalibus : petalis exterioribus orbiculatis : fructibus
maximis , crassiùs carnosis.*

Quoique l'*Annona triloba* ne se présente le plus
souvent que sous la forme d'un arbrisseau, il parvient cependant quelquefois à une élévation assez
grande pour qu'on puisse le ranger parmi les arbres
de la troisième grandeur. Ce motif, joint à l'intérêt
qu'il semble comporter sous un autre rapport, m'a
engagé à en donner la description. Les Français de
la Haute-Louisiane et ceux du Canada, lui donnent
le nom d'*Assiminier*, et les Américains celui de
Papaw. Vers le Nord, je n'ai pas observé cet arbre
au-delà de la rivière Schuylkill, et il paroît aussi étranger à toute la partie basse et maritime des États Méridionaux, ou du moins il y est extrêmement rare; on
le rencontre, au contraire, assez communément, dans
les bas-fonds qui accompagnent les rivières qui traversent les États du Centre: mais c'est surtout dans les
riches vallons, au milieu desquels circulent celles
des États de l'Ouest, que cet arbre est le plus abondant; il y forme de distance à autre, des taillis épais

qui couvrent exclusivement plusieurs arpens. Dans
le Kentucky et l'Ouest Tennessée, on le voit encore
quelquefois au milieu des forêts, où le sol est de la plus
grande fertilité, dont sa présence est toujours un signe
certain. Dans ces forêts, l'*Annona triloba* acquiert
jusqu'à 3o pieds (10 mètres) de hauteur, sur 6 à 8
pouces (18 à 24 centimètres) de diamètre; mais, en
général, il reste au-dessous de la moitié de cette
hauteur.

Les feuilles, disposées alternativement sur les
branches, longues de 5 à 6 pouces (15 à 18 centim.),
portées sur de courts pétioles, ont une forme alongée, et vont en s'élargissant, de la base au sommet;
leur texture est fine, et elles sont lisses et luisantes
à leur surface supérieure. Les fleurs attachées sur de
courts pédoncules et pendantes, sont de couleur
pourpre obscur.

Les fruits, à l'époque de leur maturité, qui a lieu
vers le premier août, ont environ 3 pouces (15 cen
timètres) de longueur, sur une grosseur moindre
de moitié ; ils sont d'une forme ovale irrégulière
et comme gibbeux. Ces fruits sont alors jaunâtres,
et la substance dont ils sont formés, est molle et
d'une saveur fade; ils contiennent plusieurs gros
noyaux triangulaires. On ne les apporte pas aux marchés, les enfans seulement vont à leur recherche dans
les bois. A Pittsburgh, quelques personnes ont tenté
avec succès d'en faire une liqueur spiritueuse; mais
quoique cet essai ait réussi, on ne peut que très-
foiblement compter sur les avantages qu'il y auroit

à cultiver ce grand arbrisseau dans cette seule vue.

Le tronc de cet arbre est couvert d'une écorce d'un gris blanc, dont la surface est unie et même luisante. Le bois en est spongieux, très-tendre et sans aucune force, en sorte qu'il n'est susceptible d'aucun usage dans les arts mécaniques. J'ai aussi remarqué que le tissu cellulaire de l'écorce, et surtout les racines, exhalent en été, une odeur nauséabonde, même assez forte pour incommoder, si on la respiroit trop long-temps dans un lieu clos.

L'*Annona triloba* a été introduit depuis long-temps en Europe, où il fleurit ; mais il n'y fructifie que rarement. Il est particulièrement recherché pour sa fleur et son beau feuillage.

PLANCHE IX.

Rameau avec les feuilles et les fleurs de grandeur naturelle. Fig. 1 , fruit de grosseur et de couleur naturelles. Fig. 2 , noyau séparé du fruit.

GLEDITSIA *TRIACANTHOS.*

THE SWEET LOCUST.

Polygamie diœcie , **Linn**. Fam. des Légumineuses , **Juss**.

Gleditsia *triacanthos , ramis spinosis , spinis crassis ;
foliolis lineari - oblongis ; leguminibus longis , compressis ; polyspermis.*

Le *Gleditsia triacanthos* est du nombre des
arbres des Etats - Unis , qui paroissent appartenir
plus particulièrement aux Contrées situées à l'Ouest
des Monts Alléghanys ; car on ne le trouve dans
presqu'aucun des Etats atlantiques, si ce n'est dans
la Vallée de Limestone et dans les embranchemens
qui en dépendent; cette Vallée, dont le sol est généralement très - substantiel, se trouve placée entre
les 2ᵉ. et 3ᵉ. chaînons des Monts Alléghanys ; elle
commence près d'Harrisburgh , dans la Pensylvanie,
latitude 40°., 42″., et se prolonge du Nord-Est au
Sud-Ouest, jusques fort avant dans la Virginie. Mais,
au-delà des montagnes, cet arbre est très-multiplié:
les fertiles vallons, au milieu desquels circulent les
rivières qui se jettent dans le Mississipi , le pays des
Illinois et surtout la partie méridionale des Etats
du Kentucky et de l'Ouest Tennessée, le produisent
très-abondamment; le plus souvent il y est réuni
aux espèces suivantes: *Juglans nigra, Juglans squa-*

GLEDITSIA Triacanthos.
Sweet Locust.

mosd, *Ulmus rubra*, *Fraxinus quadrangulata*, *Robinia pseudo-acacia*, *Acer negundo*, *Gymno-cladus canadensis*; il concourt à la formation des forêts qui reposent sur les meilleurs terreins, et dont la présence est toujours un signe indubitable de la plus grande fertilité. Dans ces diverses parties des États-Unis, cet arbre est désigné assez indifféremment par les noms de *Honey locust*, Locust à miel, et de *Sweet locust*, Locust doux: les Français des Illinois lui donnent celui de *Février*.

Le *Gleditsia triacanthos*, dans les situations qui sont les plus favorables à sa végétation, telles que j'ai eu occasion d'en trouver sur les bords de l'Ohio, entre Gallipoli et Limestone, parvient à de très-grandes dimensions, car j'en ai mesuré plusieurs, qui avoient entre 3 et 4 pieds (plus d'un mètre) de diamètre, et dont la hauteur me parut égaler celle des arbres les plus élevés, qui, avec lui, composoient ces antiques forêts; quelques - uns étoient dégarnis de branches jusqu'à plus de 4o pieds (13 mètres) de haut. Le *Gleditsia triacanthos*, se reconnoît facilement, premièrement à son écorce, qui, à des intervalles de quelques pouces, se détache d'elle-même latéralement, en plaques larges de 3 à 4 pouces (9 à 12 centim.), et qui sont épaisses de 2 à 3 lignes (6 à 9 millim.); ensuite, à la forme du tronc, qui est comme contourné ou tors, et qui présente 3 à 4 larges sillons ouverts et peu profonds, lesquels se prolongent irrégulièrement de bas en haut; il a aussi un autre caractère très-distinctif; ce sont de fortes épines qui garnissent les branches et souvent le tronc des jeunes arbres. Ces épines, qui ont quelquefois plusieurs pouces de longueur, sont ligneuses, rougeâtres et accompagnées latéralement vers leur tiers inférieur de deux autres épines de moitié plus petites.

Le feuillage du *Gleditsia triacanthos* est léger, d'une verdure agréable; mais il est peu touffu et il laisse passer aisément les rayons du soleil. Si on considère chaque feuille isolément, on trouve qu'elle est formée d'un pétiole commun, qui donne naissance à d'autres plus courts, et auxquels sont attachés deux rangs de petites folioles, de forme ovale, légèrement crénelées à leur sommet, et d'une belle couleur verte. Les feuilles tombent tous les ans, aux approches de l'hiver.

Les fleurs disposées en grappes, sont petites, verdâtres et peu apparentes. Aux fleurs succèdent les fruits qui sont de longues gousses aplaties, pendantes, ordinairement tortueuses, et d'un brun rougeâtre. Ces gousses, longues de 1 pied à 18 pouces (34 à à 45 centim.), contiennent des graines brunes, lisses et fort dures, qui sont entourées d'une pulpe très-douce dans le premier mois qui suit leur maturité, mais qui ensuite devient très-âcre. Avec cette pulpe, encore fraîche et soumise à la fermentation, on fait quelquefois de la bière, mais cette pratique n'est point généralement usitée; car, dans les États de l'Ouest, où les Pommiers sont devenus fort abondans et les Pêchers encore davantage; on extrait de leurs fruits des liqueurs bien préférables.

Le vrai bois ou le cœur du *Gleditsia triacanthos*, ressemble beaucoup, par son organisation, à celui du *Robinia pseudo-acacia*; mais il en diffère surtout en ce qu'il a le grain plus grossier, et les pores plus ouverts; ils le sont même plus que dans les Chênes rouges: lorsqu'il est parfaitement desséché, sa dureté est extrême. Cependant le bois de cet arbre est assez peu estimé au Kentucky, où l'on a eu, plus que partout ailleurs, les occasions de l'employer et d'en apprécier les qualités; on n'en fait usage, ni pour la bâtisse, ni pour le charronnage; seulement l'on en fait parfois des barres pour enclore les champs, mais ce n'est qu'occasionnellement et lorsque les arbres qui pourroient en fournir de meilleures, sont moins à la portée des cultivateurs. Je crois aussi que le bois du *Gleditsia triacanthos* est peu propre à l'ébénisterie : le Cerisier de Virginie et le Noyer, sont très - préférables; c'est ce que l'expérience a appris aux habitans des pays où il est le plus abondant. Le seul objet pour lequel il pourroit être employé avec un grand avantage, seroit d'en former des haies, qui, au moyen des fortes épines dont les branches se garnissent, seroient impénétrables.

Le *Gleditsia triacanthos*, a été depuis long-temps, introduit en Europe. Il réussit très-bien, fleurit et donne des graines sous les climats de Paris et de Londres, mais sa végétation est beaucoup plus active dans le Midi de la France.

PLANCHE X.

Rameau représentant les feuilles et une épine de moitié grandeur naturelle. Fig. 1, gousse de largeur et de couleur naturelles. (Elle est supposée avoir été coupée dans son milieu pour montrer la partie supérieure et la partie inférieure.) Fig. 2, graine.

GLEDITSIA Monosperma.

Water Locust.

GLEDITSIA *MONOSPERMA.*

GLEDITSIA *monosperma; ramis subspinosis; foliolis ova-*
tò-oblongis; leguminibus ovalibus , mucronatis, mo-
nospermis.

CETTE espèce, très-distincte du *Gleditsia tria-*
canthos, surtout par la forme de ses fruits, appartient
aussi à une latitude plus méridionale; car, dans les
États atlantiques, elle ne commence à croître que
dans la partie basse de la Caroline du Sud. Le point
le plus rapproché de Charleston où elle se trouve,
est à environ deux milles au-delà de Slanbridge,
éloigné de trente-deux milles de cette Ville. Car ,
dans cet État , non plus que dans la Géorgie
et la Floride Orientale , où je l'ai personnellement
observé, cet arbre, sans être très-rare, est assez peu
commun; et on peut voyager des journées entières
sans le rencontrer, même dans les lieux qui paroissent
les plus favorables à sa végétation. Le *Gleditsia*
monosperma se retrouve dans le pays des Illinois,
aux environs de Kaskakias, situé à 3 ou 4 degrés plus
au Nord, mais aussi beaucoup plus à l'Ouest, que le
lieu que j'ai indiqué à l'Est des montagnes.

Dans la partie méridionale et maritime des États-
Unis, cet arbre désigné par le seul nom de *Water*
locust, Février aquatique, ne vient que dans les grands
marais, *Swamps*, qui bordent les rivières, et dont
le sol est toujours très-humide et souvent submergé

au printemps, époque de la crue des eaux. Dans ces marais, il est réuni aux *Cupressus disticha*, *Nyssa grandidentata*, *Acer rubrum*, *Quercus lyrata*, *Planera*, *Juglans aquatica*, etc. Il est également très-probable que cette espèce de *Gleditsia* se trouve dans les marais qui accompagnent ou bordent les rives du Mississipi, dans la Basse-Louisiane, et qu'il concourt avec les mêmes arbres que je viens de nommer, et d'autres encore, à former aussi les forêts impénétrables qui les couvrent.

Le *Gleditsia monosperma* s'élève de 50 à 60 pieds (18 à 20 mètres), sur 1 à 2 pieds (32 à 64 centim.) de diamètre. L'écorce qui revêt le tronc, surtout dans les jeunes arbres, est très-unie; et dans les plus vieux, elle se fendille, mais peu profondément et toujours beaucoup moins sensiblement que celle des Chênes et des Noyers. Ses branches, comme celles du *Gleditsia triacanthos*, se chargent d'épines, avec cette différence cependant, que ces épines sont moins nombreuses, moins fortes, plus aiguës, et que souvent elles sont simples, ou accompagnées vers leur base d'une seule épine secondaire.

Les feuilles sont moins grandes que celles du *Gleditsia triacanthos*, et les folioles qui sont attachées aux pétioles secondaires, sont aussi plus petites et d'une forme ovale plus acuminée à leur sommet.

Les fleurs peu apparentes et de couleur herbacée, sont sans odeur. Les gousses qui les remplacent sont au nombre de 3, 4 et 5 réunies ensemble; leur couleur est rougeâtre, elles ont environ un pouce

(3 centimètres) de diamètre, et chacune ne contient qu'une seule graine qui n'est point entourée de substance pulpeuse. Elles sont à maturité au premier novembre.

Le bois du *Gleditsia monosperma* ressemble, par sa texture qui est très-ouverte, et par sa couleur qui est jaunâtre, à celui du *Gleditsia triacanthos*; et comme il ne vient qu'aux lieux très-humides, il doit être d'une qualité inférieure. Dans la Caroline et la Géorgie, il n'est employé à aucun usage.

Cette espèce de *Gleditsia* est assez multipliée depuis les voyages de mon Père et les miens aux États-Unis, d'où nous en avons envoyé les graines; mais comme elle est susceptible quelquefois d'être attaquée par les gelées qu'on éprouve en hiver, aux environs de Paris; sa végétation est moins accélérée que celle du *Gleditsia triacanthos*, ce qui fait qu'elle y fructifie difficilement. J'ai remarqué que, planté dans des terreins qui n'étoient pas humides, cette arbre y végétoit également très-bien.

Obs. Je présume qu'il existe encore dans les États de l'Ouest, une autre espèce de *Gleditsia*, dont les gousses ont seulement 4 pouces (12 centimètres) de longueur, et qui sont assez étroites. Mais je ne la connois pas assez bien pour me permettre de la décrire.

PLANCHE XI.

Rameau avec les feuilles et une épine de grandeur naturelle. Fig. 1, gousse de grandeur naturelle. Fig. 2, graines.

LAURUS Sassafras.

Sassafras.

LAURUS *SASSAFRAS.*

THE SASSAFRAS.

Ennéandrie monogynie, Linn. Fam. des Lauriers , Juss.

Laurus *sassafras , foliis deciduis , integris trilobisque ;*
floribus dioïcis.

Le Laurier sassafras doit à ses propriétés médicales
d'avoir été un des arbres de l'Amérique, qui, après
la découverte de ce nouveau Continent, fut un des
premiers connus des Européens.

Monardès, en 1549, et ensuite Clusius, qui ont
traité des plantes étrangères employées en médecine,
s'étendent assez longuement sur les usages auxquels
son bois étoit dès-lors reconnu propre dans certaines maladies. Hernandès, dans son *Histoire des*
Plantes du Nouveau-Mexique, publiée en 1638,
indique cet arbre comme se trouvant dans la province de Mechoacan. Je doute néanmoins qu'il y soit
aussi commun que dans cette partie de l'Amérique
Septentrionale, qui est située à l'Est du Mississipi.

Dans les États-Unis, les environs de Portsmouth,
dans le New-Hampshire, latitude 43º, peuvent être
regardés comme un des points les plus avancés, où
il commence à paroître vers le Nord-Est, quoique
plus à l'Ouest, on le trouve à un degré plus avant vers
le Nord. Ce qui tient à l'observation déjà faite, que,
plus on avance dans la direction de l'Ouest, dans

l'Amérique Septentrionale, plus on remarque que la température du climat est moins rigoureuse en hiver, et la surface du pays moins montagneuse. Cependant, sous de pareilles latitudes, le Sassafras n'est, pour ainsi dire, qu'un grand arbrisseau, qui rarement excède 18 à 20 pieds (6 à 7 mètres) de hauteur ; tandis qu'à quelques degrés plus au Sud , comme dans le voisinage de New-York et de Philadelphie, il acquiert 40 à 50 pieds (13 à 17 mètres), et il parvient encore à une plus haute élévation dans quelques parties de la Virginie, des Carolines et des Florides, ainsi que dans les États de l'Ouest et dans la Haute et Basse-Lousiane ; car cet arbre se trouve fort abondamment dans toutes ces Contrées, excepté dans la région montagneuse des Alléghanys qui les traversent, où il m'a paru comparativement beaucoup plus rare. Enfin, depuis Boston jusqu'aux rives du Mississipi, et depuis les bords de l'Océan, en Virginie, jusqu'au-delà du Missouri , dans la Haute-Louisiane, ce qui comprend une étendue de plus 600 lieues (3,000 kilomètres) dans ces deux directions, le Sassafras est assez multiplié pour être mis au rang des arbres les plus communs ; car on le voit croître également dans les terreins secs et graveleux, et dans ceux qui sont frais et fertiles, à l'exception néanmoins de ceux qui sont trop arides et sablonneux, comme le sol des Pinières, *Pines barrens*, dans les États Méridionaux, et les marais vaseux et aquatiques, qui bordent les rivières qui les traversent.

Dans la partie basse et maritime de la Virginie,
des deux Carolines et de la Géorgie, on remarque
que le Sassafras se multiplie préférablement autour
des habitations et dans les terres qui ont été abandonnées à cause de l'épuisement du sol. Les plus
vieux arbres y donnent naissance à des centaines de
rejetons qui sortent de terre de distance à autre, mais
qui rarement s'élèvent à plus de 6 à 8 pieds (2 à 3
mèt.); et quoique cet arbre soit fort commun dans les
mauvais terreins, et qu'il fleurisse et fructifie à la hauteur de 15 à 20 pieds (5 à 7 mètr.), cependant on ne
le voit jamais très-grand et très-gros, que dans les
bonnes terres, comme sur les coteaux à pente douce,
qui avoisinent les marais, ou encore au milieu des
belles forêts de l'Ouest-Tennessée et du Kentucky.

Les feuilles du Sassafras, longues de 4 à 5 pouces
(12 à 15 centimètres), sont pétiolées et disposées
alternativement sur les branches. Lors de leur développement au printemps, elles sont velues et d'une
texture molle. Ces feuilles varient de forme sur le
même arbre; les unes sont entières et ovales, et les
autres sont partagées le plus souvent en trois lobes
arrondis à leur sommet. Ces dernières sont toujours
les plus nombreuses, et sont placées vers la partie
supérieure de l'arbre.

Dans les environs de New-York et de Philadelphie, le Sassafras est en pleine fleur dans les premiers jours du mois de mai, et six semaines plutôt
dans la Caroline Méridionale. Les fleurs situées aux
extrémités des rameaux de l'année précédente, parois-

sent avant la naissance des feuilles; elles forment
de petites grappes d'un jaune pâle, qui ont peu
d'odeur. Dans cette espèce de Laurier, les sexes se
trouvent partagés sur des pieds différens, ce qui fait
qu'il n'y a que ceux qui portent des fleurs femelles
qui donnent des fruits. Ces fruits ou graines, sont
de forme ovale, d'un bleu foncé, et sont contenus
dans un calice ou capsule, d'un rouge vif, supporté
par un pédicule de 1 à 2 pouces (3 à 6 centimètres).
A l'époque de leur maturité, ces graines sont recherchées avidement par les oiseaux, et elles disparoissent bientôt alors de dessus les arbres.

Le tronc des vieux Sassafras est couvert d'une
écorce profondément crevassée; elle est grisâtre et
n'offre rien de remarquable. Mais, lorsqu'elle est
entamée, on trouve qu'elle est d'un rouge terne un peu
foncé, et qu'elle ressemble assez au Quinkina rouge.
L'écorce des jeunes branches et des rejetons, est,
au contraire, lisse et d'une belle couleur verte. Il
m'a paru que le bois de cet arbre n'étoit pas d'une
grande force, car des branches assez grosses se
rompent sans beaucoup d'efforts. Ce bois est blanc
dans les jeunes arbres, et rougeâtre dans ceux qui
ont plus de 15 à 18 pouces (45 à 54 centimètres)
de diamètre, et dans ceux-ci le grain est plus
serré et plus compacte; ce n'est pas néanmoins qu'on
doive, sous ce rapport, l'assimiler aux Chênes ou aux
Noyers. L'expérience a appris que ce bois, dépouillé
de son aubier, résistoit long-temps à la pourriture;
c'est pourquoi on en fait des pieux qui durent long-

temps en terre et de bonnes barres pour les clôtures des champs. Dans les campagnes, on l'employe
encore quelquefois pour faire des poutres et des
solives dans la bâtisse des maisons en bois. On
assure aussi qu'il n'est pas attaqué par les vers ; ce
qu'il doit à son odeur, qu'il conserve aussi long-
temps qu'il n'est pas exposé aux alternatives de la
sécheresse et de l'humidité ; c'est encore à cause de
cela que quelque fois on en fait des bois de lit, qui,
dit-on, sont exempts d'insectes, à cause de cette même
odeur. Mais, pour ces différens usages, le bois du
Sassafras n'est pas d'un service habituel, et on ne s'en
sert qu'occasionnellement et seulement dans les campagnes ; car on ne le trouve pas débité en planches,
ou de toute autre matière, chez les marchands de
bois dans les villes. Aussi, sous ce point de vue, cet
arbre n'est et ne sera jamais que d'un intérêt très-
secondaire dans les arts mécaniques. Il est assez peu
estimé pour combustible, et ce n'est que dans les
villes des États Méridionaux, où le pays ne fournit
pas abondamment, comme dans les États du Nord,
du bon bois à brûler, qu'on apporte celui de Sassafras
au marché, où il fait partie des bois de la troisième
qualité. L'écorce de Sassafras contient beaucoup d'air,
car elle craque en brûlant comme le Châtaignier.

Les propriétés médicales du Laurier sassafras
paroissent tellement avérées, que depuis plus de
deux cents ans qu'il a été introduit dans la matière
médicale, il a soutenu sa réputation, comme un des
bons sudorifiques qu'on puisse employer dans les

affections cutanées, les rhumatismes chroniques et surtout dans les maladies syphilitiques dégénérées : dans ce dernier cas, il est toujours réuni au gayac et à la salsepareille. Ce bois est légèrement aromatique, mais l'odeur et la saveur qui lui sont propres, sont plus sensibles dans les jeunes branches; et ces qualités sont incomparablement plus actives dans l'écorce des racines : aussi c'est cette partie de l'arbre qu'il faut toujours choisir de préférence, car le bois ne me paroît véritablement contenir que fort peu des propriétés qui lui sont assignées, propriétés qui se dissipent lorsqu'il est long-temps gardé. C'est aussi de l'écorce des racines, qui est assez épaisse et comme sanguinolente, qu'on peut obtenir une plus grande quantité d'huile essentielle. Cette huile exposée au froid, donne dit-on, à la longue, de très-beaux cristaux.

Les fleurs de Sassafras, fraîches, ont aussi une légère odeur aromatique. Dans les États-Unis, un grand nombre de personnes, dans les campagnes et même dans les villes, les considèrent comme stomachiques et comme un dépuratif du sang; c'est pour cela qu'au printemps, elles en prennent pendant une quinzaine de jours, une infusion théiforme, à laquelle elles ajoutent un peu de sucre. Ces fleurs sont apportées au marché des grandes villes, où on les vend de 35 à 40 centimes le litre. La cueillette des fleurs de Sassafras se fait en coupant les branches et même les arbres, ce qui contribue beaucoup à leur destruction.

Les feuilles desséchées du Sassafras contiennent un principe mucilagineux qui ressemble à celui de l'*Esculus esculentus*. A la Louisiane, on sert de même de ces feuilles pour mettre dans le bouillon qu'elles épaississent.

En Virginie et dans les États situés plus au Sud, beaucoup d'habitans de la campagne font, avec les jeunes pousses du Sassafras bouillies dans l'eau, à laquelle on ajoute ensuite une certaine proportion de mélasse et qu'on laisse ensuite entrer en fermentation, une espèce de bière, considérée comme une boisson très-salutaire pendant l'été.

Tels sont les résultats des observations que j'ai faites sur le Sassafras, arbre fort intéressant sous le rapport de ses usages en médecine: ce motif me paroît suffisant pour qu'on essaie de le propager dans les forêts Européennes, et surtout dans les parties méridionales de la France et en Italie, où il viendra très-bien, car il réussit déjà dans le climat de Paris et de Londres.

PLANCHE Ire.

Rameau avec les feuilles et les graines de grandeur naturelle. Fig. 1, fleurs mâles. Fig. 2, fleurs femelles.

LAURUS *CAROLINIENSIS.*

Laurus *caroliniensis , foliis perennantïbus , ovatò-acu-
minatis , subtùs subglaucis , baccis cœruleis.*

C'est près de Norfolk, dans la Basse-Virginie,
qu'en allant du Nord au Sud, l'on commence à
observer cette espèce de Laurier. On la trouve ensuite,
sans interruption, dans toute la partie basse et maritime des Carolines, de la Géorgie, ainsi que dans
les Deux Florides et la Basse-Louisiane. Pour cet
arbre, comme pour plusieurs autres que j'ai déjà
décrits, les limites que j'ai assignées aux Pinières,
Pines barrens, en donnant la description du *Pinus
australis*, sont précisément celles dans l'étendue
desquelles il croît exclusivement.

Le *Laurus caroliniensis* est connu dans toute
cette partie des États-Unis, sous le seul nom de
Red bay, Laurier rouge, et il y est très-multiplié :
réuni avec le *Magnolia glauca*, le *Nyssa sylvatica*,
l'*Acer rubrum*, le *Quercus aquatica*, etc., il remplit
les marais longs et étroits, *Branchs swamps*, qui coupent les Pinières dans toutes sortes de directions.
On le voit encore aux approches des grands marais
qui bordent les rivières, ainsi qu'autour des mares,
Ponds busches, couvertes de *Laurus œstivalis*, qu'on
trouve aussi, de distance en distance, dans les mêmes
Pinières. Ainsi un sol frais, et même humide, paroît

LAURUS Caroliniensis.

Red Bay.

essentiel à la végétation de cet arbre, qu'on ne rencontre jamais dans les terreins qui sont trop secs et trop sablonneux. On remarque encore que, plus on avance vers le Sud, plus sa végétation est belle et vigoureuse, comme dans le Midi de la Géorgie et dans les deux Florides, où l'on voit très-fréquemment des pieds de cet arbre qui ont 60 à 70 pieds (17 à 20 mètres) d'élévation, sur 15 à 20 pouces (45 à 60 centimètres) de diamètre; dimensions auxquelles on le voit plus rarement parvenir dans les Carolines. Peut-être aussi, comme ces deux États sont plus anciennement habités et beaucoup plus peuplés, les plus gros pieds ont-ils été abattus pour en employer le bois à des usages auxquels il est reconnu très-convenable.

Le *Laurus caroliniensis* présente rarement une forme régulière, lorsqu'il parvient à une grande hauteur; son tronc est le plus souvent tortueux, et se partage en plusieurs grosses branches, à 8, 10 et 12 pieds (2, 3 et 4 mètres) de terre. En cela, il diffère du *Gordonia lasyanthus*, du *Liquidambar styraciflua,* des *Nyssas* et des Chênes, dont la tige est droite et d'une grosseur presque uniforme jusqu'à 20 et 30 pieds (7 à 10 mètres) de hauteur. L'écorce qui couvre le tronc des vieux *Laurus caroliniensis*, est épaisse et profondément crevassée ; celle des jeunes branches est, au contraire, lisse et d'une belle couleur verte. Les feuilles longues d'environ 6 pouces (18 centimètres), placées alternativement sur les branches, sont ovales, acuminées et blanchâtres ou glauques à leur partie inférieure. Ces feuilles sont toujours vertes, et lorsqu'on les froisse, elle répandent une odeur assez forte, qui ressemble beaucoup à celle du *Laurus nobilis*, et elles peuvent de même être employées dans l'apprêt des mets. Les fleurs de cet arbre disposées en petites grappes, naissent dans les aisselles des feuilles, et sont supportées sur des pédicules légèrement velus. Aux fleurs succèdent des graines ou fruits qui sont ovales et de couleur bleue. Ils ont la plus grande ressemblance avec ceux du *Laurus sassafras*. Ces graines lèvent très-aisément, ce qui fait que, dans le voisinage des vieux pieds, on trouve des centaines de jeunes plants de toutes grandeurs.

Le bois du *Laurus caroliniensis* est d'une belle couleur rose; il a de la force et le grain en est fin et serré; ce qui le rend susceptible de prendre un beau poli. Avant que l'Acajou fût devenu aussi à la mode pour les ouvrages d'ébénisterie, le bois de cet arbre étoit le plus employé dans les États Méridionaux, et le plus propre à remplir le même objet, et on en faisoit des meubles de la plus grande beauté. Si l'on ne s'en sert presque plus aujourd'hui, c'est qu'il est difficile de trouver des arbres d'un gros diamètre, avantage que présentent les blocs d'Acajou, qui sont importés à un frêt médiocre de Saint-Domingue, et qui reviennent à fort bon marché.

On a trouvé dans ces derniers temps que le bois du *Laurus caroliniensis*, pouvoit, comme celui du Cèdre rouge, être utilement employé dans la construction des navires, parce qu'il réunit la force à la durée ; c'est ce qui fait que dans le Midi de la Géorgie et dans la Floride Orientale, lorsqu'on en rencontre des individus qui ont de grandes dimensions, on les débite en poutres équarries, qui sont transportées à New-York et à Philadelphie, avec le Chêne vert et le Cèdre rouge.

D'après ce qui vient d'être dit, on voit que le *Laurus caroliniensis*, est un arbre agréable, dont le bois est beau et bon, mais qui, quoique commun, arrive rarement à d'assez fortes dimensions, pour offrir de grandes ressources dans les arts. C'est du moins ce que l'expérience a jusqu'à présent paru confirmer.

PLANCHE II.

Rameau avec des feuilles et des graines de grandeur et de couleur naturelles.

PLATANUS *OCCIDENTALIS.*

BUTTON WOOD.

Monœcie monandrie, Linn. Fam. des Amentacées, Juss.

Platanus *occidentalis , foliis lobatò-angulosis, ramulis albentibus.*

De tous les arbres qui croissent dans la zône tempérée de l'ancien et du nouveau Continent, il n'en est aucuns, parmi ceux qui perdent leurs feuilles, qui égalent les Platanes d'Orient et d'Occident, par le grand développement de leur végétation. De même que l'espèce qui croît en Asie, et qui a été si célébrée des anciens, à cause de son port majestueux et de sa grosseur extraordinaire, le Platane d'Occident est non moins remarquable par son amplitude et son aspect magnifique.

Dans les États atlantiques, cet arbre est le plus généralement désigné par le nom de *Button Wood*, Bois à boutons , et quelquefois en Virginie, par celui de *Water beech*, Hêtre d'eau. Sur les bords de l'Ohio, dans le Kentucky et le Tennessée, le nom de *Sycomore* est plus en usage ; quelques personnes le connoissent aussi sous celui de *Plane tree*, Platane. Les Français du Canada et de la Haute-Louisiane, l'appellent Cotonier , *Cotton tree.* De ces diverses dénominations, la première m'a semblé la plus répandue, et il m'a paru qu'elle n'étoit pas

PLATANUS Occidentalis.

Button Wood.

H. J. Redouté pinx.

Gabriel sc.

étrangère aux personnes qui employent les autres. C'est ce seul motif qui m'a décidé à lui donner la préférence, bien que le nom de *Plane tree*, Platane, soit plus convenable.

Le Platane d'Occident, d'après mes observations, ne paroît pas croître dans les États-Unis, vers le Nord-Est, au-delà de Portland, situé par le 43°. 3o″ de latitude; mais plus à l'Ouest, sous le 73°. de longitude, on le trouve deux degrés plus avant vers le Nord, comme à l'extrémité Septentrionale du lac Champlain et Montréal. Je n'ai pas observé personnèllement cet arbre dans cette direction, plus loin que sur la Rivière Onion, dans l'État de Vermont; et je ne l'ai point vu dans le District de Maine, non plus qu'à la Nouvelle-Ecosse. Les arbres de cette espèce qui existent dans la Ville d'Halifax, y ont été plantés pour orner le devant de quelques maisons; et quoiqu'ils aient près de 4o pieds (13 mètres) de hauteur, leur croissance n'annonce pas cette vigueur qu'elle a sous une latitude plus méridionale, où les froids sont plus modérés en hiver. A partir de Boston et des rives du lac Champlain, en se dirigeant vers l'Ouest et le Sud-Ouest, on ne cesse plus de rencontrer cet arbre jusqu'au-delà du Mississipi, soit dans les États atlantiques, soit dans ceux de l'Ouest; ce qui comprend une très-vaste étendue de pays.

Le Platane, par sa nature, appartient exclusivement aux lieux humides ou constamment frais, dont le sol est meuble, profond et des plus fertiles; sa force végétative est aussi relative à ce concours de circonstances; d'une autre part, on ne voit pas cet arbre croître en plein bois, parmi les Chênes blancs, les Chênes rouges, les Noyers, etc., dans les terreins secs et à surface inégale. Il est aussi comparativement plus rare dans toutes les régions montagneuses des Alléghanys, que dans le pays plat. On remarque cependant que le Platane, quoique fort multiplié dans tous les marais de cette partie de la Virginie, que traverse la route qui conduit de Baltimore à Pétersburgh, n'y est pas d'une belle venue, car le plus souvent il n'excède pas 8 à 10 pouces (24 à 36 centimètres) de diamètre; plus au Sud, dans la partie basse des Carolines et de la Géorgie, cet arbre est peu multiplié, même sur les bords des rivières; et dans ces États, on ne le voit pas dans les *Branchs swamps*, marais longs et étroits, dont j'ai déjà parlé, et qui traversent dans toutes sortes de directions les Pinières, lesquels, comme je l'ai dit, sont remplis principalement de *Magnolia glauca*, de *Laurus caroliniensis*, de *Gordonia lasyanthus*, d'Érables rouges, etc. Si l'on ne trouve pas le Platane dans ces petits marais, la cause en est peut-être que la couche de terre végétale, de couleur noire et toujours bourbeuse, y a trop peu d'épaisseur et de substance, et que les chaleurs sont très-fortes et très-prolongées dans cette partie des États du Sud. Mais, nulle part dans l'Amérique Septentrionale, on ne trouve le Platane plus abondamment et d'une végétation plus vigoureuse et plus brillante, que

dans le voisinage des grandes rivières de la Pensylvanie et de la Virginie. Cette force de végétation est
peut-être plus remarquable encore, dans les vallons
incomparablement plus fertiles, au milieu desquels
circulent celles de l'Ouest, et notamment sur les
rives de l'Ohio, et sur celles des autres rivières qui
viennent s'y rendre, telles que la Grande-Muskin-
gum, la Grande-Kenhaway, la Grande-Scioto, la
Kentucky, Wabasch, etc. Les vallons que ces rivières
arrosent, sont couverts de forêts ténébreuses, dont
les arbres sont d'une grosseur et d'une élévation
remarquables. Le sol de ces vallons est d'une couleur brune, très-profond, très-meuble et onctueux
au toucher. Il paroît être le produit des couches
limoneuses, que les rivières en se débordant, y dépo-
sent chaque année, depuis des siècles. Les feuilles,
qui, tous les ans, à l'automne, forment un lit épais
sur la surface du sol, et les arbres morts et tombant
de vétusté, qui se réduisent en terreau, donnent
encore à ce terrein, déjà si fertile, un nouveau degré
de fécondité, dont on n'a pas d'idée en Europe, et
qui se manifeste par des prodiges de végétation.

Les bords immédiats de ces grandes rivières de
l'Ouest, sont le plus ordinairement occupés d'abord
par les Saules, ensuite par les Érables blancs, *Acer
eriocarpum*, et en troisième rang, par les Platanes.
Cette disposition n'est pas cependant, comme on
peut le penser, tellement régulière, que ce ne soient
quelquefois les Érables qui occupent les rives; et
le plus souvent encore, ceux-ci sont entremêlés avec

les Platanes : mais parmi les diverses essences qui
couvrent ces vallons, ces trois espèces d'arbres sont
celles, qui, par leur position, redoutent le moins le
séjour long-temps prolongé des eaux, et dont le tronc,
à sa base, est exposé tous les ans, à être submergé au
printemps, à la crue des rivières. Dans ces sortes de
situations, le Platane se montre toujours le plus
gros et le plus élevé des arbres des États-Unis;
souvent on en trouve dont le tronc de plusieurs
pieds de diamètre, et dégarni de branches à plus de
60 à 70 pieds (20 à 30 mètres), ne commence à se
partager en plusieurs branches, que vers le sommet
des autres arbres : fréquemment de la même souche,
partent obliquement deux ou trois jets également
vigoureux, qui surpassent aussi en diamètre tous les
arbres d'alentour. Mon Père trouva, dans une petite
île de l'Ohio, 15 milles (25 kilomètres) au-dessus
de la rivière Muskingum, un Platane dont la circonférence, à 5 pieds (16 décimètres) de terre, où la
tige est plus uniforme, étoit de 40 pieds 4 pouces
(plus de 13 mètres); ce qui fait environ 13 pieds
(43 décimètres) de diamètre. Vingt ans auparavant, le Général Washington, avoit mesuré ce
même arbre, et lui avoit trouvé à-peu-près les
mêmes dimensions. Dans un voyage que je fis en
1802, dans les États de l'Ouest, je trouvai sur la
rive droite de l'Ohio, 36 milles (60 kilomètres),
avant d'arriver à Marietta, un Platane dont le tronc
à sa base, étoit renflé d'une manière extraordinaire.
Je le mesurai avec mon compagnon de voyage, à

4 pieds (129 centim.), au-dessus de la surface du sol, et nous lui trouvâmes 47 pieds (près de 16 mèt.) de circonférence. Cet arbre qui paroissoit végéter avec force, se ramifioit à environ 20 pieds (7 mèt.) de hauteur. On cite un autre Platane aussi gros, dans le Genessée. Ces Platanes si remarquables par leurs dimensions, rappellent le fameux Platane de Lycie, dont Pline nous a conservé l'histoire, et dont le tronc creusé par le temps, offrit une retraite au Consul romain Licinius Mutianus, qui y passa une nuit avec dix-huit personnes de sa suite; l'intérieur de cette grotte avoit environ 75 pieds (environ 25 mètres) de circonférence, et sa cime ressembloit à une petite forêt.

On voit par ce qui a été dit précédemment que ces deux espèces de Platanes, les seules de ce genre connues jusqu'à ce jour, ont le plus grand rapport entr'elles par la grosseur extraordinaire de leur tronc, ainsi que par leur port majestueux. On trouve généralement en Europe, que le feuillage de l'espèce Américaine est plus beau et donne un ombrage plus épais. Ses feuilles d'un beau vert, et disposées alternativement sur les branches, ont de 5 à 10 pouces (15 à 30 centim.) de largeur, et sont moins profondément découpées que celles du Platane d'Orient, dont les lobes forment des angles moins ouverts. Au printemps, ces feuilles sont tapissées inférieurement d'un duvet assez épais, qui disparoît aux approches de l'été. Lorsque cet arbre est très-abondant dans certains cantons, quelques habitans en redoutent le voisinage. Ils croyent que ce duvet très-fin et qui voltige dans l'air , produit une irritation des poumons, qui peut disposer à la pulmonie ; opinion que je considère comme un peu populaire; car le moindre zéphir suffit pour emporter au loin et disséminer dans le vague des airs, ce duvet si fin et si léger.

Les sexes sont séparés dans le Platane; les fleurs mâles et les fleurs femelles ne sont pas placées sur des branches différentes, mais attachées sur le même pédicule. Ces fleurs ont la forme de petites boules, qui, dans les fleurs femelles grossissent, et acquièrent 1 pouce (3 centimètres) de diamètre, et sont soutenues par des pédicules de 2 à 3 pouces (6 à 9 cent.) A l'automne et dans le cours de l'hiver, ces boules tombent, se divisent naturellement, et les graines dont elles étoient formées, sont emportées au loin dans les airs, au moyen d'une aigrette plumeuse , dont elles sont surmontées.

Le tronc et les branches du Platane sont couverts d'une écorce unie, d'un vert pâle, dont l'épiderme se détache tous les ans, par partie ; ce qui est un indice suffisant pour le faire reconnoître au premier abord, lorsqu'il a perdu ses feuilles en hiver. Ses racines, sorties fraîchement de terre, sont d'une belle couleur rouge ; teinte , qui, néanmoins disparoît entièrement si , après avoir été fendues, elles sont exposées à la lumière, dans un endroit sec. On remarque encore que dans les racines, les couches concentriques et les éruptions transversales sont beaucoup plus apparentes qu'elles ne le seroient dans un morceau tiré du corps de l'arbre. Dans les défrichemens, c'est quelquefois avec peine qu'on parvient à faire périr entièrement le Platane; les souches donnent long-temps de nouveaux rejetons: mais une fois mort, il pourrit promptement.

Le bois de Platane en se desséchant, devient d'un rouge terne; le grain en est fin, serré, et il est susceptible de prendre un beau poli, plus que celui de Hêtre, avec lequel il a quelque ressemblance. Ses couches concentriques sont coupées par des éruptions transversales, qui se portent de la circonférence au centre; elles sont très-nombreuses et très-minces. Lorsque le bois est fendu parallèlement à leur direction, les éruptions paroissent plus larges; elles sont, au contraire, moins apparentes lorsque la coupe se fait parallèlement aux couches concentriques. Il sembleroit donc que cette division devroit se faire dans une direction intermédiaire, afin que les mouchetures ne fussent ni trop petites, ni trop grandes, et qu'elles fussent également éloignées les unes des autres, afin de donner aux meubles une apparence agréable. A Philadelphie, les Ébénistes ne font que rarement usage du bois de Platane pour meubles; il a, suivant eux, le désavantage de trop se tourmenter; le Cerisier de Virginie et le Noyer noir, n'ont pas ce défaut; et comme ils sont plus durs, leur poli est plus durable et ne se ternit pas aussi promptement, ce qui fait que le Platane n'est presque employé que pour des montans de bois de lit, auxquels on conserve la couleur naturelle du bois, et qu'on se contente de vernir.

Le Platane pourrit promptement lorsqu'il est exposé aux injures du temps, en sorte qu'il ne doit pas être employé au-dehors; mais quand il est bien sec, on peut s'en servir utilement dans la bâtisse intérieure des maisons, soit pour solives, soit débité en planches pour revêtir la charpente en-dedans ; mais il n'entre point dans la construction des navires. Les Français des Illinois et du port Vincennes, situé sur la rivière Wabash, en font quelquefois des pirogues. Il y a quelques années qu'on en construisit une sur cette rivière, d'un seul tronc de Platane qui avoit 65 pieds (près de 22 mètres) de longueur, et qui portoit 9 milliers (4,500 kilogrammes).

Il est difficile d'assigner une différence entre le bois du Platane d'Occident et celui du Platane d'Orient, quant à la couleur et à l'organisation. Si donc, on ne trouve pas dans le premier, les bonnes qualités que les anciens reconnoissoient au second, la cause en est peut-être que, dans la grande variété d'arbres que produit le sol des États-Unis, ceux qui sont propres aux constructions civiles et maritimes, sont très-abondans; et de plus, que l'Acajou, si supérieur pour la confection des meubles, s'obtient avec la plus grande facilité des Indes Occidentales.

Depuis bien des années, le Platane d'Asie et celui de l'Amérique, ont été introduits en Europe. Ces arbres d'une végétation rapide, et si remarquables par la noblesse de leur port, sont les plus propres à orner les parcs d'une grande étendue, les jardins publics ,et l'approche des grandes villes. Dans les États-Unis,

où l'atmosphère est plus chargée d'humidité qu'en
Europe, ils rempliroient bien cet usage, pourvu
que le sol ne fût pas trop sec. Leur superbe feuillage qui donne beaucoup d'ombrage, n'a point non
plus l'inconvénient, comme celui de l'Orme et du
Cerisier, d'être attaqué par les chenilles qui, dans
l'Amérique Septentrionale, encore plus qu'en Europe,
dévorent les feuilles de ces deux espèces d'arbres.

PLANCHE III.

*Feuilles d'un tiers de grandeur naturelle. Fig. 1, fleurs mâles
et fleurs femelles. Fig. 2, fruit de grosseur naturelle. Fig. 3,
graine.*

LIQUIDAMBAR *STYRACIFLUA.*

SWEET GUM.

Monœcie polyandrie, Linn. Fam. des Amentacées, Juss.

Liquidambar *styraciflua, foliis palmatis ; lobis acuminatis, dentatis ; axillis nervorum villosis.*

De tous les arbres de l'Amérique Septentrionale, on n'en connoît jusqu'à présent aucun qui croisse dans une étendue de pays aussi considérable que le *Liquidambar styraciflua.* En suivant les Côtes de l'Océan, on commence à l'observer au Nord-Est, entre Portsmouth et Boston, latitude 43°. 30″; on continue ensuite à le trouver, vers le Sud-Ouest, jusque dans l'ancien Mexique; et à l'Ouest, à-portée des bords de la mer en Virginie, jusqu'au-delà de la rivière des Illinois; ce qui, d'une part, renferme plus des deux tiers de l'ancien territoire des États-Unis, et de l'autre, les deux Florides, la Basse et la Haute-Louisiane, ainsi qu'une grande partie de la Nouvelle-Espagne.

Dans les États-Unis, cet arbre est universellement désigné par le nom de *Sweet gum*, Gommier doux. Les Français de la Louisiane lui donnent celui de *Copalm.*

Le *Liquidambar styraciflua* est assez multiplié dans les États du Centre, de l'Ouest et du Sud, pour

LIQUIDAMBAR Styraciflua.

Sweet Gum.

être mis au nombre des arbres les plus communs qu'on y trouve: ainsi on est certain de le rencontrer par-tout où le terrein est de bonne qualité, constamment frais et même exposé à être momentanément submergé ; ce qui fait qu'on le voit presque toujours réuni à l'Érable, au *Nyssa aquatica*, au *Quercus discolor*, au *Juglans squamosa* et au *Juglans amara*. Dans les États du Sud, il vient dans les mêmes situations; et dans les grands marais qui avoisinent les rivières, on remarque qu'il parvient à un plus grand développement, lequel est dû, sans doute, à la température du climat qui est très-douce en hiver et à l'intensité de la chaleur qui est beaucoup plus forte en été. Le plus gros *Liquidambar* que j'aie observé, s'est trouvé dans un grand marais, éloigné d'environ 3 à 4 milles (5 à 7 kilomètres) d'Augusta, en Géorgie. A 5 pieds (2 mètres) de terre, où j'ai mesuré cet arbre, il avoit 15 pieds 7 pouces (5 mètres) de circonférence ; mais il se ramifioit à la hauteur de 15 ou 18 pieds (5 ou 6 mètres). Sa cime vaste en proportion, couvroit une surface de terrein considérable. Le marais dans lequel avoit crû cet arbre, offroit un terrein de bonne qualité et toujours plus ou moins humide: il étoit particulièrement garni de *Quercus prinus palustris*, de *Quercus phellos*, d'*Ulmus alata*, de *Nyssa sylvatica*, d'Érables rouges, de Frênes rouges et de Frênes à feuilles de Sureau.

De ce que l'arbre que je viens de citer, se divisoit

à une petite hauteur, on ne doit pas en conclure que cela soit généralement ainsi. Car toutes les fois que le Liquidambar est serré parmi les autres arbres, il offre, comme le Chêne, l'Orme, le Tulipier, etc., une tige parfaitement droite et d'une grosseur uniforme, jusqu'à une grande élevation ; et il ne commence à se partager en plusieurs branches , qu'à la hauteur de 3o et 4o pieds (10 à 13 mètres). Alors il a communément de 1 à 2 pieds (6 à 9 décimètres) de diamètre : mais, comme cet arbre est fort multiplié, et qu'on le voit fréquemment dans des terreins qui paroissent peu favorables à sa végétation, terreins graveleux et assez secs, alors il n'excède pas 15, 20 et 3o pieds (5, 7 et 10 mètres) d'élévation, et ses branches secondaires sont couvertes d'un épiderme desséché et lamelleux, qui est attaché verticalement et non à plat, comme cela a lieu ordinairement dans les autres arbres.

Le Liquidambar est orné d'un beau feuillage qui devient d'un rouge terne, à l'automne, à l'époque des premières gelées; il tombe bientôt après, et au printemps, il se renouvelle sur des pousses lisses et d'un vert jaunâtre. Les feuilles considérées isolément, varient pour la grandeur, de 3 à 6 pouces (9 à 18 centimètres), suivant la vigueur des arbres qui les produisent, ou même selon leur situation. Elles sont plus grandes et découpées moins profondément sur les branches inférieures, que sur celles du sommet. Ces feuilles sont alternes, pétiolées, et ont quelque ressemblance, par leur configuration, avec celles de l'Erable à sucre ou de l'Erable *platanoïdes*, étant divisées comme elles en cinq lobes principaux; mais elles en diffèrent principalement en ce que, dans celles de l'arbre que je décris, les lobes sont plus profonds, plus réguliers et bordés de petites dents dans leur contour. On remarque encore à leur partie postérieure, que les principales nervures sont à leur naissance, entourées d'un petit flocon de duvet de couleur rousse. Dans les temps chauds, il exsude des feuilles des arbres qui croissent dans les terreins les moins humides, une substance visqueuse qui les rend collantes au toucher; si on vient à froisser ces feuilles, elles donnent une odeur aromatique assez sensible.

Les fleurs mâles et les fleurs femelles sont sur le même arbre, mais sur des branches différentes; les premières sont des chatons de forme ovale, alongés d'un pouce et demi (4 centimèt.); les fleurs femelles sont très-peu apparentes; les fruits qui leur succèdent, sont globuleux et hérissés de pointes. A l'époque de la maturité des graines, ils ont environ 1 pouce (3 centimètres) de diamètre, et sont suspendus par un pédicule flexible de 1 à 2 pouces (3 à 6 centimètres). Ces boules sphériques, d'abord vertes, finissent par devenir un peu jaunâtres; elles se composent d'un grand nombre de capsules intimément unies les unes aux autres. Au commencement de l'automne, elles s'ouvrent pour laisser échapper de petites graines noirâtres et oblongues, déprimées et surmontées d'une aile. Chaque capsule contient une ou deux de ces graines, lesquelles se trouvent réunies à un grand nombre de petits corps infertiles, qui ressemblent à de la sciure de bois de Chêne.

Les gros Liquidambars ont leur tronc revêtu d'une écorce profondément crevassée et assez semblable à celle de plusieurs espèces de Chênes. On trouve dans le même terrain des Liquidambars d'une égale grosseur, dont les uns ont beaucoup d'aubier et seulement 5 à 6 pouces (15 à 18 centimètres) de cœur, et dont les autres, au contraire, ont beaucoup de vrai bois ou de cœur, et une couche d'aubier fort peu épaisse. Le cœur est rougeâtre, et lorsqu'il est débité en planches, on observe qu'il est traversé de loin en loin de quelques zônes noirâtres. Ce bois a le grain très-serré et d'une très-grande finesse, ce qui fait qu'il se polit très-bien. Quoiqu'il soit moins fort que le Chêne, il l'est néanmoins suffisamment pour être employé à des usages qui exigent beaucoup de solidité et un assez grand degré de résistance. Ainsi, lorsqu'il est bien sec et entièrement dépouillé de son aubier, on l'employe actuellement à Philadelphie, dans la construction intérieure des maisons; on s'en sert surtout pour en faire les solives des étages supérieurs : mis en œuvre avec ces précautions, il dure plus long-temps qu'aucune espèce de Chêne rouge. Comme on peut tirer de cet arbre des planches d'une très-grande largeur, qui, quelquefois, ont de 2 à 3 pieds (1 mètre) de diamètre, on en trouve chez les marchands de bois, qui sont débitées sur une petite épaisseur, et qui servent aux Ébénistes à doubler l'intérieur des meubles d'Acajou; usage auquel elles conviennent très - bien, à cause de la finesse du grain du bois, de sa couleur rougeâtre, et parce qu'elles sont légères.

On faisoit autrefois dans les campagnes, une partie des meubles en *Liquidambar*, qui, quoique assez agréables quand ils sont bien entretenus, le cèdent néanmoins en beauté à ceux fabriqués en Noyer noir et en Cerisier de Virginie, dont le bois plus dur, conserve mieux le poli et se raye moins facilement. A Philadelphie, on se sert préférablement du bois de *Liquidambar* pour de petits cadres de tableaux de forme ronde ou ovale, qu'on teint ensuite en noir; on en fait aussi quelquefois des rampes d'escalier et des montans de bois de lit, mais moins fréquemment qu'en Cerisier de Virginie, et en Érable rouge ondulé. A New-York, les bières pour enterrer les morts sont généralement en planches de cet arbre. Enfin le bois du *Liquidambar*, quoique inférieur en qualité à celui du Noyer noir, peut-être employé utilement pour toute espèce de travaux intérieurs: il a néanmoins le défaut de pourrir promptement lorsqu'il n'est pas à l'abri des injures de l'air. Il est peu estimé comme bois de chauffage; et lorsqu'on en amène au marché pour cet usage, on le mélange avec d'autres qui ne valent pas mieux que lui, et qui composent la dernière qualité.

Lorsqu'en été, on entame la partie vive de l'écorce du *Liquidambar styracyflua*, et même un peu l'aubier, il en suinte une substance résineuse dont l'odeur est très-agréable, mais dont la quantité est toujours petite; car, d'après les essais que j'ai faits en Caroline, sur des arbres d'un pied (32 centim.) de diamètre, je n'en ai pas recueilli une demi once, dans l'espace de quinze jours.

Tout ce que j'ai dit sur les propriétés et l'emploi dans les arts du bois du *Liquidambar styracyflua*, tend à prouver que, sous ce point de vue, il est inférieur en qualité à celui qui est tiré de plusieurs autres espèces d'arbres. Je pense même que, lorsque, dans la suite des temps, les Forestiers américains s'occuperont de la composition des forêts artificielles, ils donneront la préférence à d'autres espèces plus utiles, et qu'ils ne réserveront de celles-ci qu'une quantité très-petite, et seulement les individus, dont la végétation sera la plus vigoureuse.

Depuis bien des années, on possède en Europe des *Liquidambar styracyflua*, en pleine terre : mais quoiqu'ils aient atteint une élévation supérieure à celle à laquelle ils fructifient dans le sol des Etats-Unis, ils ne rapportent pas encore de graines; c'est ce qui fait que cet arbre n'est pas très-commun. Il seroit cependant à désirer de le voir plus multiplié dans les parcs et jardins d'une grande étendue; car la teinte agréable de son feuillage, et la forme singulière de ses feuilles, fixeront toujours avec intérêt l'attention des Amateurs de cultures étrangères.

PLANCHE IV.

Rameau avec des feuilles et un fruit à maturité de grandeur et de couleur naturelles. Fig. 1 , graines. Fig. 2 , petits corps infertiles qui se trouvent au nombre de cinq ou six, avec une ou deux graines dans la même cellule.

LYRIODENDRUM *TULIPIFERA*.

THE POPLAR OR TULIP TREE.

Polyandrie polyginie , Linn. Fam. des Magnoliers ; Juss.

Lyriodendrum *tulipifera , foliis trilobis , lobo medio truncato.*

Cet arbre un des plus remarquables de l'Amérique Septentrionale, par sa haute élévation, son beau feuillage et ses belles fleurs, offre également un grand degré d'intérêt par les usages infiniment variés auxquels son bois est approprié, et qui, sous ce seul rapport, le rendent fort utile à la société. Dans la plus grande partie des Etats-Unis, et partout où il est le plus abondant, cet arbre est désigné par le nom de *Poplar*, Peuplier ; et secondairement dans les Etats de New-York et de New-Jersey, par ceux de *White wood* et de *Canœ wood*, Bois blanc et Bois à canot; plus rarement encore, on lui donne celui de *Tulip tree*, Tulipier. Cette dénomination qui est adoptée en Europe depuis que cet arbre y est connu, seroit assurément préférable; car, d'une part, elle est fondée sur une certaine ressemblance de sa fleur avec celle de la Tulipe; de l'autre, on ne trouve en lui aucun caractère, même apparent, qui puisse le rapprocher des vrais Peupliers, lesquels lui sont très-inférieurs à tous égards. Mais l'usage a tellement consacré le nom de *Poplar*, Peuplier, dans les

LYRIODENDRUM Tulipifera.

Poplar
or Tulip Tree.

Etats-Unis que je n'ai pas cru devoir le changer : je me suis contenté d'y réunir celui de *Tulip tree*, Tulipier, dans l'espérance, très-douteuse, à la vérité, que cette dernière dénomination finira à la suite du temps, par prévaloir. Les Français de la Louisiane et du Canada, le connoissent sous le nom de Bois jaune, *Yellow-wood*.

L'extrémité inférieure et septentrionale du lac Champlain, qui correspond au 45 degré de latitude Nord, d'une part, et la rivière Connectitut qui coule parallèlement au 72°. de longitude, de l'autre, peuvent, je pense, être considérés comme très-rapprochés des limites que la nature a assignées au Tulipier dans cette direction. Car ce n'est véritablement qu'à partir de la rivière Hudson, qui coule environ 2 degrés plus à l'Ouest, et au-dessous du 43e degré de latitude, qu'on commence à observer fréquemment cet arbre dans les forêts, et où il acquiert une très-grande élévation. Sa végétation n'y est plus restreinte par les froids excessifs qui se font ressentir en hiver dans la partie supérieure du Connectitut, ainsi que dans l'État de Vermont, dont le sol montagneux est d'ailleurs peu favorable à sa propagation. C'est donc dans les Etats du Centre, dans les Hautes-Carolines et la Haute-Géorgie, mais surtout dans les Etats de l'Ouest et notamment dans le Kentucky, que le Tulipier est le plus multiplié. Il est comparativement beaucoup plus rare dans la partie basse et maritime des deux Carolines et de la Géorgie, ainsi que dans les deux Florides et la Basse-Louisiane; moins à cause de la grande chaleur qu'on y éprouve en été, que parce que le terrein lui est peu convenable, soit en raison de son aridité, comme dans les Pinières, soit à cause de sa trop grande humidité, comme dans les marais vaseux qui bordent les rivières. Quoique j'aie dit que le Tulipier étoit très-commun dans les Etats du Centre et de l'Ouest, il l'est cependant toujours moins que les Chênes, les Noyers, les Frênes et les Erables, parce qu'il ne se plaît bien que dans les terreins meubles, profonds, fertiles et constamment frais qui forment les bas-fonds, dont les grandes rivières sont accompagnées, ou encore dans ceux à pente douce qui les avoisinent, et qui ordinairement entourent les grands marais, enclavés dans les bois: c'est dans ces différentes situations, que cet arbre est toujours plus abondant, et qu'il parvient à son plus grand degré d'accroissement.

Dans les Etats atlantiques, surtout à quelque distance de la mer, on trouve fréquemment des Tulipiers qui s'élèvent à 70, 80 et 100 pieds (23, 27 et 33 mètres) de hauteur, sur un diamètre de 18 pouces à 3 pieds (50 à 100 centimètres). Mais les Etats de l'Ouest paroissent être la véritable patrie de cet arbre magnifique, si on peut considérer comme tel, le pays où il atteint son plus grand degré de force végétative. Le plus souvent le Tulipier se trouve mêlé parmi d'autres espèces d'arbres, tels que les Noyers Hickery, le Noyer noir, le Noyer cathartique, le *Gymnocladus canadensis*, le Cerisier de Virginie: cependant il forme quelquefois aussi, à lui seul, des parties de bois assez étendues, comme mon Père en trouva au Kentucky, sur la route qui conduit de Beard Stone à Louisville. Dans aucun de ses voyages dans les États-Unis, il ne vit des Tulipiers d'une plus grande élévation et d'une grosseur aussi considérable : sans s'éloigner de la route, il en observa un grand nombre, qui avoient 14, 15 et souvent 16 pieds (45, 49 et 52 décimètres) de circonférence ; trois milles et demi (6 kilomètres), avant d'arriver à Louisville, il en mesura un qui, à 5 pieds (16 décimètres) de terre, avoit 22 pieds 6 pouces (73 décimètres) de circonférence, et qu'il estima s'élever de 120 à 140 pieds (40 à 43 mètres); estimation dont j'ai eu depuis occasion de vérifier l'exactitude. De tous les arbres de l'Amérique Septentrionale qui perdent leurs feuilles en hiver, le Tulipier est, après le Platane, celui qui parvient à la plus grande hauteur et au plus fort diamètre. Mais sa tige parfaitement droite, son diamètre toujours égal jusqu'à plus de 40 pieds (13 mètres) de haut, ses branches plus régulièrement espacées et revêtues d'un superbe et riche feuillage, lui donnent une grande supériorité sur le Platane, et l'ont fait considérer avec raison, comme l'un des plus magnifiques végétaux de la zône tempérée.

Le développement des feuilles du Tulipier ne ressemble point à celui des feuilles des autres arbres : dans le plus grand nombre de ceux-ci, les bourgeons sont composés d'écailles étroitement appliquées les unes sur les autres, qui, au printemps, cédent à la distention du petit faisceau de feuilles qu'ils renferment, et tombent ensuite ; ou bien ces bourgeons sont à nu, comme dans le Noyer noir et le Noyer cathartique, et les feuilles commencent à végéter par la seule action de la séve : dans le Tulipier, au contraire, le bourgeon terminal de chaque pousse enfle considérablement avant de produire les feuilles ; il forme une espèce de sac, de forme ovale, qui contient la feuille naissante et qui ne s'ouvre pour la laisser sortir, qu'au moment où elle paroît avoir acquis assez de force pour supporter les influences de l'air ; le même sac ou enveloppe, en contient un autre, qui, dès que la première feuille est sortie, grossit, s'ouvre et donne de même naissance à une deuxième feuille. Dans les arbres jeunes et très-vigoureux, cinq ou six feuilles sortent successivement de la même manière, d'un sac particulier ; et toutes les enveloppes sont contenues l'une dans l'autre. Chaque feuille conserve, jusqu'à ce qu'elle ait acquis la moitié de sa grandeur totale, les deux lobes dont la réunion formoit cette espèce de sac, et auxquels on donne alors le nom de stipules.

Lorsqu'au printemps, la température est chaude et humide, les feuilles du Tulipier ont bientôt acquis tout leur développement ; elles ont de 6 à 8 pouces (18 à 24 centimètr.) de largeur. Ces feuilles disposées alternativement et portées sur de longs pétioles, sont un peu charnues, lisses et d'une teinte verte, agréable à l'œil : elles sont partagées en trois lobes ; celui du milieu est, à son sommet, échancré

horizontalement, et les deux inférieurs arrondis à
leur base. Cette singulière conformation est particulière à cet arbre, et suffit en été pour le faire reconnoître au premier aspect parmi tous les autres. Les
fleurs du Tulipier sont fort grandes, évasées et nuancées de diverses couleurs, où le jaune domine : elles
ont beaucoup d'éclat et sont très-nombreuses sur
les arbres isolés. Ces fleurs, dont l'odeur est douce,
et qui sont accompagnées d'un riche feuillage, produisent un très-bel effet. Au printemps, les femmes
et les enfans des campagnes qui avoisinent New-
York, les coupent et vont les vendre au marché de
cette ville. Les fruits sont formés d'un grand nombre
d'écailles minces, étroites, alongées, attachées à un
axe commun, et disposées en cône, dont le sommet
est très-acuminé, et dont la longueur varie de 2 à 3
pouces (6 à 9 centimètres). Lorsque ces cônes sont
bien fournis, chacun d'eux est composé d'environ
60 à 70 graines, dont il n'y a jamais qu'un tiers qui
ait la faculté reproductive, et dans certaines années,
il ne s'en trouve même que 7 ou ou 8 : on observe
encore que, dans le cours des dix premières années
où le Tulipier commence à fructifier, la presque totalité des graines est infertile, et que, dans les gros
arbres, celles qui se trouvent sur les branches les plus
élevées, sont les meilleures.

L'écorce qui couvre le tronc du Tulipier, est lisse
et unie, tant qu'il n'excède pas 7 à 8 pouces (21 à 24
centimètres) de diamètre : ensuite elle commence
à se crevasser, et ces crevasses sont d'autant plus

profondes , et son écorce est d'autant plus épaisse
que les arbres sont plus gros et plus vieux.

Le vrai bois ou le cœur du Tulipier, est jaune,
approchant de la couleur citron , et entouré, comme
dans tous les autres arbres, d'un aubier blanc. Cette
couleur jaune du cœur est plus ou moins foncée ;
alors elle a une teinte verdâtre, souvent même elle
est nuancée de violet. Quoique cet arbre appartienne
à la classe des bois légers, il l'est cependant beaucoup moins que celui d'aucune espèce de Peupliers;
le grain en est aussi fin, mais plus serré ; et quoique
plus dur, il se travaille facilement et se polit bien.
On lui a reconnu assez de force et de rigidité pour
être employé à des usages, qui requièrent beaucoup
de solidité ; lorsqu'il est dépouillé de son aubier,
et qu'il est bien sec, il résiste long-temps aux injures
de l'air, et il est, dit-on, rarement attaqué par les
vers. Son principal défaut, lorsqu'il est débité en
planches, et que ces planches sont employées de
toute leur largeur au dehors, est d'être sujet à se
tourmenter par les alternatives de la sécheresse et
de l'humidité ; mais à beaucoup d'autres égards , ce
défaut est en grande partie compensé. La nature du
terrein paroît influer assez sur la couleur jaune
plus ou moins foncée, et sur la qualité du bois du
Tulipier, pour que ceux qui le mettent en œuvre en
aient fait la remarque ; ce qui fait qu'ils le distinguent en Tulipier à bois jaune et en Tulipier à bois
blanc ; mais les signes extérieurs qui distinguent ces
deux variétés , sont très-équivoques ; c'est pourquoi,

en général, on est obligé d'entamer l'arbre, pour s'assurer à laquelle il appartient. Cependant on sait généralement que les Tulipiers à bois blanc croissent dans les endroits secs, élevés et graveleux; on les reconnoît encore à ce qu'ils sont très-rameux, et que le cœur légèrement jaunâtre, est toujours en petite proportion avec l'aubier. Le grain en est plus grossier, plus dur, et lorsqu'il est employé, il pourrit fort promptement; ce qui fait qu'on le rejette toutes les fois qu'on peut se procurer du bois de la première variété, dite à bois jaune. On trouve dans celle-ci toutes les qualités qui la rendent propre à une infinité d'usages; ces usages sont tellement variés, que je me contenterai d'indiquer les plus habituels. A New-York, à Philadelphie et dans les campagnes environnantes, on estime et on employe souvent le Tulipier dans la construction des maisons, pour en faire les solives et les chevrons des étages supérieurs, et cela à cause de sa force et de sa légèreté: mais dans les États du Centre, dans les Hautes-Carolines et surtout dans tous ceux de l'Ouest, son usage est encore plus général dans la bâtisse des maisons; il y remplace le mieux, à ce qu'il paroît, le Pin et surtout le Cèdre et les Cyprès. Ainsi, partout où le Tulipier est abondant, on s'en sert pour revêtir intérieurement la charpente des maisons; quelquefois même on l'applique au-dehors, comme je l'ai observé dans plusieurs petites villes qui sont situées entre Laurel Hill et la rivière Monongahela, où l'on n'a pas la facilité de se pro-

curer des planches de Pin, qui, exposées aux alternatives de la sécheresse et de l'humidité, n'ont pas
comme celles du Tulipier, le défaut de se tourmenter. Les panneaux des portes et des boiseries, les moulures qui décorent les manteaux de cheminées, sont
aussi faits de ce bois. Dans les Etats de l'Ohio, du
Kentucky, sur la rivière Miami, dans la Haute-
Caroline du Nord, les essentes ou bardeaux de cœur
de Tulipier, débitées sur 18 pouces (54 centimètres) de longueur, sont les plus estimées et les plus
durables dont on puisse se servir pour couvrir les
maisons; car, outre la propriété qu'elles ont de
résister long-temps aux inclémences du temps, elles
ne sont pas sujettes à se fendre par les fortes gelées
ni par l'ardeur du soleil.

Dans toutes les grandes villes de États-Unis, le
Tulipier débité en planches très-minces, qui ont
souvent 2 à 3 pieds (64 à 97 centimèt.) de large,
est le seul bois dont les Carrossiers se servent pour
les panneaux de carrosses et de cabriolets. Ce bois
bien sec, reçoit un beau poli et prend bien la couleur. Les environs de Boston ne produisent pas cet
arbre, on le tire pour cet usage, soit de New-York
ou de Philadelphie; on en envoye dans la même
vue, à Charleston, dans la Caroline du Sud, où les
Tulipiers qu'on y trouve, sont rares et d'un petit
diamètre. Dans les chaises, dites de Windsor, qui
se fabriquent à New-York, à Philadelphie, à Baltimore et dans les autres villes des États du Centre,
la pièce qui forme le siége, est toujours en Tuli-

pier; pour cet usage seul on en consomme une bien
plus grande quantité qu'on ne sauroit le supposer,
de même que pour la confection des malles que
l'on couvre en peaux, et pour en faire des couchettes
que l'on teint en couleur d'Acajou. J'ai encore
remarqué que la pièce circulaire et les ailes des
talards sont de ce bois; et comme il se tourne très-
aisément, on en fait beaucoup de sébiles qui sont
très légères; on le préfère aussi pour la tête des
balais à longs crins. Les Fermiers le choisissent
pour en faire des auges, dans lesquelles on donne
à manger ou à boire aux bestiaux. Ces auges d'une
seule pièce, exposées en plein air, durent aussi
long-temps que celles qui sont de Châtaignier ou
de Noyer cathartique. J'ai vu aussi au Kentucky,
employer le bois de cet arbre pour les barres des
clôtures des champs; mais j'avoue que j'ai oublié
de m'informer de leur durée, comparée à celle des
barres faites avec les autres bois du pays. Dans la
construction des ponts en bois, on a reconnu que le
Tulipier à bois jaune, lorsqu'il est bien sec, pouvoit
être utilement employé, parce qu'il réunit la force
à la légèreté et qu'il résiste long-temps à la pourriture. Quelques personnes m'ont assuré qu'on pouvoit se servir utilement du cœur de Tulipier pour en
faire les jantes des grandes roues de moulins, qui
sont à chaque moment plongées dans l'eau, et les
planchettes qui les unissent.

Les Indiens qui habitoient les États du Milieu et
ceux qui se trouvent encore dans les États de l'Ouest,

préfèrent le Tulipier pour faire des pirogues. Ces bateaux, toujours d'un seul tronc d'arbre creusé, ont beaucoup de force et de légèreté; il en est qui portent jusqu'à vingt personnes. Enfin ce bois donne un excellent charbon dont les maréchaux se servent dans les Cantons où il n'existe point de charbon de terre. Dans les chantiers des villes de New-York, de Philadelphie et de Baltimore, on trouve toujours une grande quantité de bois de Tulipier, débité de manière à être employé aux usages les plus ordinaires que je viens d'énumérer. Ce bois y est à très-grand marché, et il se vend moitié moins que celui de Noyer noir, de Cerisier de Virginie et d'Erable rouge ondulé.

Le Tulipier est tellement abondant dans tous les pays traversés par la rivière Monongahela, entre les 4o et 39° degré de latitude, qu'on fait flotter sur cette rivière, de grands radeaux, composés uniquement de tronçons de Tulipiers; observation que j'ai faite à Red Stone, dit actuellement Browns-ville, où ces tronçons sont débités en planches pour la construction intérieure et extérieure des maisons des environs et même de Pittsburg : elles se vendent sur le pied de 10 dollars (5o francs) les mille pieds courant. J'ai observé que la grosseur moyenne du plus grand nombre de ces tronçons étoit de 12 à 15 pouces (36 à 45 centimètres) de diamètre : les plus gros avoient 20 à 24 pouces (54 à 66 centimètres), et les plus petits de 9 à 10 pouces (29 à 3o centimètres). Les deux extrémités de ces tronçons étoient d'un bleu foncé; à cette occasion j'ai observé que lorsqu'on abat un Tulipier, les copeaux qui viennent du cœur et qui sont abandonnés sur terre, subissent au bout de trois semaines ou un mois, une altération remarquable, surtout ceux de ces copeaux qui se trouvent à moitié enterrés sous les feuilles; la partie inférieure devient d'une couleur bleue foncée, et ils exhalent alors une odeur fétide et comme ammoniacale, très-sensible.

La partie vive ou cellulaire de l'écorce du Tulipier, celle de ses branches et notamment des racines, a une odeur agréable et une saveur très-amère. En Virginie, quelques habitans des campagnes, font infuser dans l'eau-de-vie, pendant huit jours, une égale quantité de l'écorce des racines de cet arbre et de celle de *Cornus florida*. Cette liqueur ou teinture, prise à la dose de deux verres à liqueur, par jour, guérit quelquefois les fièvres intermittentes. Cette écorce réduite en poudre, et donnée en substance aux chevaux, les débarrasse des vers; remède qui paroît assez certain.

On trouve dans l'*American Musœum*, du mois de Décembre 1792, des détails assez circonstanciés sur les propriétés précieuses qu'assigne à l'écorce de Tulipier, le D[r]. J. Yong, de Philadelphie. Je rappelerai ici ce qu'il a écrit à ce sujet, quoique ces propriétés aient été depuis contestées dans le pays même, par d'autres Médecins, et que l'usage de cette écorce ne soit pas général dans les campagnes, et qu'il n'ait pas encore été adopté dans les grandes villes où il y a plus de lumières. Suivant le D[r]. Yong, le temps

le plus convenable pour se procurer l'écorce du Tulipier, pour l'emploi médical, est le mois de janvier:
1º. cette écorce jouit, dit-il, d'une propriété aromatique, et elle est plus amère que le Quinquina,
quoique moins astringente; 2º. elle possède une
qualité appartenante aux aromatiques âcres, d'où il
conclut qu'elle est un fort antiseptique et un puissant
tonique : l'arome paroît résider dans une partie résineuse, qui stimule le canal intestinal et produit des
évacuations réitérées, semblables à celles qui sont le
résultat de l'emploi de légers cathartiques; 3º. dans
plusieurs occasions, l'estomac ne peut le supporter
pris en substance, qu'en réunissant à chaque dose,
quelques gouttes de laudanum; 4º. l'écorce de Tulipier, administrée dans plusieurs cas de fièvres intermittentes, égale l'efficacité du Quinquina, lorsqu'on
l'administre après avoir évacué les conduits biliaires
par un émétique; 5º. dans les fièvres rémittentes,
son usage est suivi d'autant de succès, que dans
les intermittentes; et dans un cas particulier, elle
a mieux réussi que le Quinquina ; 6º. dans les
maladies inflammatoires, où la diathèse phlogistique
n'est pas marquée, et qu'un manque d'action a
pris place dans le système artériel, cette écorce donne
du ton et de la vigueur à l'estomac; 7º. combinée
avec le laudanum, elle a souvent fait disparoître les
symptômes alarmans qui ont lieu dans la phthisie
pulmonaire, lorsqu'elle est accompagnée de sueurs
nocturnes et de diarrhées; 8º. un individu attaqué
de catharre, compliqué de dispepsie, et dont la mala-

die avoit résisté aux médicamens les plus appropriés, a été complètement guéri par l'usage de ce médicament; 9°. il n'existe pas, continue le D^r. Yong, dans toute la matière médicale, de remède plus certain et plus efficace contre les maladies histériques, que cette écorce combinée avec une petite quantité de laudanum; c'est aussi un médicament parfait dans le *Cholera infantium*, après qu'on a évacué les premières voies: enfin, c'est un excellent vermifuge. L'écorce de la racine de Tulipier peut se donner en extrait, soit étendue d'eau, soit en infusion ou en décoction; mais sa vertu est toujours plus marquée, lorsqu'on la fait prendre en substance. La dose pour un adulte est d'un scrupule à deux drachmes.

Quelques personnes fabriquent à Paris une liqueur spiritueuse de table, d'une odeur et d'un goût très-agréables, faite avec l'écorce de la racine fraîche de Tulipier, à laquelle on ajoute la quantité de sucre nécessaire pour la rendre plus douce.

Le Tulipier a été introduit en Europe, il y a plus de 5o ans, et il en existe actuellement en France, en Allemagne et en Angleterre, beaucoup d'individus qui s'élèvent au-dessus de 4o à 5o pieds (1o à 2o mètres), et qui, tous les ans, se couvrent de milliers de fleurs et donnent de bonnes graines. Cet arbre est tellement répandu, surtout depuis 15 ans, qu'il est peu de particuliers dont la résidence champêtre n'en renferme quelques pieds. La belle apparence de sa tige, la richesse et la singularité de son feuillage, la beauté de ses fleurs, le rendent très propre à en faire l'ornement. Il est à désirer que les excellentes qualités de son bois, qui se prête à une infinité d'usages, le fassent propager dans les forêts Européennes. Les plantations qu'on en feroit dans celles qui sont assises sur un sol frais et fertile, auroient, je ne puis en douter, le plus heureux succès. Lorsqu'il sera serré parmi les autres arbres, on verra en Europe, comme je l'ai observé dans l'Amérique Septentrionale, que le Tulipier est un de ceux qui atteint la plus grande élévation, sur le plus petit diamètre.

PLANCHE V.

Rameau avec une feuille et une fleur de grandeur et de couleur naturelles. Fig. 1, fruit touchant au terme de sa maturité. Fig. 2, graine.

BIGNONIA Catalpa.

Catalpa.

BIGNONIA *CATALPA.*

Didynamie angiospermie. Linn. Fam. des Bignones, Juss.

Bignonia *catalpa ; foliis simplicibus , ternis , cordatis :
paniculá laxissimá ; floribus diandris , intùs maculis
purpureis et luteis adpersis : capsulá gracili , longá,
tereti.*

Dans les Etats atlantiques, c'est sur les bords de
la rivière Savanah, près d'Augusta, en Géorgie ; et
à l'Ouest des Alléghanys, sur ceux de la Cumberland, entre les 35o. et 36″. de latitude, qu'on commence à trouver dans les forêts le *Catalpa* ; mais
au-delà de ces limites, vers le Sud, il est plus abondant, et toujours dans le voisinage des rivières qui
se jettent dans le Mississipi, ou qui traversent la
Floride Occidentale. On m'a assuré que cet arbre
étoit surtout multiplié le long de la rivière Escam-
bia ou Coenechu, à l'embouchure de laquélle est
située Pensacola. Ce qui est néanmoins assez remarquable, c'est que le *Catalpa* n'existe pas dans la
partie basse des deux Carolines, de la Géorgie, non
plus que dans la Floride Orientale, qui sont situées
si près des endroits où il croît naturellement dans
les bois, et où ceux qui y ont été plantés comme
arbres d'ornement, devant les maisons, poussent
avec une vigueur extraordinaire. Dans ces contrées
Méridionales, le *Catalpa* parvient à une assez grande

hauteur, laquelle excède fréquemment 5o pieds
(17 mètres), sur 18 à 24 pouces (5o à 66 centim.)
de diamètre : il est toujours facile à reconnoître à
son écorce peu fendillée et d'un gris blanc; à ses
feuilles fort grandes et à sa cime très-élargie, qui
embrasse plus d'espace que sa grosseur ne semble le
comporter; résultat de la disposition de ses branches qui sont très-divergentes et qui diffèrent encore
de celles des autres arbres, en ce qu'elles sont moins
rameuses. Les feuilles du *Catalpa* sont cordiformes,
pétiolées et très-grandes. Elles ont souvent 6 à 7
pouces (18 à 21 centim.) en largeur. Elles sont glabres à leur surface supérieure et velues à leur surface inférieure, ce qui est plus apparent sur les principales nervures. Elles sont tardives à se développer
au printemps, et sont aussi des premières à tomber
aux approches de l'automne. Les fleurs qui sont fort
belles, forment de grosses grappes à l'extrémité des
branches; leur couleur est blanche, tachetée de
violet et de jaune, et elles ont beaucoup d'éclat. Aux
fleurs succèdent des gousses cylindriques, pendantes, brunes à l'époque de leur maturité; elles ont
alors 3 à 4 lignes (7 à 9 millimètres) de diamètre,
sur 12 à 15 pouces (36 à 45 centimètres) de longueur. Ces gousses ou capsules renferment des graines
applaties, minces, enveloppées d'une aile, membra-
neuse, longue, étroite et terminée par une houppe
de poils. Chaque graine, y compris ses ailes, est
longue d'un pouce (3 centimètres), et large d'une
ligne et demie (4 millimètres).

Le *Catalpa* a une croissance rapide, ce qui est pleinement indiqué par le grand écartement des couches annuelles ou concentriques. Son bois, d'un gris blanc, est fort léger ; la texture en est fine, et il paroît comme lustré lorsqu'il a été poli. Ses qualités physiques le rapprochent beaucoup, à ce qu'il m'a paru, de celui du *Juglans cathartica*, qui en diffère seulement, parce qu'il est d'une teinte rougeâtre , et qu'il est moins durable , lorsqu'il est exposé aux injures du temps ; car on a éprouvé assez récemment dans les Etats-Unis , que le bois du *Catalpa*, bien sec, faisoit des pieux d'une longue durée : on s'en est convaincu à la suite de quelques essais, tentés par des personnes qui ont fait abattre des arbres plantés devant leurs maisons. Voilà les seuls renseignemens que je puis donner sur le bois de cet arbre ; car les pays où j'ai dit qu'on le trouvoit fort abondamment, sont encore peu habités ; et d'ailleurs je n'y ai pas voyagé.

Si, au printemps , on enlève un morceau du tissu cellulaire de l'écorce du *Catalpa*, on trouvera qu'elle exhale une odeur vireuse fort désagréable. Dans une thèse soutenue au collége de Médecine de Philadelphie, cette écorce est présentée comme tonique , stimulante et susceptible de prévenir la putréfaction plus long-temps que le Quinquina. Mais cette thèse m'a paru foible en moyens, en sorte qu'on ne peut pas avoir la même confiance dans les opinions de son auteur, que dans celles du jeune médecin qui prit le *Cornus florida* pour le sujet de sa dissertation, dans laquelle il a prouvé des connoissances réelles et variées. On m'a assuré que le miel recueilli par les abeilles sur les fleurs du *Catalpa*, étoit d'une qualité vénéneuse et dont les effets, sans avoir des suites fâcheuses, sont analogues à ceux que produit celui qu'elles amassent sur les fleurs du *Geselminum nitidum*, *Yellow jasmine*.

Dans les Carolines et la Géorgie, le *Catalpa* est le plus souvent désigné sous le nom de *Catawbaw tree*, et dans les États du Centre, comme en Europe, par celui de *Catalpa*. Cette dernière dénomination est peut-être une corruption de la première, qui est le nom d'une nation indienne qui occupoit autrefois la très-grande partie des deux Carolines et de la Géorgie, et de chez laquelle probablement on a d'abord apporté cet arbre. Les Français de la Haute-Louisiane, lui donnent le nom de *Bois shavanon*, de la nation des Shavanons ou Shawanes, qui existoit aussi autrefois dans l'Ouest-Tennessée, sur la rivière du même nom, et qui a été changé par les Anglais dans celui du *Cumberland*. Le *Catalpa* a été depuis fort long-temps introduit en Europe, et il y réussit très-bien ; il arrive cependant quelquefois que sous le climat de Paris, ses jeunes pousses sont attaquées par les gelées tardives. Sa végétation rapide, ses feuilles remarquables par leur grandeur, ses grappes de fleurs nombreuses et de la plus grande beauté, font avec raison considérer le *Catalpa* comme un des arbres les mieux faits pour embellir les parcs et jardins d'une grande étendue ; mais comme il est très-multiplié et déjà anciennement connu, il n'est plus, par ces seules raisons, autant apprécié qu'il l'étoit autrefois.

PLANCHE VI.

Feuille et rameau de fleurs de grandeur et de couleur naturelle. Fig. 1, gousse dont une portion est supposée avoir été retranchée dans son milieu, afin de faire voir ses deux extrémités. Fig. 2, graine.

ANDROMEDA *ARBOREA.*

THE SOREL TREE.

Décandrie monogynie, LINN. Fam. des Bruyères, JUSS.

ANDROMEDA *arborea , foliis oblongò-ovalibus , acumina-*
tis , denticulatis ; paniculis terminalibus ; corollis sub-
pubescentibus.

OBS. *Arbor altitudinem 5o—6o pedum assequens.*

CET *Andromeda* est la seule espèce connue de ce
genre, qui parvienne à une assez grande élévation ,
pour être considérée comme un arbre forestier. En
se dirigeant du Nord au Midi, on commence à l'observer dans cette portion de la chaîne des Monts
Alléghanys qui traverse la Virginie , et on continue
ensuite à le trouver jusqu'en Géorgie, où ces montagnes se terminent. On voit encore cet arbre dans les
limites que je viens d'indiquer, sur les bords escarpés
des rivières qui prennent naissance dans ces montagnes; on remarque néanmoins qu'il devient plus rare
et qu'il est moins élevé, à mesure qu'on s'en éloigne,
soit à l'Est ou à l'Ouest, et il n'existe déjà plus dans
la partie basse et maritime des deux Carolines et
de la Géorgie; je ne me ressouviens pas non plus
de l'avoir vu dans l'Ouest-Tennessée. Partout où il
croît, il est désigné sous le nom de *Sorel tree,* arbre
à l'oseille.

Je n'ai vu nulle part l'*Andromeda arborea ,*
avoir de plus fortes dimensions que dans les vallons

ANDROMEDA Arborea
Sorel Tree.

très-fertiles qui se trouvent au bas des hautes montagnes de la Caroline du Nord, et notamment dans ceux dont les eaux concourent à former la branche septentrionale de la rivière Cataubaw, à environ 3o milles de Morganton et 3oo milles de Charleston. Dans ces vallons, j'ai mesuré quelques-uns de ces *Andromeda* qui avoient 12 et 15 pouces (36 et 45 centimètres) de diamètre, sur 5o pieds (17 mètres) de hauteur, dimensions véritablement extraordinaires pour un *Andromeda*, genre très-nombreux dans les États atlantiques, dont les trois quarts des espèces, au nombre de 8 à 10, excèdent rarement plus de 4, 5 et 6 pieds (1 à 2 mètres) de hauteur, et dont les plus fortes tiges sont communément de la grosseur du pouce. On observe cependant que dans les terreins secs et graveleux, la hauteur de l'*Andromeda arborea* est toujours beaucoup moindre, et qu'il ne se présente que sous la forme de cépée ou de buisson, ainsi que j'en ai fait la remarque, surtout aux environs de Knoxville, où je l'ai trouvé plus communément que partout ailleurs.

Les feuilles de l'*Andromeda arborea* sont velues au printemps, mais elles sont lisses ou glabres, lorsqu'elles ont acquis tout leur développement; elles sont alternes, de forme ovale-acuminée et finement dentées dans leur contour; leur longueur est de 4 à 5 pouces (12 à 15 centimètres).

Les fleurs de cet arbre sont petites, de couleur blanche, et disposées en épis, dont la longueur est de 5 à 6 pouces (15 à 18 centimètres). Réunis plusieurs ensemble, ils produisent un très-joli effet et rendent cet arbre très-propre à l'ornement des jardins. Les graines contenues dans de petites capsules, sont d'une finesse extrême.

Le tronc de l'*Andromeda arborea* est couvert d'une écorce épaisse et profondément crevassée. Le bois est d'un rose pâle et d'une texture assez tendre ; on ne l'employe à aucun usage que ce soit : on a remarqué qu'il brûloit très-difficilement.

C'est de l'acidité très-marquée des feuilles de cet arbre, que lui est venu le nom très-approprié du *Sorel tree*, arbre à l'oseille. Les habitans des pays où il croît, à défaut de sumac, les employent avec du sulphate de fer, pour teindre la laine en noir. Ces feuilles desséchées deviennent noires.

L'*Andromeda arborea* supporte un froid plus considérable que celui qui se fait sentir dans les pays où il croît naturellement ; car j'en ai vu un individu haut de 18 pieds (6 mètres), qui végétoit très-bien à New-York, où les froids sont en hiver beaucoup plus rigoureux qu'en France et en Angleterre ; ce qui doit engager les amateurs d'arbres étrangers à le multiplier pour le seul agrément de ses fleurs, qu'il donne dès qu'il a atteint 5 à 6 pieds (2 mètres) d'élévation.

PLANCHE VII.

Rameau avec des feuilles et des fleurs de grandeur naturelle. Fig. 1, capsules contenant les graines. Fig. 2, graines.

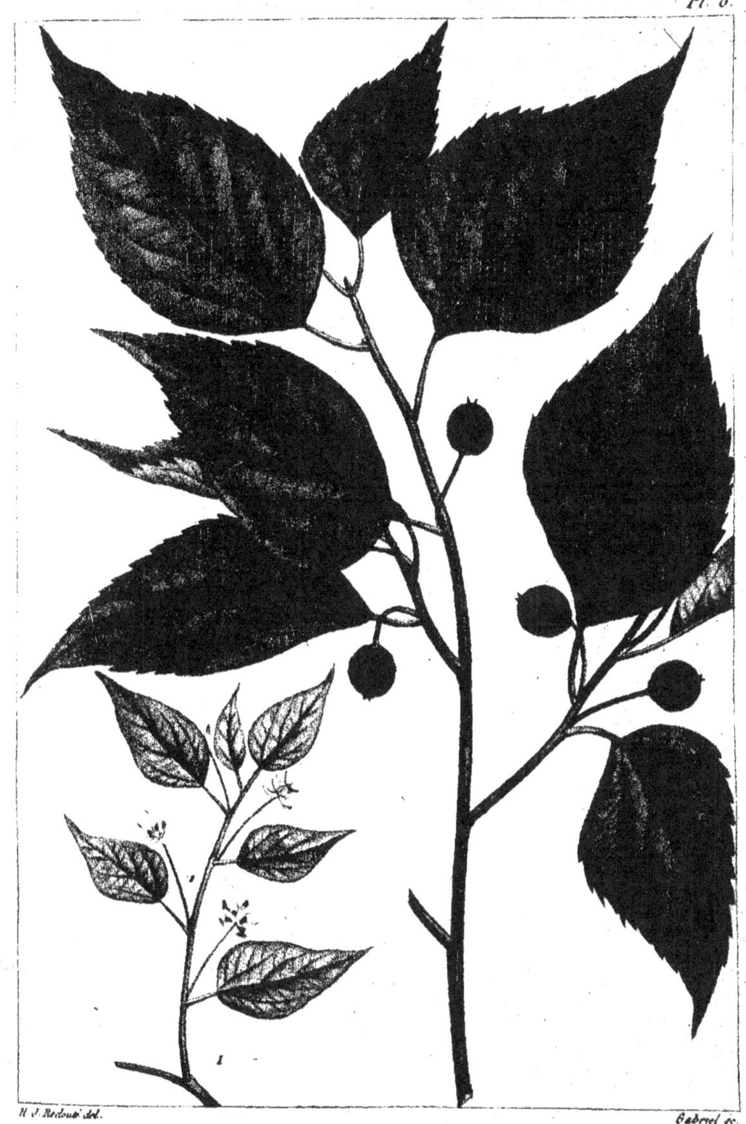

CELTIS Occidentalis.
American Nettle Tree.

CELTIS *OCCIDENTALIS.*

THE AMERICAN NETTLE TREE.

Polygamie dioecie , Linn. Fam. des Amentacées , Juss.

Celtis *occidentalis , foliis ovatis , acuminatis , serratis ,*
basi inæqualibus , suprà scabris , subtùs hirtis.

Le Micocoulier de Virginie est du nombre des
arbres de l'Amérique Septentrionale, qui, sans être
rares, sont cependant peu multipliés, quand on le
compare sous ce rapport aux différentes sortes de
Chênes, de Noyers et d'Érables. Comme il est dissé-
miné dans les forêts où il croît le plus souvent isolément , il a été moins facile de reconnoître le
commencement de son apparition vers le Nord;
cependant dans cette direction, je ne crois pas qu'il
se trouve au-delà de la rivière Connecticut. Dans les
États du Centre, du Midi et de l'Ouest, il est désigné
par le nom d'*American nettle tree* , Micocoulier
d'Amérique. Les Français des Illinois l'appellent
Bois inconnu.

Dans les États du Centre, du Midi et de l'Ouest,
cet arbre croît de préférence dans les situations fraîches, ombragées, où le terrain est profond et de
bonne qualité. C'est sur les bords de la rivière Savanah, à peu de distance d'Augusta, et dans la paroisse
de Goose Creek, à 20 milles (35 kilomètres) de
Charleston, S. C. que j'ai vu les plus grands Mico-

couliers : quelques-uns pouvoient avoir 60 à 70 pieds (20 à 23 mètres) d'élévation, sur 18 à 20 pouces (50 à 56 centimètres) de diamètre. Cette espèce a beaucoup de ressemblance avec le Micocoulier d'Europe, par son port et son feuillage. Comme dans celle-ci, ses branches sont nombreuses, longues et minces. Elles prennent de même naissance assez près de terre, et elles affectent une direction horizontale, et souvent inclinée. Les feuilles disposées alternativement sur les branches, longues d'environ 3 pouces (9 centimètres), et dentées dans leur contour, sont ovales-obliques, à leur base, et très-acuminées à leur sommet. Elles sont d'un vert sombre, et un peu rudes au toucher. Les fleurs de couleur blanche, paroissent de bonne-heure au printemps : elles sont fort petites et naissent une à une dans les aisselles des feuilles. Les fruits qui leur succèdent sont également petits, solitaires et ronds ; leur couleur est d'un rouge terne.

L'écorce qui couvre le tronc est unie, mais chargée d'un grand nombre d'aspérités ; celle des branches secondaires, au contraire, est lisse et unie. Dans aucune des parties des États atlantiques, où cette espèce de Micocoulier est le plus abondant ; je n'ai point trouvé qu'on fît usage de son bois ; et si quelquefois on l'employe, ce n'est jamais qu'accidentellement : ainsi je ne puis en rendre compte sous ce rapport. Mais, comme cette espèce a beaucoup d'analogie avec le Micocoulier d'Europe, je pense qu'elle doit, en grande partie, jouir des mêmes propriétés. Ainsi, en faveur des Américains, je rapporterai succinctement ici celles qu'on reconnoît a ce dernier dans le Midi de la France, où l'on fait le plus d'usage de son bois. Le Micocoulier d'Europe passe pour être robuste; il résiste aux hivers les plus rigoureux, et n'est pas difficile sur la nature du terrein; il supporte bien la transplantation et son accroissement est rapide. Son bois, quand il est bien sec, est dur, compacte, et de couleur brune. Il a beaucoup de ténacité et de souplesse, en sorte qu'on en fait de bons brancards et autres pièces de charronage; on en fait aussi d'excellens cercles, des manches de fouets et des baguettes de fusils. Il est très-propre pour les ouvrages de sculpture, attendu qu'il ne se gerce pas. Suivant les anciens, ce bois n'est pas sujet à la vermoulure, et il est d'une longue durée.

PLANCHE VIII.

Rameau avec les feuilles et les fruits de grandeur et de couleur naturelles. Fig. 1, petit rameau de fleurs.

CELTIS *CRASSIFOLIA.*

Celtis *crassifolia ; foliis subcordatis , serratis , acuminatis ; fructibus nigris.*

Les bords de la Delawares, au-dessus de Philadelphie, peuvent être considérés, au Nord-Est, comme les limites au-delà desquelles dans cette direction, on ne trouve plus cette espèce de Micocoulier. Elle est également étrangère aux États Méridionaux, ainsi qu'à la Basse-Virginie. Son existence est donc assez resserrée à l'Est des Monts Alléghanys, où je ne l'ai vu un peu abondant que sur les rives de la Susquehannah et de la Potomack, et notamment aux environs de Columbia, de Midletown et d'Harrisburg, petites villes de la Pensylvanie, situées sur les bords de la première de ces deux rivières.

Cet arbre est au contraire, très-multiplié dans tous les États de l'Ouest, où on le voit dans tous les bas fonds qui bordent les rivières de ces Contrées ; et au Kentucky et dans le Tennessée, partout où le sol est de bonne qualité : car sa présence est généralement considérée par les habitans, comme un signe certain de fertilité. Sur les bords de l'Ohio, entre Pittsburgh et Marietta, on donne à cet arbre le nom de *Hoop ash*, et dans le Kentucky, celui de *Hag* ou *Hack berry*, dénomination dont j'ignore

CELTIS Crassifolia.
Hack Berry

l'origine. Les Français des Illinois l'appellent *Bois inconnu.*

Cette espèce de Micocoulier est un des beaux arbres qui composent les ténébreuses forêts des bords de l'Ohio, dans l'intervalle que j'ai indiqué plus haut, et où je l'ai observé avec plus de soin. Il s'y trouve réuni avec le Platane, le Tilleul, le Noyer noir, le Noyer cathartique, l'Érable noir, l'Orme et le *Gleditsia triacanthos;* et il m'a paru qu'il les égaloit toujours en hauteur, mais non en diamètre; car sa grosseur ne répond pas à sa haute élévation, laquelle excède fréquemment 80 pieds (24 mètres) , sur 18 à 20 pouces (50 à 56 centim.) seulement en diamètre.

Cet arbre est toujours facile à reconnoître à son tronc parfaitement droit, dégarni de branches jusqu'à une grande hauteur, ainsi qu'à son écorce qui est grisâtre, unie et couverte d'aspérités inégalement distribuées sur sa surface. Ses feuilles plus grandes que celles d'aucune autre espèce de Micocouliers, ont jusqu'à 6 pouces (18 centimètres) de longueur, sur 3 à 4 pouces (9 à 12 centimètres) de largeur; elles sont ovales-acuminées, en cœur à leur base, et dentées dans leur pourtour. Leur texture est ferme, épaisse, et elles sont rudes au toucher. Les fleurs petites et blanches, sont souvent réunies deux deux à sur le même pédicule. Les fruits qui leur succèdent sont ronds, et à l'époque de la maturité, leur grosseur est celle d'un pois et leur couleur noire. Le bois de cet arbre, fraîchement débité, est d'une grande blancheur; le grain en est fin et serré, sans cependant être pesant. Coupé parallèlement ou même obliquement à ses couches concentriques, il présente de petites ondulations pareilles à celles qu'on voit dans l'Orme et l'Acacia, lorsqu'on les coupe dans le même sens. J'ai encore remarqué que, lorsqu'au printemps, l'on entame cet arbre d'environ 1 pouce (3 centim.), quelques instans après, l'aubier, de très-blanc qu'il étoit, acquéroit une teinte verdâtre, effet, dont il me paroît assez difficile d'assigner la cause.

Sur les bords de l'Ohio, et surtout au Kentucky, où l'on a été à même d'apprécier les qualités du bois de cet arbre, il est peu estimé, parce qu'il pourrit promptement lorsqu'il est exposé aux injures du temps: par la même raison, et peut-être aussi parce qu'il n'est pas doué d'une grande force, il n'est propre à aucun genre de charronage. On l'employe quelquefois débité en planches, comme dans le District de Maine, on s'en sert alors de même que de celles de l'*Abies Canadensis*, pour former la première enveloppe de la toiture des maisons, sur laquelle on place ensuite les essentes. On a cependant reconnu que le bois de cet arbre étoit fort élastique et fort susceptible de se diviser en lanières ou bandes très-minces, qui sont employées par les Tourneurs, pour faire le fond des chaises communes, et par les Indiens, pour fabriquer des paniers.

Sur les bords de l'Ohio, cet arbre est aussi fréquemment débité pour faire des barres destinées à la clôture des champs; elles se font d'autant plus

aisément que le corps de l'arbre est droit, sans nœuds
et qu'il se fend facilement et de droit fil. On dit aussi
qu'on en tire un bon charbon pour les Maréchaux.

Tels sont les résultats des observations que j'ai
faites et des renseignemens que j'ai obtenus dans les
États de l'Ouest sur ce Micocoulier. C'est certainement une des plus belles espèces de ce genre, et une
des plus remarquables par sa grande élévation et son
port magnifique. Planté dans un terrein d'une assez
bonne qualité, sa végétation y est singulièrement
vigoureuse, indiquée à chaque printemps par des
jets de 6, 8 et 10 pieds (3 mètres) lesquelles sont
garnis de deux rangs de feuilles épaisses et très-
grandes. C'est principalement à cause de cette croissance très-accélérée que cet arbre est recherché en
France, des personnes qui s'occupent d'enrichir leurs
propriétes rurales d'arbres utiles et agréables; enfin
il est à désirer qu'on finisse par reconnoître dans le
bois de celui-ci, certains avantages qui déterminent
à le propager dans les forêts Européennes.

PLANCHE IX.

*Rameau avec des feuilles et des graines de grandeur et de
couleur naturelles.*

MORUS *RUBRA*.

Monoecie tetrandrie, LINN. Famille des Orties, JUSS.

MORUS *rubra, foliis cordatis , ovatis , acuminatis trilo-
bisve , æqualiter serratis , scabris , subtùs pubescenti-
mollibus ; spicis fœmineis cylindricis.*

LES limites que j'ai assignées au Tulipier, savoir,
au Nord, l'extrémité inférieure et septentrionale du
lac Champlain, et à l'Est, les bords de la rivière
Connecticut, peuvent, je crois, être également considérées comme celles au-delà desquelles , dans cette
direction, on ne trouve plus le Mûrier rouge. Une
température modérée favorisant la végétation et la
multiplication de cet arbre , on le rencontre par
cette seule raison plus abondamment vers le Sud ;
cependant, dans les États atlantiques, il est proportionnellement moins commun que beaucoup d'autres
espèces d'arbres, qui, comme lui, ne constituent
pas la grande masse des forêts, composées , principalement dans les États du Milieu, de Chênes et de
Noyers de différentes sortes : le *Liquidambar styraciflua*, le Tulipier, le Sassafras, le Bouleau rouge
et les Erables sont aussi infiniment plus communs.

Le Mûrier rouge est encore beaucoup plus rare dans
la partie basse des États Méridionaux, que dans le
haut de ces mêmes États, lesquels offrent un tout
autre aspect, sous les rapports de la nature du sol

MORUS Rubra.

Red Mulberry.

et des productions végétales. Les Etats de l'Ohio, du Kentucky, du Tennessée, ainsi que les bords des rivières de la Wabash, des Illinois et du Missouri, sont, de toutes les parties des Etats-Unis, celles où cet arbre est le plus abondant; ce qui est dû à la nature du sol, généralement plus fertile.

Dans ces Contrées et même dans la Pensylvanie et dans les parties reculées de la Virginie, on trouve fréquemment des Mûriers rouges, qui excèdent 60 et 70 pieds (20 et 23 mètres) de haut, sur 18 à 24 pouces (50 à 66 centimèt.) de diamètre. Ses feuilles entières et quelquefois partagées en deux ou trois lobes arrondis, sont cordiformes, assez grandes et dentées dans leur contour; elles sont d'un vert sombre, d'une texture épaisse et leur surface est inégale et rude au toucher.

Le plus ordinairement dans le Mûrier rouge, les sexes sont partagés. Les fleurs mâles sont disposées en chatons cylindriques, pendans et longs d'environ 1 pouce (3 centimètres). Les arbres qui portent ces chatons sont les individus mâles, et ils ne donnent pas de fruit. Les fleurs femelles placées sur d'autres arbres, sont petites et peu apparentes; elles se convertissent en un fruit oblong, d'un rouge foncé, et dont la saveur aigrelette, un peu sucrée, est fort agréable à l'époque de leur maturité. Chacun de ces fruits se compose de la réunion de petites baies, groupées ensemble, et dont chacune contient une petite graine. Quelquefois aussi, on trouve sur le même arbre des fleurs mâles et des fleurs femelles.

Le tronc du Mûrier rouge est couvert d'une écorce grisâtre, plus fendillée que celle des Chênes et des Noyers hickerys. Le vrai bois, ou le cœur, est jaunâtre, approchant de la couleur citron. On remarque que les couches concentriques sont fort écartées les unes des autres, ce qui fait qu'elles sont toujours très-distinctes. Ce bois a néanmoins le grain fin, et il est assez compacte, quoique moins pesant que celui du Chêne blanc. L'expérience a appris qu'il a de la force, de la solidité, et qu'employé bien sec, il est presqu'aussi durable que celui de l'Acacia ; beaucoup de personnes croient même qu'il l'égale en bonté, et qu'il résiste aussi bien que lui aux injures du temps. Ces sont ces excellentes qualités qui font qu'à Philadelphie, à Baltimore et dans tous les ports de mer situés plus au Sud, on l'employe, autant qu'on peut s'en procurer, pour la construction des navires dont il concourt à former la charpente supérieure et inférieure ; il est également bon pour les genoux et les varangues ; et à défaut d'Acacia, c'est le meilleur bois pour faire des gournables. Dans la Caroline méridionale, sur la rivière Catawbaw, on l'employe de préférence à tout autre bois pour les courbes des grands bateaux qui servent à transporter les productions de la partie supérieure de cet Etat et celles de la Caroline septentrionale. On en fait aussi des pieux qui durent fort longtemps en terre avant de s'altérer, et sous ce rapport, il est presque aussi estimé que l'Acacia. Mais le Mûrier rouge est moins commun que l'Acacia, dont la croissance est plus rapide et qui vient dans des terreins de médiocre qualité. Aussi, dans les chantiers de constructions navales, le bois de Mûrier est-il toujours en moindre proportion que ceux de toutes les autres sortes qui y sont mis en œuvre.

Tels sont les principaux usages auxquels le bois du Mûrier rouge est ordinairement adapté , usages comme on voit fort importans , et qui doivent en recommander essentiellement la conservation à tous les propriétaires Américains sur le terrein desquels il s'en trouve naturellement.

Dans les chantiers de construction navales , et aussi dans les campagnes, les charpentiers prétendent que le bois qui provient des arbres qu'ils appellent *Mûriers mâles*, est très-bon et très-durable, et que celui qui est tiré de ceux qu'ils nomment *Mûriers femelles* est très-inférieur en qualité et doit être rejeté. Cette opinion, je pense, tient à quelque préjugé ; et je me permettrai de douter que cela soit ainsi jusqu'à ce que de nouveaux essais en aient constaté la réalité. Mais en Amérique, comme en Europe , les gens non instruits commettent , pour le Mûrier, la même erreur que pour le Chanvre ; ils appellent *Mûriers mâles*, les arbres qui donnent des fruits, et *Mûriers femelles* ceux qui n'en portent pas. D'où il suit qu'en admettant leur opinion sur les qualités respectives de l'un et de l'autre, et en rectifiant l'erreur populaire sur les sexes , ce seroit le Mûrier femelle qui donneroit le meilleur bois.

Le Mûrier noir d'Europe, qui a beaucoup d'a-
nalogie avec le Mûrier rouge des Etats-Unis, seroit
je ne puis en douter, une très-bonne acquisition
pour les Etats du Milieu, et surtout pour ceux de
l'Ouest où il viendroit en grande perfection. Son
fruit est trois et même quatre fois plus gros que celui du Mûrier rouge. Cependant, j'estime que celui
de cette dernière espèce pourroit s'améliorer promptement par une culture soignée, soit pour la grosseur, soit par la quantité; le perfectionnement est
déjà sensible dans les arbres qu'on a laissé subsister au milieu des champs cultivés.

Les feuilles du Mûrier rouge de l'Amérique Septentrionale, de même que celles du Mûrier noir
d'Europe, sont d'une texture épaisse, rudes au
toucher, et couvertes de poils dans leur jeunesse;
ce qui fait qu'elles ne conviennent ni l'une ni l'autre
à la nourriture des vers à soie, qui ne doivent être
alimentés qu'avec celles du Mûrier blanc, qui sont
lisses, minces et tendres. A 15 ou 20 milles (25 ou
35 kilom.) de Savanah, en Géorgie, on voit encore, dans les habitations abandonnées, des Mûriers blancs d'une grosseur considérable qui furent
plantés il y a près d'un siècle, à l'époque où l'on
tenta d'y introduire l'éducation des vers à soie,
mais l'expérience apprit bientôt qu'on s'étoit trompé
dans cette spéculation, car ce genre d'industrie ne
peut se soutenir avec avantage que dans les pays très-
populeux où le surcroît de population manquant de
terres à cultiver, doit nécessairement, afin de pour-

voir à sa subsistance, recourir à l'industrie manufac-
turière, et donner son travail à un très-bas prix. Or,
cet état de choses me paroît encore loin d'exister dans
les États-Unis, où les belles et immenses contrées de
la Haute-Louisiane, à peine habitées, offrent un
beau climat et des terres fertiles, à l'industrie agricole,
à l'excédant de population des États atlantiques et
même de ceux de l'Ouest. C'est dans ces derniers États
surtout que la température du climat et la nature du
sol seront les plus favorables à la culture du Mûrier
blanc, et que l'on récoltera la meilleure qualité de
soie.

On possède, depuis long-temps, en France et en
Angleterre, le Mûrier rouge; il y réussit très-bien, et
il est spécialement recherché à cause de son feuillage
épais, qui donne beaucoup d'ombrage. Les bonnes
qualités de son bois que j'ai fait connoître, doivent
être un puissant motif pour engager les forestiers européens à le propager dans les forêts commises à
leur surveillance.

PLANCHE X.

Rameau avec une feuille et un fruit de grandeur et de couleur naturelles. Fig. 1, petit rameau avec un chaton composée de fleurs mâles. Fig. 2, fleur mâle séparée du chaton.

PAVIA *LUTEA.*

THE LARGE BUCKEYE.

Heptandrie monogynie, LINN. Fam. des Erables, Juss.

PAVIA *lutea, foliis quinatis , æqualiter serratis ; corollis luteis, tetrapetalis, viscosis, clausis.*

C'EST dans la portion de la chaîne des Monts-Alléghanys qui traverse la Virginie, vers le 39°, qu'on commence à remarquer le Pavia jaune ; et on observe ensuite qu'il est plus abondant, à mesure que cette chaîne de montagnes s'avance vers le Sud-Ouest : ensorte qu'il m'a paru plus multiplié que partout ailleurs, dans la région montagneuse des deux Carolines et de la Géorgie. Cet arbre croît encore très-communément sur les bords des rivières qui prennent naissance à l'Ouest de ces montagnes, et qui traversent la partie occidentale de la Virginie, le Kentucky et le Tennessée, pour se jeter dans l'Ohio, tandis qu'il est plus rare sur les rives de celles qui ont leur source à l'Est, et qui se rendent directement à l'Océan, à travers les Carolines et la Géorgie : tellement que de ce côté des montagnes, on ne le voit plus au-delà de 30 à 40 milles (50 à 65 kilomètres) de distance. Le Pavia jaune peut donc être considéré comme presque entièrement étranger à tous les États atlantiques, excepté aux parties des États méridionaux qui sont très-rapprochées des montagnes, où on

PAVIA Lutea.

lui donne le nom de *Big buckeye*, par opposition au *Pavia rubra* qui ne s'élève qu'à 8 ou 10 pieds (2 à 3 mèt.), et qui est désigné sous celui de *Small Buckeye*.

Nulle part, je n'ai vu d'endroits qui paroissent plus propres à la croissance du Pavia jaune, que le penchant des plus hautes montagnes de la Caroline du Nord, et notamment de celles qui sont désignées par le nom de *Great father mountain*, d'*Iron mountain*, et de *Black mountain* dont le sol est généralement meuble, profond et très-fertile. La température constamment fraîche et l'air humide qui règne sur ces hautes montagnes, semblent aussi être nécessaires au plus grand développement de la végétation de cet arbre. Il y parvient à 60 et 70 pieds (20 et 23 mètres) de hauteur, sur 3 à 4 pieds (100 à 130 centimètres) en diamètre, et sa présence est considérée, par les habitans, comme un signe certain de la bonté du terrein.

Dans le *Pavia lutea*, les feuilles au nombre de cinq, sont réunies à l'extrémité d'un long pétiole commun. Les feuilles sont lancéolées, aiguës à leur sommet, légèrement sillonnées à leur surface, et finement dentées sur leur bord. Les fleurs, disposées en grappes aux extrémités des pousses de l'année, sont droites et d'un jaune clair, mais d'une teinte agréable. Les grappes, toujours très-nombreuses, produisent un bel effet et contrastent agréablement avec le beau feuillage de cet arbre. Le fruit est une capsule charnue, ovale et souvent gibbeuse, dont la surface est unie et non épineuse, comme dans le Marronnier *Æsculus hippocastanum*, et l'*Æsculus ohioensis*. Cette capsule contient deux semences ou marrons de grosseur différente, applatis d'un côté et convexes de l'autre ; ils sont plus gros et d'une couleur moins foncée que ceux du Marronnier ordinaire. Comme ceux-ci, ils ne sont pas mangeables.

Ayant passé une très-grande partie de l'été de 1808 avec MM. John et William Bartram, dans leur agréable résidence de Kingsess, située sur la Schuyll-kill, à 5 milles (8 kilomètres) de Philadelphie, où ont été plantés fort anciennement beaucoup d'arbres des diverses parties des Etats-Unis et d'Europe, j'ai remarqué que le Pavia jaune étoit un des premiers à perdre ses feuilles. Elles commencent à tomber vers le 15 août, époque où le Marronnier étoit encore de la plus belle verdure. Le développement de ses feuilles et sa floraison est aussi plus tardif. C'est certainement un grand désavantage pour un arbre qui n'a d'autre mérite que de servir à la décoration des jardins ; car son bois est très-tendre, n'a point de force, et pourrit promptement ; ce qui fait qu'il n'est employé à aucun usage.

Le *Pavia lutea* n'offre donc d'autre intérêt que sous le rapport de l'agrément qu'il peut offrir à cause de ses fleurs ; mais il est, à cet égard, tellement infé-rieur au Marronnier ordinaire, arbre si magnifique et si éclatant, à l'époque de sa floraison, qu'il ne peut lui être comparé, et qu'il ne lui sera jamais substituée pour l'embellissement des parcs et jardins d'une grande étendue.

PLANCHE XI.

Rameau avec les feuilles et les fleurs de grandeur naturelle. Fig. 1, fruit qui commence à s'ouvrir. Fig. 2, marron dépouillé de son enveloppe, de grosseur et de couleur naturelles.

ÆSCULUS *OHIOENSIS.*

THE AMERICAN HORSE CHESNUT.

OR OHIO BUCKEYE.

Æsculus *ohioensis, foliis quinatis, inœqualiter dentalis.*
Fructibus muricatis.

Cette espèce de Marronnier, dont aucun des auteurs qui ont traité avant moi des arbres et des plantes de l'Amérique septentrionale, n'a parlé, ne se trouve pas, d'après mes recherches personnelles, dans la partie atlantique des États-Unis. Je l'ai seulement vue au-delà des montagnes, et plus particulièrement sur les bords de l'Ohio, entre Pittsburgh et Marietta, où elle est ext émement commune, dans cet intervalle qui est d'environ 100 milles (120 kilomètres). Les habitans lui donnent le nom de *Buckeye*; mais cette dénomination étant la même que celle qui a été donnée au *Pavia lutea*, qui croît plus au Sud, dans la Virginie et les Hautes-Carolines, j'ai cru devoir, pour éviter toute confusion, y ajouter le nom d'*Ohio*, par la seule raison que cet arbre est peut-être, sur les rives de cette rivière, plus multiplié que partout ailleurs. J'ai pensé également qu'il étoit convenable de faire précéder le nom de *Ohio Buckeye*, par celui d'*American Horse chesnut*, car cet arbre est un véritable Marronnier par les carractères botaniques de son fruit qui est épineux comme celui d'Asie (actuellement naturalisé en Europe), et dont la surface n'est pas unie comme dans les espèces qui composent le genre *Pavia*.

La hauteur la plus ordinaire de ce Marronnier d'Amérique est de 10 à 20 pieds (3 à 7 mètres); mais quelquefois il s'élève à 30 et 35 pieds (10 et 12 mètres), sur un diamètre de 12 à 15 pouces (36 à 45 centimètres). Les feuilles, longues dans leur ensemble de 9 à 10 pouces (27 à 30 contimètres), et larges de 6 à 8, (18 à 24 centim.) sont palmées. Elles se composent de cinq folioles qui partent du même point et qui sont de grandeur inégale, de forme ovale-acuminée et irrégulièrement dentées dans leur pourtour.

Je n'étois pas dans la partie des États-Unis où cet arbre est indigène, à l'époque de la floraison, ensorte que je ne puis en parler que d'après ce que j'ai su des habitans, qui m'ont dit qu'il fleurissoit de très-bonne heure au printemps, que ses fleurs étoient de couleur blanche, réunies en grappes et très-nombreuses, ce qui alors produisoit un bel effet. Les fruits de moitié plus petits que ceux du Marronnier ordinaire ou du *Pavia lutea*, sont de la même couleur et contenus dans une enveloppe charnue et épineuse. Ils sont en maturité vers l'automne ; l'écorce qui couvre le tronc des plus gros arbres est noirâtre, et le tissu cellulaire ou la partie vive de cette écorce a une odeur vireuse et désagréable. Le bois est blanc et tendre, ensorte qu'il n'offre aucun degré d'utilité.

Le principal mérite de cette espèce de Maronnier
paroît donc devoir consister seulement dans la beauté de ses fleurs ; ce qui joint à la rapidité de sa
végétation et à l'avantage qu'il a de supporter les
grands froids, le fera rechercher en Europe et dans
les Etats-Unis, pour l'embellissement des jardins.

Obs. *Je n'ai pas fait figurer cette espèce, parce
que je ne l'ai pas vue en fleur, ni ses fruits à leur
complète maturité.*

ROBINIA Pseudo-acacia.

Locust.

ROBINIA *PSEUDO-ACACIA.*

LOCUST.

Diadelphie décandrie, Linn. Fam. des Légumineuses, Juss.

Robinia *pseudo-acacia, stipulis spinosis: foliis impari-pinnatis, racemis cernuis seu pendulis; calycis dentibus muticis.*

Obs. *Flores albi.*

De toutes les espèces d'arbres qui composent les forêts de l'Amérique Septentrionale, à l'Est du Mississipi, le *Robinia pseudo-acacia*, vulgairement connu sous le nom d'*Acacia* ou de *Robinier*, est une de celles qui a été des premières introduites en Europe. C'est à J. Robin, Botaniste français, qu'on est redevable de cet arbre, encore plus intéressant par les excellentes qualités de son bois, que par la beauté de son feuillage et de ses fleurs. Il le reçut du Canada et le cultiva en grand sous le règne de Henri IV, vers l'an 1601. Depuis cette époque, il s'est tellement propagé eu France, en Allemagne et en Angleterre, qu'il est peu de personnes qui ne le connoissent. Linnæus, pour conserver le souvenir de l'acquisition de cet arbre utile, et pour donner en même-temps un témoignage de reconnoissance à celui qui le premier, le propagea dans l'ancien Continent, assigna au genre auquel il appartient, le nom de *Robinia*.

Dans la partie atlantique des États-Unis, on ne commence à trouver naturellement l'Acacia que dans la Pensylvanie, entre Lancaster et Harrisburg, latitude 40° 20″; tandis que, à l'Ouest des montagnes, on le voit à 2 ou 3 degrés plus avant vers le Nord; ce qui tient à une observation déjà faite, que le sol est d'une qualité plus fertile et la température plus modérée, à mesure qu'on avance dans cette direction, c'est-à-dire, de l'Est à l'Ouest. Mais c'est vers le Sud-Ouest, que l'Acacia est le plus multiplié; ainsi, il abonde dans tous les vallons, formés par les divers chaînons des Monts Alléghanys, et notamment dans celui de *Limestone valley*. Il est encore plus commun au-delà des montagnes, dans tous les États de l'Ouest, ainsi que dans toute cette partie du territoire des États-Unis, comprise d'une part, entre l'Ohio et la rivière des Illinois, et de l'autre, entre les lacs et le Mississipi.

D'après les limites que je viens d'indiquer, et qu'on peut regarder comme généralement exactes, il s'en suit que cet arbre ne croît pas naturellement dans tous les États situés à l'est de la rivière Delaware; à savoir, le New-Jersey, l'État de New-York, le Connecticut, ceux de Massachusset, de New-Hampshire et de Vermont. Il ne se trouve pas non plus dans toute la partie maritime des États du Milieu et du Sud, depuis les bords de la mer, jusqu'à 50 et 100 milles dans l'intérieur des terres; tous ceux qu'on y voit, y ont été plantés à différentes époques.

Les dimensions auxquelles parvient l'Acacia, varient suivant la nature du sol et la température du climat. Ainsi, dans la Pensylvanie, entre Harrisburg et Carlisle, de même que le long de la rivière

Susquehannah, où il commence à se montrer, en allant du Nord au Sud, il est beaucoup moins élevé et moins gros, que plus avant dans la Virginie et surtout dans le Kentucky et l'Ouest-Tennessée, qui sont situés à 3 et 4 degrés plus au Sud, et où le terrein est beaucoup plus fertile. Cet arbre y acquiert 3 à 4 pieds (plus d'un mètre) de diamètre et une hauteur qui excède quelquefois 70 à 80 pieds (23 à 27 mètr.), tandis que ces dimensions sont de moitié moindres en-deçà des montagnes.

Le feuillage de l'Acacia est léger et agréable à la vue ; ses feuilles se composent chacune de deux rangées de folioles, opposées les unes aux autres et terminées par une impaire. Les folioles au nombre de 9, 11, 13, et quelquefois plus, sont de forme ovale, minces et d'une texture très-fine. Leur surface est très-unie, ce qui fait qu'elles retiennent peu la poussière, et elles ont aussi l'avantage d'être rarement attaquées par les insectes.

Les fleurs, disposées en grappes nombreuses et pendantes, sont très-blanches et répandent l'odeur la plus suave. Ces belles grappes, disséminées au milieu d'un feuillage d'un vert tendre et d'une grande fraîcheur, produisent un très-bel effet, et font, à juste titre, de l'Acacia un des arbres les plus recherchés en Europe, pour embellir les jardins d'agrément.

L'Acacia étoit dans sa pleine floraison à Harrisburgh, latitude 40°. 20", du 1er. au 4 juin 1808, époque où je passai par cet endroit. Il étoit aussi, à la même époque, en pleine fleur, cette année 1812, à Paris, latitude 48°. 50″. Aux fleurs succèdent des gousses étroites, aplaties et longues d'environ 3 pouces (9 centimètres); chacune d'elles contient cinq ou six petites graines, ordinairement de couleur brune, mais qui, quelquefois, sont toutes noires.

Lorsque l'Acacia est très-vieux, son tronc et ses grosses branches sont couverts d'une écorce (épiderme), très-épaisse et fendillée profondément: alors il a perdu les épines fortes et meurtrières dont il est armé, tant qu'il a moins de 2 à 3 pouces (6 à 9 centimètres) de diamètre. Son bois ordinairement de couleur jaune-verdâtre, veiné de brun, est dur, compacte et susceptible de se bien polir; il a aussi beaucoup de force, mais il est peu élastique. Ce qui le rend surtout infiniment appréciable dans les États-Unis, où la plus grande partie des maisons et les clôtures des champs cultivés en grains, est encore en bois, c'est que de tous les bois de ce pays, c'est celui qui résiste le plus long-temps à la pourriture.

Quoique l'Acacia soit assez multiplié dans la Haute Virginie, à l'Est des montagnes, de même que dans la partie supérieure des deux Carolines et de la Géorgie, cependant il existe dans les foréts, dans une proportion infiniment moindre que les diverses espèces de Chênes et de Noyers qui en composent la grande masse; nulle part, il ne couvre exclusivement de petites étendues de terrein, même de 1, 2 ou 3 arpens. C'est pourquoi, c'est la seule espèce d'arbre, avec le Noyer noir, qu'on laisse subsister dans lés nouveaux défrichemens, parce qu'on ne

peut jamais avoir assez de leur bois pour les usages
auxquels ils sont reconnus propres, et, alors, ils se
trouvent l'un et l'autre au milieu des champs cultivés.

La plus grande consommation qui se fait du bois
d'Acacia est pour les pieux, qui passent pour les
plus durables. On les fait servir de préférence
aux clôtures des cours, des jardins et même des
fermes, dans les pays où cet arbre est abondant
dans les forêts, et dans ceux qui n'en sont pas
très - éloignés. On en transporte à Lancaster, à
Paltimore, à Washington - City, à Alexandrie
et dans les environs, où on les employe au même
usage. Lorsque les arbres ont été abattus, en hiver,
époque à laquelle la séve est suspendue, et que les
pieux qui en ont été tirés, ne sont employés qu'a-
près qu'ils sont bien secs, on estime qu'ils durent
environ quarante ans. L'expérience a encore appris
que leur durée varie suivant les arbres d'où ils
sont extraits. Ainsi, dans les environs de Lancaster, et à Harrisburgh, petite ville située sur
la Susquehannah, où il se fait un commerce considérable des bois qui descendent par cette rivière,
on préfère d'abord ceux qui proviennent d'arbres
dont le cœur est rouge, ensuite ceux dont il est
jaune-verdâtre et enfin ceux chez lesquels il est
blanc ; et c'est cette différence dans la couleur
du bois, qui, très-probablement, est un effet de la
nature du terrein dans lequel les arbres ont végété,
qui lui a fait donner les noms de *Red*, *Green*, et
White locust, Acacia rouge, vert et blanc. Dans les

États de l'Ouest, il est aussi quelquefois désigné par celui de *Black locust*, Acacia noir.

A Harrisburgh, on vend une grande quantité de pieux d'Acacia, dont la longueur est de 7 à 8 pieds (2 à 3 mètres), et le prix de 90 centimes la pièce, lorsqu'ils sont bruts, et 1 franc 25 centimes, lorsqu'ils sont équarris et percés de mortaises. Tous ces pieux proviennent d'arbres qui ont moins d'un pied (32 cent.) de diamètre, et qui en fournissent deux sur cette épaisseur. J'ai remarqué que les tronçons d'Acacias qui avoient plus de 15 pouces (40 cent.) de diamètre, étoient sujets à être gâtés dans le cœur, mais je présume que ce défaut n'a pas lieu dans les arbres qui viennent plus avant vers le Sud. A Baltimore, on trouve chez les marchands de bois, des pieux d'Acacia et de Cèdre rouge, *Juniperus Virginiana*, dont les dimensions sont les mêmes, mais dont les prix sont bien différens : les premiers se vendent 2 francs 5o centimes, et les autres 1 franc 70 cent., ce dont j'ai été fort surpris; je présume, cependant, que cette supériorité de prix en faveur de l'Acacia est due à son grand degré de force et de résistance. Dans les États de l'Ouest, où cet arbre parvient à de plus grandes dimensions et où il est plus multiplié qu'à l'Est des montagnes, c'est aussi celui qui fournit les meilleurs pieux et dont on fait le plus d'usage.

Dans les constructions maritimes, on employe autant d'Acacia qu'on peut s'en procurer; son bois est aussi durable que le Chêne vert et le Cèdre rouge, mais il a l'avantage d'être moins pesant que le pre-

mier et plus fort que le second. Il fait donc partie
de la charpente supérieure et inférieure des navires,
conjointement avec le Chêne vert, le Chêne blanc
et le Cèdre rouge, mais seulement dans une proportion très-petite; car, dans l'intérieur de la Virginie,
du Maryland et de la Peusylvanie, d'où on le tire,
et où j'ai dit qu'il croissoit naturellement, les neuf
dixièmes des Acacias n'excèdent pas 1 pied (32 cent.)
de diamètre, et 36 à 40 pieds (12 à 13 mètres) de
hauteur; ce qui fait qu'on ne peut se procurer que
fort difficilement des courbes de longueur convenable. Ces arbres ne présentent, au contraire, aucune
perte pour en faire des pieux. Un autre usage du
bois d'Acacia, très-important dans la construction
des navires, c'est d'être le meilleur dont on puisse
se servir pour faire les gournables ou chevilles destinées à fixer les bordages sur la charpente; loin de
pourrir, elles acquièrent à la longue, une extrême
dureté. Ce sont les seules dont on se serve dans tous
les ports de mer des États du Milieu. Le prix moyen
à Philadelphie, où elles sont importées de la rivière
Susquehanah, est d'environ 50 francs le millier. Il
s'en exporte annuellement en Angleterre, de 50 à 100
milliers.

L'Acacia, n'est que fort rarement employé dans
la construction des maisons, même de celles en bois,
dans les pays où cet arbre croît naturellement dans
les forêts; et lorsqu'on en fait usage, c'est préférablement pour supporter les soles sur lesquelles repose
la charpente; comme ces soles sont ordinairement

faites en Chêne, elles pourriroient plus vîte que l'Acacia, si elles étoient immédiatement placées sur terre. Cette précieuse propriété de résister à la pourriture, qu'a le bois de cet arbre et dont celui d'aucune autre espèce n'approche, si ce n'est celui du Mûrier rouge, indique suffisamment les divers usages auxquels on pourroit l'appliquer dans les endroits où il est facile de se le procurer. Mais son emploi dans les États-Unis est véritablement limité à ceux que je viens d'indiquer, et c'est par erreur qu'on a avancé qu'on s'en servoit pour faire des tonneaux et des cercles, et pour former des haies.

Le bois de l'Acacia bien sec est d'une grande dureté, et le grain qui est serré et assez fin, le rend susceptible de se bien polir ; c'est ce qui fait qu'à Paris, depuis environ dix ans, il est en grande partie substitué au Buis pour beaucoup d'ouvrages légers qui se font au tour, tels que boëtes de différentes formes, salières, sucriers, chandeliers, etc. On en fait aussi des cuillers et des fourchettes à salade, et autres menus ouvrages qui sont travaillés avec soin, de formes agréables, et se vendent à bon marché.

La rapidité avec laquelle croît l'Acacia, n'a pas été long-temps sans être remarquée des habitans des États-Unis, car c'est un avantage inappréciable dans un arbre dont le bois réunit tant de bonnes qualités. C'est cette considération qui a déterminé plusieurs habitans à en planter, et cette heureuse idée s'est particulièrement réalisée dans la partie inférieure des États, situés au Nord-Est de la rivière Delawares, qui comprennent ceux qui, comme je l'ai dit, ne produisent pas cet arbre naturellement. Ainsi, entre New-York et Boston, dont l'intervalle est d'environ 3oo milles (1oo lieues), on rencontre de distances à autres, des fermes dont les propriétaires ont planté des Acacias près de leurs maisons, et même quelquefois dans le pourtour extérieur des barrières qui enclosent leurs champs; **mais** le nombre de ceux qui ont formé ces plantations est tout au plus le vingtième des cultivateurs. Sur l'Ile longue, où est située la ville de New-York, les bois ayant été, en grande partie, détruits dans la guerre de l'Indépendance, beaucoup de personnes ont cherché et ont même réussi à cultiver cet arbre d'une manière plus étendue; mais ces plantations sont fort circonscrites, et, à l'exception des arbres les plus gros, qu'on débite en gournables pour les vaisseaux qu'on construit à New-York, mais qui ne suffisent pas à tout ce qui en est nécessaire, les Acacias plantés sont consommés par les propriétaires des terreins sur lesquels ils se trouvent. Aussi, dans aucune partie des États-Unis, on n'a point encore formé des plantations régulières de cet arbre qui équivalent à 10, 20 ou 3o arpens, quoique plusieurs Sociétés d'agriculture aient offert des prix pour les encourager.

Malheureusement, depuis 15 à 20 ans, il est survenu une sorte d'obstacle, qui sera un grand empêchement aux tentatives qu'on pourra faire, dans la suite, pour propager l'Acacia dans toutes les parties des États-Unis, anciennement habitées; cet obstacle est dû à un insecte ailé qui, depuis cette époque,

attaque le tronc des Acacias vivans, à 3, 4 et 5 pieds
(1 à 2 mètres) de terre; il perce l'écorce, s'introduit
dans le centre et le ronge en tous sens, dans l'intervalle d'un pied (33 centimètres), de manière qu'à la
deuxième ou troisième année, les arbres ainsi affec-
tés, cèdent facilement aux efforts des vents et se brisent. Cet inconvénient est déjà tel que beaucoup de
personnes renoncent à planter des Acacias. En Virginie, les Acacias qui croissent naturellement dans
les forêts, n'ont pas encore été, que je sache, atta-
qués par cet insecte destructeur, quoique ceux, qui
ont été plantés dans les environs des habitations, en
aient été déjà atteints. C'est certainement un très-
grand malheur, auquel il me paroît bien difficile de
remédier, et dont les effets se feront encore plus vivement sentir, lorsque la destruction des forêts actuel-
les, suite de l'augmentation de la population, et du
défaut de mesures conservatrices, forcera, comme
en Europe, à planter en bois des étendues de terrein
plus ou moins considérables, dans lesquelles on vou-
dra faire entrer l'Acacia en certaine proportion. Il
doit donc résulter de ceci que les Acacias, venant
successivement à disparoître dans les forêts Américaines par la consommation journalière qui s'en fait,
et ne pouvant plus être reproduits dans les endroits
anciennement habités, à cause de cet insecte, ils
pourront devenir très-rares dans les pays d'où ils sont
originaires, pendant qu'en Europe, où on n'éprouve
pas cet accident, on les propagera avec la plus grande
facilité.

Quoique j'aie dit que j'avois vu dans l'Amérique

Septentrionale, des Acacias hauts de 70 à 80 pieds
(23 à 27 mètres), cependant ce luxe de végétation
ne s'observe que dans les Cantons les plus fertiles
des États du Kentucky et de l'Ouest - Tennessée
qui, lorsqu'ils sont défrichés, rapportent successivement et pendant plusieurs années, sans être fumés,
de trente à soixante minots de maïs, par acre; car, le
plus ordinairement, cet arbre ne s'élève pas au-dessus
de 40 à 45 pieds (13 à 15 mètres), dans les terreins
d'une qualité inférieure et qui ne produisent que
des Chênes et des Noyers Hickery : de manière que,
comparé à ces espèces, l'Acacia ne se présente que
comme un arbre de la deuxième grandeur, dont on
ne peut que bien rarement tirer des pièces de pareilles dimensions. C'est pourquoi, en Europe, partout
où paroîtront prospérer le Chêne, le Hêtre, le Châtaigner et l'Orme, on ne doit, dans aucun cas, y substituer l'Acacia.

Quoique ce soit dans cette partie de l'Europe,
située au-delà du 48ᵉ. degré de latitude Nord, qu'on
s'est le plus occupé des plantations d'Acacias, et qu'on
a publié le plus d'observations sur leur culture, je
pense, malgré tous les succès qu'on dit avoir obtenus, que cet arbre ne s'y trouve pas encore dans
son véritable climat. Car j'ai eu occasion d'observer,
comme plusieurs autres personnes, combien sa végétation est plus accélérée, à mesure qu'on avance vers
le Sud : c'est ce qui se remarque déjà à partir d'Orléans, latitude 47º.54º'.; et bien qu'il n'y ait entre
cette Ville et Paris, qu'environ 1 degré de différence,
les Acacias qu'on voit à Orléans et aux alentours, y

paroissent beaucoup plus forts; ce qui est évidemment
dû à un degré de chaleur plus considérable. Je ne
puis donc m'empêcher de regarder les Départemens
du Midi de l'Empire et le Royaume d'Italie , comme
les contrées de l'Europe où l'on tirera tout le parti
qu'on a le droit d'attendre de la rapide végétation
de l'Acacia. Les particuliers plus pressés de jouir que
les gouvernemens, qui le planteroient dans d'assez
bons terreins, pourront, après 20 et 25 ans, en obtenir
une masse de bois deux fois plus considérable que
celle que leur auroit donnée toute autre espèce d'arbre; et si, dans ce pays, la quantité en étoit assez
considérable, on pourroit, comme en Amérique , le
débiter en chevilles pour les constructions navales,
qui seroient vendues à haut prix dans les ports de mer.
Tirées d'arbres qui auroient crû dans des pays incultes
et découverts, elles seroient encore d'un meilleur usage que celles qui, en Amérique , proviennent d'arbres
qui font partie des forêts primitives, parce que, dans
cette partie du nouveau monde , l'atmosphère plus
humide, influe défavorablement sur la qualité des bois.

D'après les Auteurs qui ont, à diverses époques ,
écrit sur l'Acacia, on voit qu'il y a environ 100 ans ,
que cet arbre étoit fort recherché en Europe, à cause
de la beauté de son feuillage et de celle de ses fleurs,
dont le parfum est si doux. On a fini par lui trouver
des défauts, et pendant un demi siècle, on l'a négligé,
et il n'en a plus été question. Mais, depuis 10 à 15
ans, quelques agronomes lui ont donné une nouvelle
célébrité, en le présentant moins comme un arbre
d'ornement, quoiqu'on ne puisse lui contester ce

mérite, que comme un arbre utile, à cause des bonnes qualités de son bois.

On a publié en France et surtout en Allemagne, beaucoup d'observations en faveur de l'Acacia, et peu qui lui soient contraires. Cependant, parmi ceux qui s'occupent de planter des bois, on en trouve un plus grand nombre qui sont opposés à sa propagation. Il me semble donc que, d'une part, on a trop préconisé cet arbre, et que, de l'autre, on l'a trop déprécié, et que l'on a méconnu la supériorité qu'il a, à plusieurs égards, sur la plupart des arbres qui croissent dans la zône tempérée.

S'il m'étoit permis d'émettre ici mon opinion, je dirois que les avantages les plus remarquables de l'Acacia, consistent d'abord dans la rapidité de sa végétation, comparée à celle de nos arbres indigènes, à bois dur; en second lieu, dans les services qu'on peut retirer de son bois, à cause des excellentes qualités qu'il possède et qui le font employer en Amérique, à des usages importans. Aux avantages d'une croissance très-accélérée, de la force et de la durée de son bois, il en réunit un autre très-marquant, que n'ont pas, en général, les arbres qui viennent très-vite, et que les Auteurs, qui ont le plus écrit en faveur de l'Acacia, n'ont pas assez fait ressortir, c'est la propriété qu'il a de commencer, dès la troisième année, à convertir son aubier en cœur, ce qui n'a lieu dans le Chêne, le Châtaigner, l'Orme, le Hêtre, qu'après 10 ou 15 ans. D'où il suit que, si on plantoit en même temps et dans un bon terrein, des Acacias, et qu'on les abattît à 25 ou 30 ans; ils auroient acquis généralement un tiers, et beaucoup le double de grosseur des autres, et on trouveroit que leur tronc, libre d'aubier dans presque toute leur épaisseur, auroit un assez fort volume pour être employé à des usages très-variés, auxquels les bonnes qualités de son bois le rendent convenable ; tandis que dans les autres espèces d'arbres, outre qu'à cet âge ils ne seroient pas assez forts pour qu'on pût en tirer utilement parti, ils n'auroient guère plus de la moitié de leur diamètre en cœur ou vrai bois. C'est assurément une considération fort importante ; car on sait que pour tous les ouvrages qui exigent de la solidité et surtout une longue durée, on doit dépouiller entièrement les bois de leur aubier, cette partie ligneuse étant sujette à la vermoulure, lorsqu'on l'employe à l'intérieur, et se pourrissant très-promptement à l'air, lorsqu'on s'en sert au-dehors.

Mais si l'Acacia présente des avantages marqués, il a aussi des défauts qui les balancent et auxquels il paroît difficile de remédier. Ainsi, lorsqu'il est isolé, ses branches cèdent facilement aux efforts des vents et se brisent ou s'éclatent. Abandonné à lui-même, quand il a acquis une certaine élévation, son tronc se conserve rarement droit et ses principales branches, étant mal placées et de grosseur inégale, sont très-divergentes, ce qui donne à sa cime un aspect irrégulier et peu agréable. Son feuillage mobile et transparent produit aussi peu d'ombrage. Ces inconvéniens le rendent peu propre à former des allées et des avenues dans les jardins d'une grande étendue et à border les grandes routes : et à cet égard, l'Orme à petites feuilles lui est infiniment supérieur et devra toujours lui être préféré. Car, outre qu'on le dirige plus facilement par la taille, son feuillage touffu et plus tassé, donne un ombrage plus épais ; son bois est aussi d'une utilité plus générale pour le charronage.

On remarque de plus que, parmi les Acacias dont la belle verdure annonce une végétation vigoureuse, il s'en trouve qui languissent, et dont le feuillage jaunit. C'est encore un inconvénient attaché à cet arbre, et dont il est difficile d'assigner la cause.

Il paroît que, depuis plusieurs années, dans le département de la Gironde et autres environnans, on a su profiter de la croissance rapide de l'Acacia cultivé en taillis ; on le coupe, dit-on, dès la quatrième année, et on en tire des brins assez forts pour être fendus en deux ; on en fait des échalas qui durent plus de vingt ans. De vieux Acacias sont aussi étêtés, tous les trois ans, pour le même objet: cette végétation vigoureuse est certainement due à un plus grand degré de chaleur.

On reproche avec raison à l'Acacia, lorsqu'il est planté ou semé pour former des taillis, d'être encore, à l'époque où il doit être coupé, chargé d'épines fortes et meurtrières, qui rendent son exploitation plus difficile et plus dispendieuse que celle de toute autre essence ; désavantage qui, cependant, semble devoir être compensé par un produit deux fois plus considérable , et obtenu en moitié moins de temps.

C'est ici le cas d'indiquer une nouvelle variété de l'Acacia *Robinia pseudo-acacia* , SPECTABILIS, qui est entièrement dépourvue d'épines dans sa jeunesse. Cette précieuse variété se distingue par ses feuilles qui sont plus grandes, et surtout par sa végétation qui est encore plus accélérée. Si les graines, que cette variété a déjà rapportées, ont redonné des sujets épineux, il est probable que celles, qui seront successivement récoltées sur des arbres qui en proviendront, finiront par en produire sans épines. En attendant, si on se procure quelques individus francs de pied, on pourra la multiplier en la marcottant, ou plutôt en faisant de petites tranchées autour de l'arbre ; les racines ainsi attaquées donneront un nombre considérable de rejettons. On conçoit combien cette variété de l'Acacia est à préférer pour des taillis, puisque n'étant point armée des épines redoutables dont le Robinier est garni dans sa jeunesse, l'exploitation de ces taillis s'opérera à moins de frais et sans aucuns dangers pour ceux qui en seront chargés. Les branchages garnis de feuilles pourront aussi être donnés, sans aucun risque, aux bestiaux, qui, en Europe comme en Amérique, en en sont très-friands. On est redevable de cette précieuse variété d'Acacia, qui double la valeur de cet arbre pour ceux qui le cultiveront de la sorte, surtout dans le Midi de la France, à M. Descemet, Cultivateur distingué par ses connoissances théoriques et pratiques en agriculture.

On a écrit que la manière la plus profitable de tirer parti des mauvais terreins, tels que ceux où les Chênes et autres bois durs meurent en cime, et refusent, par leur épuisement, de produire davantage ces essences, étoit d'y établir des taillis d'Acacias. Dans les environs de Paris et plus au Nord, ces essais n'ont pas toujours été heureux. Il est vrai que, pendant les trois à quatre premières années, l'Acacia dépasse de beaucoup le Bouleau planté à la même époque, et fait concevoir les plus heureuses espérances; mais, à la septième ou huitième année, les racines voraces de l'Acacia paroissent épuiser toute la substance du sol qui lui est propre; les branches, dans la moitié de la hauteur des jeunes arbres périssent, et leurs pousses de l'année, courtes et chétives, annoncent qu'ils sont dans un état de dépérissement; tandis que la végétation des Bouleaux est, au contraire, belle et vigoureuse, et que déjà plusieurs ont atteint la hauteur des Acacias. Peut-être aussi ceux-ci devront-ils être recépés à la troisième ou quatrième année.

Tels sont les résultats des renseignemens que j'ai recueillis en Amérique, sur l'Acacia, et des observations que sa culture m'a suggérées en Europe. Des avantages et des inconvéniens sont attachés à sa propagation; je crois néanmoins que les premiers l'emportent sur les seconds, et que, comme arbre d'ornement et comme arbre utile, il mérite, notamment la variété sans épines, une place dans nos jardins d'agrément et dans nos plantations en grand, surtout dans les parties méridionales de l'Empire.

PLANCHE Iʳᵉ.

*Rameau avec une grappe de fleur. **Fig.** 1, gousse qui contient les graines. Fig. 2, graine.*

III. 33

ROBINIA *VISCOSA.*

ROBINIA *viscosa, foliis impari pinnatis ; ramis viscoso-
glandulosis.*

OBS. *Flores roseo-albi.*

C'EST seulement dans cette portion de la chaîne
des Monts-Alléghanys, qui traverse les deux Carolines et la Géorgie, ainsi que dans le territoire des
Indiens Chrokquis, situé au-delà de ces montagnes,
qu'on trouve cette espèce de Robinier. Mon Père la
découvrit, pour la première fois, dans le cours de l'été
de 1790, et, depuis cette époque, ses voyages ulté-
rieurs et les miens dans les autres parties de l'Amérique Septentrionale, nous confirmèrent dans l'opinion que cet arbre n'existe pas au Nord du 35ᵉ
degré, non plus que dans toute la partie basse des
États Méridionaux. Il en résulte que le *Robinia viscosa* ne croît que dans une étendue de pays fort limitée.

Cette espèce n'acquiert pas un développement
aussi considérable que le *Robinia pseudo-acacia ;*
car sa hauteur la plus ordinaire n'excède pas 40 pieds
(13 mètres), sur 10 à 12 pouces (27 à 32 centimètres) de diamètre. Ses branches sont également gar-

ROBINIA Viscosa.

Rose Flowering Locust.

nies d'épines, mais elles sont moins nombreuses et
moins fortes. Les pousses annuelles sont de couleur
rouge terne, et couvertes d'une humeur visqueuse,
qui colle aux doigts lorsqu'on y touche. M. Vauque-
lin, de l'Institut de France, a analysé cette substance
et l'a reconnue pour un nouveau produit végétal.

Le feuillage du *Robinia viscosa* est touffu et d'un
vert foncé. Ses feuilles longues de 5 à 6 pouces (15
à 18 centimètres), sont composées de deux rangées de
folioles et terminées par une impaire. Ces folioles,
au nombre de 5, 6 et 7 de chaque côté, sont ovales,
longues d'environ 1 pouce (3 centimètres) et presque sessiles: elles sont lisses à leur surface supérieure
et inférieure, et d'une texture très-tendre.

Les fleurs sont disposées en grappes ovales et longues d'environ 3 à 4 pouces (9 à 12 centimètres).
Elles sont nuancées de rose et inodores. Ces belles
grappes de fleurs, dont cet arbre est chargé à l'époque
de la floraison, produisent l'effet le plus charmant
et le font singulièrement rechercher pour l'embellissement des parcs et des jardins d'une grande étendue.
Les graines, fort petites, sont contenues dans une
gousse hérissée de poils. Cette gousse a de 2 à 3
pouces (6 à 9 centimètres) de longueur, sur 3 à 4
lignes (9 à 12 millimètres) de largeur.

Des cultivateurs d'arbres et de plantes exotiques,
fort instruits et sans préjugés, assurent que des graines de *Robinia viscosa*, qu'ils ont récoltées et semées
eux-mêmes, ont produit le *Robinia pseudo-acacia*.

Ces deux espèces offrent cependant des caractères tellement différens, que cette métamorphose est à peine croyable.

Le bois de cette espèce de Robinier est jaune-verdâtre, comme celui de l'espèce ordinaire, et il possède les mêmes propriétés : mais, comme cet arbre ne parvient pas à d'aussi grandes dimensions, quoique sa végétation soit extrêmement rapide dans sa jeunesse, il n'offre pas le même degré d'intérêt pour les arts.

Le *Robinia viscosa* supporte facilement les froids rigoureux qu'on éprouve en hiver, à New-York et à Philadelphie. Il y réussit très-bien, et quelques pieds que mon Père y avoit envoyés à plusieurs de ses amis, donnent tous les ans des fleurs en abondance. Mais aussi, comme le *Robinia pseudo-acacia*, il est sujet à être attaqué par l'insecte destructeur, dont j'ai parlé à l'article de celui-ci.

L'introduction en Europe de cette belle espèce de Robinier, date de l'année 1791. Mon Père qui l'avoit transportée des montagnes dans un jardin qu'il possédoit près de Charleston, S. C., m'en envoya un pied qui me parvint dans le courant de juillet de la même année. Je l'offris à M. Lemonnier, premier médecin de Louis XVI, et nous le plantâmes ensemble dans son beau jardin, situé au petit Montreuil, près de Versailles, où il existe encore. C'est de ce pied que sont provenus, soit de drageons, soit de greffes, ceux qu'on observe dans presque tous les jardins d'agrément qui sont en Europe, et c'est toujours un nouveau plaisir pour moi, de penser que-j'ai contribué aussi directement à la propagation d'un aussi charmant végétal, dans l'ancien Continent.

PLANCHE II.

Rameau avec ses fleurs de grandeur naturelle. Fig. 1, gousse. Fig. 2, graine.

VIRGILIA *LUTEA?*

YELLOW WOOD.

VIRGILIA *lutea, foliis impari-pinnatis, foliolis ovato-acuminatis ; racemis pendulis : gemmis inclusis.*

C'EST seulement dans l'Ouest-Tennessée et dans la partie de cet Etat qui est située entre les montagnes du Cumberland et le Mississipi, et qui est comprise entre les 35 et 37°. de latitude, que le *Virgilia lutea* a été trouvé. Il y est désigné par le nom de *Yellow wood*, bois jaune. Cet arbre croît de préférence sur les coteaux à pente douce, dont le sol est meuble, profond et fertile; il s'y trouve ordinairement, réuni au Mûrier rouge, au *Gymnocladus canadensis*, au *Gleditsia triacanthos*, au *Robinia pseudo-acacia*, au Noyer noir et à d'autres espèces, dont la présence indique la bonté du terrein. Sa hauteur excède rarement 4o pieds (13 mètres), sur 1 pied (33 centimètres) en diamètre; mais, le plus souvent, il n'offre pas de pareilles dimensions. Son tronc est couvert d'une écorce verdâtre et unie; elle n'est pas gercée, comme dans la plupart des autres arbres.

Les feuilles du *Virgilia* ont de 6 à 8 pouces (18 à 24 centimètres) de longueur dans les vieux pieds, et le double dans les jeunes individus qui poussent avec vigueur; elles sont formées de deux rangées de folioles qui sont entières, presque rondes et très-grandes. Ces folioles qui sont portées sur de très-

VIRGILIA Lutea.

Yellow Wood.

courts pétioles, sont au nombre de 3, 4 et 5 de chaque côté et terminées par une impaire. Dans cet arbre, les feuilles offrent cela de remarquable que, comme dans le Platane, la base du pétiole renferme le bourgeon, qu'on ne peut voir qu'en arrachant la feuille. Je n'ai point vu les fleurs de cet arbre, qu'on m'a dit être de couleur jaune.

Les graines du *Virgilia* ressemblent beaucoup à celles de l'Acacia ordinaire. Elles sont de même contenues dans des gousses, qui n'en diffèrent que parce qu'elles sont plus étroites. Elles sont à maturité vers le 15 août, dans les environs de Nasheville. J'étois, à cette époque de l'année 1802, dans cette partie des États-Unis, j'y récoltai les graines de cet arbre que j'ai rapportées avec moi en France, où je les ai distribuées à différens Amateurs de cultures, et à des Pépiniéristes. Elles ont levé et ont produit les arbres de cette espèce que nous possédons dans ce moment en Europe. Ces arbres croissent avec vigueur, et ne sont pas sensibles aux froids de nos hivers, mais ils n'ont pas encore donné des fleurs. Mon Père qui, le premier, remarqua cet arbre dans le Tennessée, en 1792, jugea par son port et son feuillage qu'il devoit appartenir au genre *Sophora;* et, ce qui prouve cette affinité, c'est que c'est le seul arbre sur lequel on le greffe avec le plus de succès; cependant on s'est pressé d'en faire un nouveau genre, sous le nom de *Virgilia,* sans avoir vu sa fleur, partie de la végétation cependant, sans laquelle, en botanique, on ne peut rien décider à cet égard de très-positif.

Pour obtenir les graines qui ont donné les beaux pieds qu'on voit à Paris dans plusieurs jardins , j'abattis moi-même plusieurs arbres; ce qui me donna lieu d'examiner la qualité du bois : je trouvai que le grain en étoit fin, et assez tendre; ce qu'il offre surtout de remarquable , c'est que le cœur est parfaitement jaune: cette couleur se communique promptement à l'eau, même à froid; mais elle est fugitive , lors même qu'on fait bouillir ce bois avec de l'alun. On désiroit beaucoup , dans le pays , trouver les moyens de la fixer.

Outre que le *Virgilia lutea* est un arbre d'une brillante végétation, la belle couleur jaune que donne son bois me paroît être une considération assez importante pour engager à le multiplier, jusqu'à ce qu'on soit parvenu à obtenir des idées fixes sur le parti qu'on peut en tirer pour la teinture.

Obs. Plusieurs plantes du cap de Bonne-Espérance, de la famille des légumineuses , décrites par Lamarck, dans la partie botanique de l'Encyclopédie, portent déjà le nom de *Virgilia.* Si donc l'abre que je viens de faire connoître, lors de sa floraison, est reconnu pour appartenir à un autre genre , il conviendra de lui donner un autre nom pour éviter la confusion que cela devra entraîner si on ne faisoit pas ce changement.

PLANCHE III.

Feuille de moitié grandeur naturelle. Fig. 1 *, gousse. Fig.* 2 *, graine.*

ULMUS Americana.

White Elm.

ULMUS *AMERICANA.*

THE WHITE ELM.

Pentandrie digynie, Linn. Fam. des Amentacées, Juss.

Ulmus *americana , ramis lœvibus , pendulis ; foliis subuni-*
formiter serratis , dentibus uncinatò-acuminatis : flo-
ribus (elapsá gemmá) manifestè pedicellatis ; fructibus
densissimo villo fimbriatis.

Cet arbre connu dans tous les États-Unis sous le
seul nom de *White Elm*, Orme blanc, se trouve
sur le continent de l'Amérique Septentrionale, dans
une grande étendue de pays. Mon Père indique sa
première apparition vers le Nord , sur les bords de
la rivière Mistassin, à 18 milles de son embouchure
dans le lac Saint Jean , en Canada ; ce qui correspond
à-peu-près au 48°. 20″. de latitude. Je l'ai observé
personnellement à partir de la Nouvelle-Écosse et du
District de Maine, jusqu'à l'extrémité de la Géorgie,
ce qui offre un espace d'environ 400 lieues du Nord-
Est au Sud-Est. Il abonde généralement dans tous
les États de l'Ouest, situés au-delà des Monts-Alléghanys. J'ai aussi appris qu'il étoit fort commun dans
le voisinage des grandes rivières qui traversent la
Haute-Louisiane et viennent se jeter dans le Mississipi; mais cette espèce d'Orme m'a paru plus
multipliée, et acquérir une plus grande élévation
entre les 46°. et 42°. de latitude ; intervalle qui comprend le Bas-Canada, les provinces de la Nouvelle-
Brunswick et de la Nouvelle-Écosse, ainsi que les

États Septentrionaux et le Gennessée, qui forme la partie supérieure de celui de New-York.

Les feuilles de cette espèce d'Orme sont longues de 3 à 4 pouces (9 à 12 centimètres), disposées alternativement sur les branches et portées sur de courts pétioles; leur forme est ovale-acuminée et elles sont doublement dentées sur leurs bords. Si on les compare à celles de l'Orme rouge, on trouve qu'elles sont généralement plus petites, d'une texture moins épaisse, et surtout moins rudes au toucher : les nervures sont aussi plus apparentes et plus régulières. Cette espèce diffère encore essentiellement de l'Orme d'Europe et de l'Orme rouge, par ses fleurs et ses graines.

L'Orme blanc fleurit aux environs de New-York, du 1er. au 15 avril. Ses fleurs fort petites, paroissent avant la naissance des feuilles et sont réunies en paquets au nombre de 8 à 10. Elles sont portées sur de petits pédicules inclinés, de grandeur différente, et qui ont 2, 3 et même 4 lignes (6, 9 et 12 millim.) de longueur. Le calice et les étamines sont de couleur poupre foncé. Le stigmate est blanc et comme laineux.

Les graines, à l'époque de la maturité, sont ovales, avec une échancrure à leur base : ce qu'elles ont surtout de remarquable, c'est qu'elles sont bordées de cils très-visibles à la vue simple. Ces graines sont à maturité, du 15 mai au 1er. juin.

L'Orme blanc se plaît dans les terreins bas, constamment frais et même humides, qui sont très-substantiels et qu'on désigne dans les États du Nord par le nom d'*intervals lands*, bas fonds. Dans les États du Milieu, il croît dans les mêmes situations et autour des marais, où il se trouve plus particulièrement réuni avec le Frêne blanc, le *Liquidambar styraciflua*, les *Nyssas*, l'Érable rouge et le *Juglans squamosa*. A l'Ouest des montagnes, il abonde dans tous ces vallons fertiles qu'arrosent les grandes rivières qui affluent dans l'Ohio et le Mississipi, et j'ai constamment observé qu'avec l'Érable blanc, *Acer eriocarpum* et le Platane, il concouroit à en garnir les bords les plus immédiats, et que, par conséquent, il étoit, comme ceux-ci, souvent exposé à avoir la base de son tronc, submergée lors des grosses eaux, au printemps. Sur les bords de ces rivières, l'Orme blanc acquiert jusqu'à 4 pieds (plus d'un mètre) de diamètre; dans les États du Centre, il parvient aussi à une grande hauteur, mais il n'offre rien qui le rende digne d'une attention particulière : au lieu que, dans les limites que j'ai indiquées comme les plus favorables au développement de sa végétation, c'est l'arbre le plus beau et le plus magnifique qu'on puisse voir. Quelquefois, dans le défrichement des forêts primitives, on en laisse subsister quelques pieds, afin de les abattre plus à loisir : alors, isolé, il se présente dans toute sa splendeur; élevé de 80 à 100 pieds (27 à 33 mètres), sur 4 à 5 (129 à 162 centimètres) en diamètre, sa tige nue, de forme régulière, décroît insensiblement jusqu'à la hauteur de 60 et 70 pieds (20 et 23 mètres), où elle se partage

en deux ou trois grosses branches : celles-ci peu écartées, se rapprochent et s'entre-croisent à 8 ou 10 pieds
(2 à 3 mètres) plus haut. Alors elles se subdivisent,
en jetant régulièrement de toutes parts de longs
rameaux, arcqués, flexibles et pendans, qui se balancent légèrement dans les airs. On remarque encore
une ou deux petites branches de 4 à 5 pieds (1 à 2
mètres) de long, qui prenant naissance à la première bifurcation du corps de l'arbre, se renver-
sent et s'appliquent sur le tronc, végétant ainsi en
sens inverse des autres branches; disposition assez
singulière et que je n'ai point remarquée dans d'autres arbres.

Le Platane étonne par la grosseur extraordinaire
de son tronc et par l'amplitude de sa cime; mais
l'Orme blanc lui est très-supérieur par son port majestueux, dont il est redevable à sa haute élévation, à
la disposition de ses branches primordiales et surtout
à l'extrême élégance de sa cime. Dans l'État de New-
Hampshire, entre Portsmouth et Portland, en suivant la route d'en bas qui passe par Socoh et York
Court-House, on voit beaucoup de jeunes Ormes
blancs, ils sont isolés au milieu des prairies dépen-
dantes des fermes; ordinairement ils ramifient à 8, 10
et 15 pieds (2, 3 et 5 mètres) au-dessus de terre,
et leurs branches, au nombre de sept à huit, partant
du même point, croissent et s'élèvent en s'inclinant
d'une manière si uniforme, que leur sommet offre
l'ensemble d'une gerbe la plus régulière : aussi, ne
peut-on se lasser d'admirer ces arbres charmans.

Le tronc de l'Orme blanc est couvert d'une écorce (épiderme) blanche, sillonnée profondément et d'une texture très-tendre. La couleur du bois est, comme dans celui de l'Orme ordinaire, *Ulmus campestris*, d'un brun foncé. Coupé transversalement ou même obliquement à ses fibres longitudinales, il présente de même de petites ondulations très-nombreuses et très-rapprochées les unes des autres ; mais il en diffère en ce qu'il est moins compacte , qu'il a moins de force, de dureté et qu'il se fend plus aisément : c'est l'opinion de plusieurs charrons anglais, établis depuis long-temps dans les Etats-Unis, que j'ai consultés, et c'est ce dont je me suis assuré depuis, par la comparaison de morceaux tirés de ces deux espèces. A New-York et dans les villes plus au Nord, on se sert cependant du bois de cette espèce d'Orme pour en faire les moyeux des roues de carosse et de cabriolet, parce qu'on ne peut se procurer aussi facilement que plus au Sud, du bois de Nyssa, reconnu préférable à Philadelphie, pour cet objet. Le bois de cet Orme n'est point employé dans la bâtisse des maisons, ni dans les constructions maritimes, si ce n'est quelquefois dans le District de Maine, pour en former la quille des vaisseaux, et seulement parce que les dimensions considérables auxquels il parvient, permettent d'en tirer des pièces d'un seul morceau, d'une très-grande longueur. Son écorce, au rapport des habitans, se lève facilement pendant huit mois de l'année : mise dans l'eau et ensuite battue, on s'en sert dans les campagnes des Etats du Nord, pour en faire le fond des chaises les plus communes.

Tels sont les usages auxquels on employe le bois de l'Orme blanc dans les Etats-Unis ; ils sont très-peu variés , ce qui est une suite de sa qualité infé-rieure, qui le met à cet égard au-dessous de l'Orme commun, *Ulmus campestris* ; arbre d'une utilité si générale en Europe , et qui de plus offre le précieux avantage d'être fréqemment tortillard , variété qu'on est assuré de pouvoir reproduire de marcottes, et qui seroit une acquisition très-utile pour les Etats du Nord de l'Amérique.

D'après mes recherches personnelles et les ren-seignemens que j'ai obtenus sur l'Orme blanc, il paroît résulter que, pour les Européens, tout son mérite consistera, si on le plante isolément, à offrir l'arbre de l'aspect le plus magnifique qu'on puisse rencontrer dans la zône tempérée de l'ancien et du nouveau Continent.

PLANCHE IV.

Rameau avec des feuilles de grandeur naturelle. Fig. 1 . *fleurs. Fig.* 2 *, graines.*

ULMUS Alata.

Wahoo.

ULMUS *ALATA.*

WAHOO.

Ulmus pumila. Walter, Fl. Carolin.

Ulmus *alata, ramis passim ex utroque latere in alam suberosam corticalem dilatatis ; foliis oblongò-ovalibus, sensim acutis (nec acuminatis), basi subœqualibus ; fructu pubescente et confertiùs cilioso.*

Obs. *Arbor mediocris : folia carpinea ; fructificatiofferà ulmi americanæ.*

Cette espèce d'Orme est étrangère aux Etats du Nord, à ceux du milieu et à toute la région montagneuse des Alléghanys : on ne la trouve que dans la Basse-Virginie, la partie maritime des deux Carolines et de la Géorgie, ainsi que dans l'Ouest-Tennessée et dans quelques Cantons de l'État du Kentucky. Il est encore probable qu'elle croît dans les deux Florides et la Basse-Louisiane, dont la température et la nature du sol sont si analogues à celles de la partie maritime des Etats méridionaux, où, sauf quelques exceptions, les productions végétales sont les mêmes.

Dans la Caroline méridionale et la Géorgie, on donne à cet arbre le nom de *Wahoo,* qui tire son origine des Indiens et dont je n'ai pu connoître la signification.

L'*Ulmus alata* croît de préférence sur les bords

des rivières, ainsi que dans les grands marais qui sont enclavés dans les Pinières. J'ai aussi cru remarquer que cet arbre étoit toujours proportionnellement moins multiplié que les autres espèces avec lesquelles il se trouve réuni. Cet Orme est peu élevé, car sa hauteur n'excède pas ordinairement 3o pieds (10 mètres), sur 9 à 10 pouces (27 à 3o centimètres) de diamètre. Les deux plus gros pieds que j'ai vus, se trouvoient dans la ville de Willemington, N. C. Ils pouvoient avoir 4o à 45 pieds (13 à 15 mètres) d'élévation, sur 15 pouces (45 centimètres) de diamètre, et leur apparence annonçoit qu'ils devoient être très-vieux.

Les fleurs, comme dans les autres espèces d'Ormes, naissent avant le développement des feuilles. Les graines, de la même forme que celles de l'*Ulmus Americana*, sont également frangées ou bordées de cils. Elles n'en diffèrent que parce qu'elles sont un peu plus petites. Les feuilles de l'*Ulmus alata*, portées sur de courts pétioles, sont ovales et dentées sur leurs bords ; elles sont plus petites que celles de l'*Ulmus Americana* et de l'*Ulmus rubra.*

Les branches sont couvertes d'une substance fongueuse qui les accompagne dans leur longueur, et qui forme deux appendices de 2 à 3 lignes (6 à 9 millim.) de largeur et opposés l'un à l'autre. C'est ce caractère particulier à cet arbre, qui lui a fait donner par mon Père, le nom spécifique d'*Alata*, comme ailé.

Le bois de l'*Ulmus alata* a le grain plus fin, plus serré que celui de l'*Ulmus americana*, et il est plus lourd. Je lui crois aussi plus de force : le cœur est d'un rouge terne, et approchant de la couleur chocolat, et il a l'avantage d'être toujours en grande proportion comparativement à l'aubier.

A Charleston, S. C. et dans quelques autres villes des Etats méridionaux, on employe le bois de cette espèce d'Orme, pour les moyeux de cabriolet et de carosse; quelques charrons le préfèrent même au bois de Nyssa pour cet objet, comme étant plus dur et plus résistant. C'est le seul usage auquel j'ai trouvé qu'il étoit employé.

Sous les rapports économiques, l'*Ulmus alata* n'offre aucun avantage aux Européens qui possèdent l'Orme ordinaire, *Ulmus campestris*, qui lui est très-supérieur et par ses dimensions et par l'excellence de son bois; motifs suffisans pour engager les habitans des Etats-Unis, à l'introduire dans leur pays.

PLANCHE V.

Rameau avec les feuilles de grandeur naturelle. Fig. 1, graines de grandeur naturelle.

ULMUS *RUBRA.*

RED ELM.

U lmus *rubra , foliis plerumquè ovalibus oblongis , rariùs cordatò-ovalibus , utrinquè rugosis ; gemmis , sub ex- plicatione densâ fulvâque lana , tomentosis : floribus sessilibus.*

Obs. *Succus sub cortice manifestè viscosus , undè nomen triviale* Slippery elm, Orme gras.

A l'exception de la partie basse et maritime des Deux-Carolines et de la Géorgie, on rencontre cette espèce d'Orme dans toute l'étendue des États-Unis, ainsi qu'au Canada. Dans ces diverses parties de l'Amérique Septentrionale, elle est connue sous les différens noms de *Red elm*, Orme rouge, de *Slippery elm*, Orme gras; et de *Moose elm*, Orme d'Élan ; j'ai conservé la première de ces dénominations comme la plus usitée. Les Français du Canada et de la Haute-Louisiane, l'appellent *Orme gras.*

L'Orme rouge est un arbre assez commun dans cette grande partie des États-Unis, que je viens d'in- diquer. Cependant il l'est beaucoup moins que toutes les espèces de Chênes, de Noyers, d'Érables, de Nyssas et que le *Liquidambar styraciflua* et le *Lau- rus sassafras.* Il est aussi bien moins multiplié que l'Orme blanc. On trouve rarement ces deux espèces ensemble dans les mêmes endroits, car l'Orme rouge

ULMUS Rubra.

Red Elm.

aime un sol substantiel et qui n'est pas humide ; j'ai
même remarqué qu'il affectoit de croître dans les
situations élevées et découvertes, où la circulation
de l'air se fait plus librement, comme sur les bords
escarpés de certaines rivières ; j'indiquerai plus spécialement, ceux de la rivière Hudson et de la Susquehannah, où j'ai fait cette observation. Dans les
Etats de l'Ohio, du Kentucky et du Tennessée, il
est aussi plus multiplié qu'à l'est des montagnes ; il y
concourt avec les Noyers, le Cerisier de Virginie,
le Mûrier rouge, le *Gleditsia triacanthos*, le *Gymnocladus canadensis* et quelques autres espèces, à
former les forêts qui couvrent les meilleurs terreins
et dont la surface est inégale.

L'Orme rouge s'élève à 50 et 60 pieds (17 et 20
mètres), sur 15 à 20 pouces (45 à 60 centimètres)
de diamètre. Lorsqu'en hiver l'Orme blanc et l'Orme
rouge sont privés de leur feuillage, on reconnoît
facilement ce dernier à ses bourgeons qui sont plus
gros et plus arrondis et qui, dans les quinze premiers
jours qui précèdent leur développement, ont leurs
écailles bordées d'un duvet de couleur rousse.

Les fleurs, comme dans les autres Ormes, paroissent avant les feuilles et elles sont de même disposées en paquets, sur les jeunes pousses de l'année
précédente. Les écailles qui entourent ces grappes de
fleurs et le calice de chacune d'elles, sont aussi
entourées d'un duvet épais et de la même couleur
que celui des écailles des bourgeons. Les fleurs et les
graines diffèrent entièrement de celles de l'*Ulmus*

americana. Dans l'Orme rouge , le calice, outre qu'il est lanugineux, est sessile, et les étamines sont courtes et d'une rose pâle. Les graines sont un peu plus grandes, rondes, point bordées de cils et fort semblables à celles de l'Orme ordinaire d'Europe, *Ulmus campestris.* Elles sont à maturité vers la fin de mai. Les feuilles de l'Orme rouge, de forme ovale-acuminée, et doublement dentées sur leurs bords, sont plus grandes que celles de l'Orme blanc, plus épaisses et très-rudes au toucher.

L'écorce qui couvre le corps de l'arbre, est de couleur brune. Le cœur ou le vrai bois, a le grain moins serré et d'une texture plus grossière que celui de l'Orme blanc, sa couleur est d'une teinte rousse; d'où je présume que lui est venu le nom d'*Orme rouge.* J'ai aussi remarqué qu'il avoit peu d'aubier et qu'on n'en trouvoit même qu'une petite proportion dans des branches de 1 à 2 pouces (3 à 6 centimètres) de diamètre. Le bois de cette espèce d'Orme est aussi d'une meilleure qualité; il est doué de plus de force et il résiste bien à la pourriture, lorsqu'il est exposé aux injures du temps; c'est ce qui fait que, dans les Etats de l'Ouest, où cet arbre est plus commun, on s'en sert plus avantageusement dans la construction des maisons, et quelquefois dans celle des vaisseaux, sur les bords de l'Ohio. C'est aussi le meilleur bois dont on pourroit se servir dans les Etats-Unis, pour les boîtes à poulies de navires, et s'il n'est pas employé à cet usage dans les ports de mer, c'est que cette espèce d'Orme n'est pas assez multipliée à l'est des montagnes. On fait encore avec l'Orme rouge, de bonnes barres pour les clôtures des champs, parce qu'outre qu'il est de longue durée, il se fend aisément et de droit fil ; c'est probablement à cause de cela qu'il n'est que très-rarement employé pour en faire des moyeux de voiture.

L'Orme rouge a beaucoup de ressemblance avec une variété ou espèce d'Orme qui croît en Europe, et qu'on connoît sous le nom d'*Orme à large feuille* ou *Orme d'Hollande*. Les feuilles de l'Orme rouge et l'écorce de ses branches, macérées dans l'eau, donnent, comme celles de l'Orme d'Hollande, un mucilage très-abondant et très-épais. On s'en sert utilement dans les rhumes pour faire des tisanes adoucissantes, et pour des cataplasmes émolliens, à la place de la racine de guimauve, *Althea officinalis*, qui ne croît pas dans les États-Unis.

Quoique l'Orme rouge soit préférable à l'Orme blanc, son bois est cependant encore inférieur à celui de l'Orme d'Europe, *Ulmus campestris ;* et, sous ce rapport, on ne peut en recommander la culture, au moins d'une manière générale.

Obs. J'ai trouvé dans le District de Maine, ainsi que sur les bords du lac Champlain, un autre Orme que j'ai jugé devoir être une espèce distincte de celles dont j'ai donné la description. Ses feuilles sont ovales-acuminées, dentées profondément et rudes au toucher. Ses jets de l'année, annoncent qu'elles poussent avec beaucoup de vigueur. Cette espèce dont je n'ai vu ni les fleurs ni les graines, paroît être confondue pour l'usage avec l'Orme blanc; peut-être est-elle préférable. Elle se trouve en France dans les Pépinières. Il est probable qu'elle est venue originairement en Europe par la voie du Canada.

PLANCHE VI.

Rameau avec des feuilles et des graines de grandeur naturelle.

PLANERA Ulmifolia.

Planer Tree.

PLANERA *ULMIFOLIA.*

PLANER TREE.

Planera Gmelini. A. Mich. Fl. B.

Planera *ulmifolia , foliis petiolatis , oblongò-ovalibus sensim angustatis , acutis , basi obtusis , æqualiter serratis ; capsulà scabrà.*

Les Etats méridionaux, ceux du Kentucky et du Tennessée, ainsi que les rives du Mississipi, sont les seules parties des Etats-Unis, où mon Père et moi avons trouvé cette espèce de *Planera.* Cet arbre est peu multiplié comparativement à ceux avec lesquels il croît, et son bois n'est employé à aucun usage. C'est là probablement la cause pour laquelle il n'a pas encore attiré l'attention des habitans, qui ne le connoissent sous aucune dénomination particulière; j'ai donc dû y suppléer, et je le décris sous le nom que lui ont donné les Botanistes.

J'ai plus particulièrement observé le *Planera ulmi-folia* sur les bords de la rivière Savanah, en Géorgie, où il croît parmi les autres arbres qui couvrent les grands marais qui bordent cette rivière. Sa hauteur excède rarement 35 à 40 pieds (12 à 13 mètres), sur 12 à 15 pouces en diamètre (36 à 45 centimètres) ; ce qui le place dans le rang des arbres de la deuxième grandeur. Ses fleurs, comme celles de l'Orme, parois-sent de très-bonne heure au printemps, et avant le développement des feuilles; elles sont également

très-peu apparentes. Les graines très-fines, sont contenues dans de petites capsules, ovales, renflées et
dont la surface est inégale. Les feuilles d'environ un
pouce et demi (10 centimètres) de longueur, sont
ovales-acuminées et dentées dans leur contour. Elles
sont d'un vert gai et elles ont quelque ressemblance
avec celles de l'Orme, avec lequel cet arbre a le plus
d'analogie.

Le bois du *Planera ulmifolia* m'a paru avoir de la
dureté et de la force, et être propre à des usages
variés ; mais, comme je l'ai déjà fait remarquer, cet
arbre est rare et son bois n'est point employé, quoiqu'il soit très-probable qu'il participe des propriétés de son analogue, le *Planera richardi*, orme de
Sybérie, qui croît dans le Nord de l'Asie. J'ai appris
de mon Père, qui a observé cette dernière espèce sur
les bords de la mer Caspienne, que son bois y étoit
fort estimé, à cause de sa force et de son élasticité.
La hauteur et le diamètre auquel elle parvient dans
ces climats, paroît aussi devoir la recommander à
l'attention des Forestiers européens et américains,
préférablement à l'espèce d'Amérique.

PLANCHE VII.

Rameau avec les feuilles et les graines. Fig. 1, *petit rameau
avec des fleurs mâles.*

1. **POPULUS** Tremuloides.
American Aspen.

4. **POPULUS** Grandidentata.
American Large Aspen.

POPULUS *TREMULOÏDES.*

THE AMERICAN ASPEN.

Dioecie polyandrie , Linn. Fam. des Amentacées , Juss.

Populus *tremuloïdes; foliis suborbiculatis , abruptè acu-
tèque acuminatis, serrulatis ; margine pubescentibus.*

Cette espèce de Peuplier, qui est assez commune
dans les États du Nord et du Milieu, paroît l'être
encore davantage dans le Bas-Canada, d'après les
notes manuscrites de mon Père. Aux environs de
New-York et de Philadelphie , où j'ai plus particulièrement observé cet arbre, j'ai toujours remarqué
qu'il affectoit de croître dans les terreins de médiocre qualité et peu couverts. Sa hauteur la plus ordinaire est d'environ 3o pieds (10 mètres), sur 5 à 6
pouces (15 à 18 centimètres) en diamètre. Le tronc
est revêtu d'une écorce verdâtre et lisse , mais gercée
à sa base dans les plus vieux arbres.

Ce Peuplier est en fleur vers le 20 avril, et dix ou
quinze jours avant qu'aucune de ses feuilles ait commencé à se développer. Les chatons composés d'ai-
grettes soyeuses, naissent aux extrémités des branches ; leur forme est ovale, et leur longueur d'à-peu-
près 1 pouce (3 centimètres). Les feuilles supportées
sur d'assez longs pétioles, et comprimées à leur partie supérieure, ont environ 2 pouces (6 centimètres)
en diamètre. Leur couleur est d'un vert foncé, et
elles sont traversées au printemps par des nervures

III.   36

rougeâtres. Dans les individus qui ont plus de 7 à 8 pieds (2 à 3 mètres) de hauteur; leur forme est presque ronde , et elles sont bordées de dents inégales et obtuses : mais, dans les jeunes pousses , ou sur les rejetons, elles ont le double de grandeur et elles sont en cœur et acuminées à leur sommet. C'est de tous les Peupliers d'Amérique, celui dont les feuilles sont les plus mobiles; le plus léger zéphir les agite.

Le bois du *Populus tremuloïdes* est très-léger, très-tendre et n'a aucune force ; ce qui fait qu'il n'est employé à aucun usage. Ces défauts ne sont même pas compensés par sa grosseur et son élévation, non plus que par la rapidité de sa croissance, en sorte qu'il est à peine remarqué des habitans, qui ne se donnent la peine de l'abattre, que quand il se trouve dans des terreins qu'ils défrichent pour les mettre en culture. Il résulte de cet article que le *Populus tremuloïdes* est fort inférieur à plusieurs autres espèces de Peupliers, tel entr'autres que celui de Virginie, dont les dimensions sont trois fois plus fortes, dont la végétation est plus accélérée et l'aspect beaucoup plus agréable. Considéré comme arbre d'agrément les autres espèces lui sont encore très-préférables. Ainsi, le *Populus tremuloïdes* n'offre aucun degré d'intérêt aux habitans des Etats-Unis, ni aux Européens.

PLANCHE VIII.

1. *Fig. 1 , feuille de grandeur naturelle. Fig. 2 , chaton.*

POPULUS GRANDIDENTATA.

Populus grandidenta, petiolis supernè compressis: foliis subrotundò-ovalibus, acuminatis; utrinquè glabris, inæqualiter sinuatò-grandidentatis: junioribus villosis.

CETTE espèce de Peuplier appartient plus particulièrement aux États du Nord et du Milieu, qu'à ceux du Sud, où il ne se trouve que dans la partie supérieure de ces États. Dans le Nord des États-Unis, cet arbre sans être très-rare, ne peut cependant y être rangé dans la classe de ceux qui composent le plus ordinairement la masse des forêts; car il y est si clair-semé, qu'on peut quelquefois les parcourir des journées entières sans en trouver un seul pied. C'est encore probablement à cause de cette rareté que, jusqu'à présent, il a été confondu par les habitans, avec l'espèce précédente, *Populus tremuloïdes*, qui est plus multipliée; et ils lui ont donné le même nom; mais, comme il acquiert une plus grande élévation, je l'ai désigné par celui d'*American large aspen*, grand Tremble d'Amérique, dénomination qui m'a paru lui convenir autant que toute autre.

Le *Populus grandidentata* croît aussi bien dans les terreins élevés que dans le voisinage des marais. Sa hauteur est d'environ 40 à 45 pieds (15 mètres), sur 10 à 12 pouces (30 à 36 centimètres) de diamètre. Son tronc est droit et couvert d'une écorce unie, verdâtre et rarement crevassée. Ses branches sont peu nombreuses et fort espacées. On remarque qu'elles ne sont très-ramifiées que vers leurs extrémités, où elles se chargent de feuilles, l'intérieur étant presque vide de feuillage: observation que j'ai faite dans les vieux arbres; ce qui leur donne un aspect peu agréable.

Les feuilles du *Populus grandidentata*, lors de leur développement au printemps, sont couvertes d'un duvet très-épais de couleur blanche; mais à mesure qu'elles grandissent, le duvet disparoît successivement, et au commencement de l'été, où elles ont acquis toute leur grandeur, qui est d'environ 2 à 3 pouces (6 à 9 centimètres) en diamètre, elles sont parfaitement glabres en-dessus et en-dessous. Ces feuilles à l'état parfait, ont une forme presque ronde, et elles ont cela de remarquable qu'elles sont comme crénelées ou bordées de dents très-larges, ce qui fait reconnoître cette espèce de Peuplier au premier abord; et c'est de ce caractère des feuilles, que mon Père a tiré le nom spécifique latin de *grandidentata*, qu'il lui a donné dans sa *Flora boreali Americana*. Les fleurs sont disposées sur des chatons longs d'environ 2 pouces (6 centimètres). Ces chatons paroissent à l'époque où les feuilles commencent à se développer, et ils sont alors très-velus.

Le bois du *Populus grandidentata* est très-tendre et très-léger; il m'a paru bien inférieur à celui du Peuplier d'Italie et du Peuplier de Virginie, qui offrent encore l'avantage de croître plus rapidement et de parvenir à une hauteur beaucoup plus grande. Ainsi cette espèce de Peuplier n'offre que peu d'in-térêt sous le rapport de l'utilité qu'on peut retirer de son bois dans les arts. Il ne pourra donc être consi-déré que comme un arbre de pure curiosité, à cause de son joli feuillage; car son aspect est assez agréa-ble, lorsqu'il n'a pas encore outrepassé 12 à 15 pieds (4 à 5 mètres) d'élévation; ce qui doit lui faire assi-gner une place dans les jardins d'agrément.

PLANCHE VIII.

2. *Fig.* 1 , *feuille de grandeur naturelle. Fig.* 2 , *chaton femelle avec de petites feuilles, dans les premiers jours de leur développe-ment.*

POPULUS *ARGENTEA.*

COTTON TREE.

Populus *argentea, ramulis teretibus, foliis amplis, sinu parvo cordatis, obtusis, leviter dentatis ; junioribus tomentosis.*

On trouve cette espèce de Peuplier dans une étendue de pays fort considérable, et qui comprend les États du Milieu, du Sud et ceux de l'Ouest ; cependant elle y est si peu multipliée, qu'elle est restée étrangère au plus grand nombre des habitans de ces diverses Contrées, qui ne la connoissent sous aucune dénomination particulière, si ce n'est sur les bords de la rivière Savanah, en Géorgie, où elle est désignée par le nom de *Cotton wood tree*, Bois à coton ; dénomination qui est aussi appliquée au *Populus angulata,* qui croît aux mêmes lieux.

Un marais situé dans le New-Jersey, à une petite distance de la rivière du Nord, à environ deux milles au-dessus de Weehock-Ferry, près de New-York, est l'endroit le plus avancé vers le Nord, où j'ai personnellement observé cet arbre ; je l'ai retrouvé en Virginie, mais plus communément sur les bords de plusieurs des rivières qui traversent la partie maritime des États méridionaux. Mon Père, paroît l'avoir vu encore plus abondant dans les contrées de l'Ouest : il indique, entr'autres situations, les environs du fort Massac, situé sur l'Ohio, près de son embouchure

POPULUS Argentea.

Cotton Tree.

dans le Mississipi, et un vaste marais de plus de deux lieues en tous sens, qui sont entièrement couverts de cet arbre. Ce marais est à dix lieues de la rivière de Wabash, et se trouve sur la route qui conduit de Kaskakias aux Illinois.

Le *Populus argentea* est un fort grand arbre; il s'élève quelquefois jusqu'à 70 ou 80 pieds (25 mètres), sur 2 à 3 pieds (1 mètre) en diamètre. Alors, son écorce est très-épaisse et profondément crevassée. Les jeunes branches et les pousses de l'année sont arrondies, et non anguleuses comme celles du *Populus angulata*. Les jeunes feuilles, à l'époque de leur développement, sont couvertes d'un duvet très-épais et de couleur blanche; mais à mesure qu'elles grandissent, ce duvet disparoît, et lorsqu'elles ont acquis toute leur grandeur, elles sont lisses en-dessus et restent seulement légèrement veloutées à leur surface inférieure. Ces feuilles soutenues sur de longs pétioles, ont souvent 6 pouces (18 centimètres) de longueur, sur une dimension égale dans leur plus grande largeur; elles sont très-régulièrement en cœur, d'une texture assez épaisse et dentées dans leur contour. On remarque encore que la base des feuilles présente deux lobes qui se croisent et cachent le point d'attache du pétiole. Les chatons qui supportent les fleurs sont inclinés et ont environ 3 pouces (9 centimètres) de longueur; ils sont par conséquent moitié moins longs que ceux du *Populus angulata*.

Le bois de ce Peuplier est tendre et léger; le cœur en est jaunâtre tirant sur le rouge, et les jeunes branches sont pleines d'une moëlle qui est aussi de la même couleur. Il n'est employé à aucun usage, et je le crois inférieur à celui du Peuplier blanc et des Peupliers de Virginie et d'Italie.

Ce Peuplier vient très-bien en France, et il est à regretter que les qualités de son bois ne répondent pas à l'intérêt que semble comporter sa haute élévation et son beau feuillage.

PLANCHE IX.

Feuille de moitié grandeur naturelle. Fig. 1 *, petit rameau avec des jeunes feuilles , quelques jours après leur développement.*

1. POPULUS Hudsonica.
American Black Poplar.

2. POPULUS Monilifera.
Virginian Poplar.

POPULUS *HUDSONICA.*

Populus *hudsonica, ramulis junioribus pilosis ; foliis dentatis ; conspicué acuminatis.*

C'est sur les bords de la rivière Hudson ou du Nord, au-dessus d'Albany, que j'ai seulement trouvé cette espèce de Peuplier. Je présume qu'elle croît aussi en Canada, où je n'ai pas voyagé. Les individus que j'ai observés étoient isolés, et par suite leur sommet embrassoit beaucoup d'espace ; ce qui fait que je n'ai pu juger de toute la hauteur à laquelle ils peuvent parvenir lorsqu'ils sont resserrés dans les forêts. Cependant, ceux-ci avoient de 12 à 15 pouces (36 à 45 centimètres) en diamètre, sur une hauteur d'environ 30 à 40 pieds (10 à 13 mètres); ce qui indique assez que cette espèce acquiert de beaucoup plus grandes dimensions que le *Populus grandidentata* et le *P. tremuloïdes.*

Dans ce Peuplier, l'écorce qui couvre les jeunes branches, est d'une couleur gris-blanc, et les bourgeons qui naissent dans les aisselles des feuilles, sont d'un brun foncé : mais un des caractères distinctifs de cette espèce, est d'avoir au printemps les jeunes pousses et les pétioles des feuilles poilus, ce qui s'aperçoit même sur les revers des jeunes feuilles. Celles-ci, lisses et d'une belle couleur verte, sont dentées dans tout leur contour, arrondies à leur partie moyenne, et se rétrécissent promptement vers leur tiers supérieur, de manière qu'elles se terminent en pointe fort alongée. Lorsqu'elles ont acquis tout leur développement, elles ont un peu plus de 3 pouces (9 centimètres) de longueur, sur environ 2 pouces (6 centimètres) dans leur plus grande largeur. Il est également à remarquer que les feuilles varient à peine de forme, à partir du moment qu'elles commencent à se développer ; ce qui ne s'observe pas dans la plupart des autres espèces de ce genre. Dans ce Peuplier, les chatons ont de 4 à 5 pouces (12 à 15 centimètres) de longueur ; ils sont lisses et non entourés de poils comme dans plusieurs autres espèces.

Cet arbre étant assez rare dans les limites des États-Unis, et ne l'ayant personnellement observé que sur les bords de la rivière Hudson, où on n'en fait point usage, je ne puis donner aucun renseignement sur la qualité de son bois, quoique, à en juger d'après les apparences, le Peuplier de Virginie et celui d'Italie, semblent devoir lui être préférés.

Il existe dans la ville de New-York, près du *Park*, plusieurs forts pieds de cette espèce de Peuplier, auquel on donne le nom d'*American Black Poplar*.

PLANCHE X.

1. *Peuplier noir d'Amérique.*

POPULUS *MONILIFERA.*

VIRGINIAN POPLAR.

Po p u l u s *monilifera , foliis deltoïdibus , glabris , crenatis;
petiolis apice compressis, in adultis ramis teretibus.*

Depuis bien des années, on possède en Europe
cette espèce de Peuplier, qu'on s'accorde à regarder
comme originaire de l'Amérique Septentrionale : on
lui donne assez généralement le nom de *Peuplier
de Virginie*, et plus fréquemment encore celui de
Peuplier Suisse. Cette dernière dénomination paroît
provenir seulement de ce que cet arbre est plus abondamment cultivé dans cette partie de l'Europe qu'ailleurs. Quoique ni mon Père, ni moi, non plus que plusieurs collecteurs Botanistes anglais, fort instruits,
qui, comme nous, ont parcouru, dans toutes sortes
de directions, les États atlantiques et une grande
partie de ceux de l'Ouest, n'y ayons pas trouvé cette
espèce de Peuplier, je me suis néanmoins décidé à
en parler, parce qu'elle peut être naturelle à quelque
partie de l'Amérique, où nous n'avons pas voyagé,
et que j'ai voulu l'indiquer aux Américains comme
un arbre fort utile à propager, à cause de la rapidité
de sa végétation.

Le Peuplier de Virginie ou Suisse, s'élève à 60 et
70 pieds (20 et 23 mètres), sur un diamètre
proportionné à cette hauteur. Son tronc, couvert
d'une écorce noirâtre dans les gros arbres, est cylin-

drique et non sillonnée, comme dans les vieux
Peupliers d'Italie. Ces feuilles, presque aussi longues que larges , sont un peu en cœur , lisses à
leur surface , dentées à dents obtuses dans leur
pourtour et portées sur de longs pétioles, comprimées supérieurement : prises sur de grands arbres,
leur grandeur moyenne est de 2 pouces et demi à 3
pouces (8 à 9 centim.) Mais cette grandeur varie
considérablement en plus ou en moins. Elle est plus
que du double, si elles proviennent de jeunes arbres
plantés dans un endroit fort humide, ou même si
elles sont prises sur les branches inférieures. Sur le
sommet de l'arbre, au contraire, elles sont beaucoup
plus petites. Si on compare les feuilles de ce Peuplier avec celles des Peupliers du Canada et de Caroline, appartenant à des arbres de la même force et
plantés dans le même terrein, on remarque que
celles de l'espèce dont il est ici question, sont toujours de moitié moins grandes.

On ne possède en France, de cette espèce, que l'individu mâle , qu'on propage de bouture. Le Peuplier
de Virginie ou Suisse offre cela de commun avec
ceux de Canada et de Caroline, que dans sa jeunesse,
il a, comme ceux-ci, les pousses de l'année très-angu-
leuses et que ces angles subsistent pendant la deuxième
et troisième année, dans les individus jeunes, vigoureux et plantés dans un sol humide : dans les arbres
au contraire, qui ont déjà 20 à 30 pieds (7 à 10
mètres) de hauteur, et qui se trouvent dans des terreins élevés et assez secs, les jeunes branches sont

parfaitement cylindriques et non anguleuses : caractère que conservent dans tous les cas, pendant plusieurs années, les Peupliers de Caroline et de Canada.

Comme ce dernier a été souvent, et est encore quelquefois confondu avec le Peuplier Suisse, je résumerai
leurs principaux caractères distinctifs, d'après les
observations de M. de Foucault, un des employés
supérieurs de l'administration impériale des eaux et
forêts, le plus distingué par ses connoissances botaniques appliquées à l'économie forestière, qui a depuis
long-temps cultivé et étudié cette partie avec soin.
« Dans le Peuplier de Virginie ou Suisse, les feuilles
sont, dit-il, beaucoup moins grandes, moins en cœur;
les rameaux moins gros, moins anguleux et cylindriques dans les jets de trois ans, sur les individus plantés
dans les lieux élevés ; les branches moins écartées du
tronc. » M. de Foucault ajoute que le bois du Peuplier
Suisse, lui a paru plus tendre que celui du Canada,
mais que sa végétation est plus rapide, et qu'il n'exige
pas un sol aussi humide pour prospérer : c'est cette
dernière considération qui est cause que cet arbre
est actuellement planté avec profusion dans toutes
les parties de la France, où l'on a trouvé qu'il donne
des produits très-abondans plus promptement que le
Peuplier d'Italie.

PLANCHE X.

2. *Peuplier de Virginie ou Peuplier suisse.*

POPULUS *CANADENSIS.*

COTTON WOOD.

Populus *canadensis, foliis magnis, latò-cordatis, crenatis, glabris ; basi glandulosis : ramis angulatis in adultis.*

Cette espèce de Peuplier, comme le Peuplier de Virginie ou Suisse, est connue depuis long-temps en Europe. Il est assez probable qu'elle est venue primitivement en France, du Canada. C'est du moins ce que paroîtroit devoir indiquer le nom de Peuplier de Canada qu'elle y porte. J'ai trouvé cet arbre dans la partie supérieure de l'État de New-York, sur les bords de la rivière Gennessée, qui se jette dans le lac Ontario, latitude 43°. Je l'ai encore observé dans quelques parties de la Virginie, et notamment dans plusieurs Iles de l'Ohio. Partout où je l'ai vu, je l'ai toujours trouvé immédiatement le long des rivières, dans un sol gras, onctueux et exposé à être submergé tous les ans, au printemps, par la crue des eaux. On ne rencontre, au contraire, jamais cet arbre autour des marais et des autres lieux humides, enclavés dans les forêts. Sur les bords de la rivière Gennessée, où les froids sont aussi intenses que dans le Nord de l'Allemagne, j'ai vu plusieurs de ces Peupliers que j'ai estimé avoir de 70 à 80 pieds (23 à 27 mètres) de hauteur, sur 3 à 4 pieds (plus de 1 mètre) en diamètre.

POPULUS Canadensis.

Cotton Wood.

La description et les remarques que m'a communiquées M. de Foucault, sur ce Peuplier qu'il a cultivé depuis long-temps, et qu'il a étudié plus minutieusement que moi, s'accordent parfaitement avec les observations que j'en ai faites dans son pays natal.

« Les feuilles sont, dit-il, deltoïdes, presque en cœur, toujours plus longues que larges, glabres et inégalement dentées; les pétioles comprimés, d'un vert jaunâtre; deux glandes de la même couleur à la base du pétiole; les rameaux anguleux: les angles forment des lignes blanchâtres, saillantes, qui se conservent même dans l'état adulte de cet arbre. Toute espèce de terrein ne lui convient pas; il réussit beaucoup moins bien que le Peuplier Suisse dans les terres compactes et argileuses ».

« Comme arbre d'utilité, le Peuplier Suisse lui est preféré et avec raison, parce que le Peuplier du Canada est plus difficile sur le terrein, et qu'il a le défaut de porter des branches qui se bifurquent souvent près de la base du tronc; ce qui nuit à son élévation, car lors même que ces branches inférieures sont supprimées, celles du haut ont le même inconvénient ».

Cet arbre est plus pittoresque que le Peuplier Suisse, particulièrement sur le bord des eaux; il a le feuillage beaucoup plus large et les cannelures de sa tige qui sont toujours très-prononcées, même sur les vieux pieds, un peu moins cependant que dans le Peuplier de la Caroline, mais beaucoup plus que dans le Peuplier de Virginie ou Suisse, le font aisément distinguer de ce dernier, qui file plus droit et dont la tête est arrondie. Le Peuplier du Canada acquiert beaucoup plus de grosseur ». Les chatons femelles de ce Peuplier sont flexibles, pendans, et ont de 6 à 8 pouces (18 à 24 centimètres) de longueur. Ses graines sont enveloppées d'une très-belle aigrette qui a la blancheur du coton. Les bourgeons, à l'époque de leur développement, sont lisses et enduits d'une substance résino-aromatique, d'une odeur agréable.

Ce Peuplier est assez rare dans les États atlantiques. Il n'y est connu des habitans sous aucune dénomination particulière. Il paroît être, au contraire, fort commun sur les rives du Mississipi, au-dessus de la rivière des Arkansas, ainsi que sur celles du Missouri et de ses affluens. C'est, je ne puis en douter, le véritable Peuplier désigné sous le nom de *Cotton wood*, bois à coton, dont parlent si fréquemment Gass, (dans le Journal de son Voyage à la mer du Sud, où il accompagna les capitaines Lewis et Clark), et le capitaine Pike, dans son intéressante Relation du Nord de la Nouvelle-Espagne. C'est même très-fréquemment, disent ces Voyageurs, le seul arbre qu'on trouve sur les bords des rivières de ces Contrées. Les Indiens Mandanes, qui habitent à 500 lieues au haut du Missouri, nourrissent leurs chevaux pendant l'hiver, avec les jeunes branches de cet arbre. Les froids excessivement rigoureux qu'on éprouve dans ces Contrées, pendant cette saison, sont une preuve suffisante, que le

Cotton wood n'est pas le *Populus angulata* ou Peuplier dela Caroline, dont les pousses annuelles gèlent
tous les ans, par un froid de quelques degrés. Les
Américains de la Haute-Louisiane confondent, il
est vrai, ces deux arbres sous la même dénomination, parce qu'ils croissent tous les deux sur les rives
du Mississipi; mais le Peuplier de Caroline cesse
de se montrer sur le Missouri, à 100 milles au-delà
de son embouchure dans le Mississipi. Il est, au
contraire, beaucoup plus abondant que celui de
Canada dans la Basse-Louisiane, où la température
est si douce en hiver, qu'il n'y tombe pas de neige.

PLANCHE XI.

Feuilles de grandeur naturelle prises sur un grand arbre.
Fig. 1, portion d'une branche de deux ans.

POPULUS *ANGULATA.*

CAROLINIAN POPLAR.

Populus *angulata, arbor maxima, ramis acutangutis,
foliis deltoïdeis, serratis; junioribus amplissimis, cordatis : gemmis viridibus, non resinosis.*

La Basse-Virginie est le point le plus avancé vers
le Nord, où j'ai trouvé ce Peuplier; aussi est-il
plus commun dans les deux Carolines, la Géorgie
et la Basse-Louisiane. C'est sur les bords marécageux
des grandes rivières qui traversent ces contrées, que
cette espèce croît de préférence; elle abonde principalement sur les rives du Mississipi, depuis l'Océan
jusqu'au Missouri, et même 100 milles (33 lieues),
en remontant cette rivière; ce qui comprend une
étendue de 450 à 500 lieues, en suivant les sinuo-
sités du fleuve. Dans les marais, le *Populus angulata* est mêlé avec le *Cupressus disticha*, le
Nyssa grandidentata, l'*Acer rubrum*, le *Juglans
aquatica*, le *Quercus lyrata*, etc. Avec lui se trouvent aussi le *Populus canadensis* et le *Populus argentea*, espèces auxquelles les habitans donnent
le nom de *Cotton tree*, Arbre à coton, parce
que leurs graines sont également enveloppées d'un
duvet abondant, qui a la blancheur éclatante du
coton.

Parmi les nombreuses espèces de Peupliers qu'on
trouve dans l'étendue des États-Unis, celle-ci est

POPULUS Angulata.

Carolinian Poplar.

une des plus remarquables par ses grandes dimensions; car elle s'élève jusqu'à 80 pieds (27 mètres),
sur un diamètre proportionné; sa cime est très-large
et elle est garnie d'un beau feuillage.

Les feuilles, lors de leur développement au printemps, sont lisses et luisantes; mais elles présentent
une conformation très-différente, suivant qu'elles
naissent sur des rejetons et de très-jeunes individus,
ou qu'elles appartiennent à des arbres qui ont déjà
plus de 5 à 6 pouces (15 à 18 centimètres) de diamètre, et plus de 20 à 40 pieds (6 à 13 mètres) d'élévation. Dans le premier cas, les feuilles acquièrent
jusqu'à 7 et 8 pouces (21 à 24 centimètres) de longueur, sur une largeur pareille dans le grand diamètre; elles sont en cœur, ayant leur base arrondie, et
les principales nervures sont rougeâtres. Dans les
arbres très-élevés, au contraire, et même dans ceux
qui n'ont qu'une hauteur médiocre, elles sont des trois
quarts plus petites, surtout celles qui pendent aux
branches les plus élevées; alors leur base, au lieu
d'être arrondie, comme dans les jeunes individus,
est presque droite, et forme, avec le pétiole, un
angle presque droit. Ces feuilles, d'une texture un
peu charnue, lisses et d'une belle couleur verte, sont
traversées de nervures d'un blanc jaunâtre; leurs
bords sont crénelés, à dents obtuses, plus rapprochées
à leur sommet et plus écartées à leur base. Le long
pétiole auquel ces feuilles sont attachées, et qui est
fortement déprimé à sa partie supérieure, les rend
extrêmement mobiles et susceptibles d'être facilement agitées par le vent.

Dans les rejetons, ou dans les individus encore
fort jeunes, qui croissent dans des terreins gras et
humides, les pousses annuelles sont très-épaisses,
profondément striées et de couleur verte, avec des
points blancs sur leur superficie. On retrouve sur
les branches de la deuxième, troisième, et même septième et huitième année, les traces de ces stries ou
cannelures primitives, lesquelles sont indiquées sur
l'écorce par des lignes saillantes et de couleur rougeâtre, qui aboutissent à l'insertion des petites branches ; ces lignes finissent par disparoître entièrement,
à mesure que les branches deviennent très-grosses.
Ce caractère est également commun au *Populus
canadensis* : mais, outre que ces deux arbres diffèrent par leur aspect, on les distinguera toujours très-
facilement à leurs bourgeons ; ceux du Peuplier de
Caroline sont courts, très-verts et ne sont pas enduits
comme dans le *Populus canadensis*, d'une matière
résino - aromatique , dont il reste dans ce dernier
toujours des traces jusques dans l'arrière-saison.

Le bois du Peuplier de Caroline est blanc et très-
tendre ; on n'en fait aucun usage dans les pays où il
croît. Ce bel arbre a été introduit depuis long-temps
en Europe, où les Amateurs de cultures étrangères
l'employent avec raison pour l'ornement de leur
résidence champêtre : seulement il a un inconvénient,
c'est que, dans quelques hivers rigoureux, sous le climat de Paris, ses pousses terminales sont attaquées
par les gelées.

Mon Père , dans sa *Flora Boreali Americana* , a

confondu cette espèce avec le *Populus canadensis.*
Ces deux arbres, il est vrai, présentent le même caractère, celui d'avoir leurs tiges anguleuses ; mais ils diffèrent sous les autres rapports que je viens d'indiquer.

PLANCHE XII.

*Feuille de grandeur naturelle prise sur un grand arbre , vers
le milieu de sa hauteur. Fig. 1 , portion d'une pousse annuelle.
Fig. 2 , morceau d'écorce prise sur une branche de trois ans.*

POPULUS *BALSAMIFERA.*

TACAMAHACA OR BALSAM POPLAR.

Populus *balsamifera, foliis ovato-lanceolatis, serratis,
subtùs albidis , stipulis resinosis.*

Cette espèce de Peuplier appartient à des Contrées
très-septentrionales de l'Amérique, où je n'ai pas
voyagé. Mon Père qui a parcouru le Bas-Canada et
les parties de cette province qui sont situées entre
Quebec et la baie d'Hudson, a trouvé ce Peuplier baumier en très-grande abondance autour du lac St. Jean,
et dans tout le pays traversé par la rivière Sagney,
entre le 47° et le 49° de latitude. Dans ces parages,
où , dit-il, la température est très-rigoureuse en hiver
et le sol humide, cet arbre s'élève à 80 pieds (27
mètres), sur 3 pieds (1 mètre) en diamètre. Il ajoute
qu'il l'a encore vu très-communément à Taddoussac
et à la Malebaye , près du fleuve St. Laurent. Mais il
diminue très-sensiblement, à mesure qu'on avance
vers Montréal , et il est rare sur le lac Champlain :
telles sont assez exactement, au Nord et au Sud , les
limites dans lesquelles croît plus particulièrement
ce Peuplier.

Au printemps, lorsque les bourgeons se dévelop-
pent, et que les feuilles commencent à naître , le
Peuplier baumier offre cela de remarquable, que
les bourgeons sont enduits d'une substance jaunâtre,
gluante et assez abondante, dont l'odeur est fort

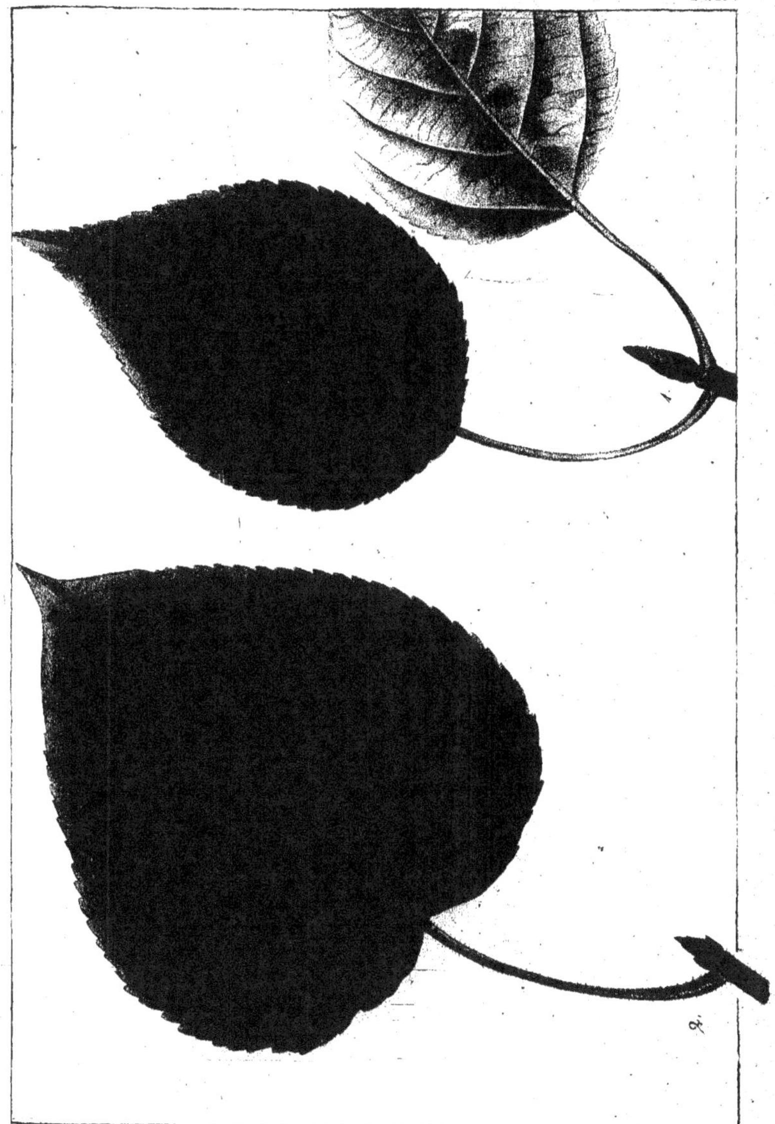

1. **POPULUS** Balsamifera.

Balsam Poplar.

2. **POPULUS** Candicans.

Heart Leaved Balsam Poplar.

agréable ; mais cette exsudation diminue à mesure qu'on avance vers l'été : néanmoins les bourgeons conservent toujours une forte odeur balsamique. Les feuilles, portées sur des pétioles longs et arrondis dans toute leur longueur, sont ovales-lancéolées, d'un vert foncé en-dessus, et d'un blanc argentin en-dessous, mêlé d'une teinte ferrugineuse.

Le bois de cette espèce de Peuplier est blanc et tendre, et il ne paroît pas que les habitans du Canada l'emploient à aucun usage.

PLANCHE XIII.

1. *Petit rameau avec des feuilles de grandeur naturelle prises sur un grand arbre.*

POPULUS *CANDICANS.*

HEART LEAVED BALSAM POPLAR.

Populus *candicans , foliis cordatis , petiolis hirsutis ; stipulis resinosis ; ramis teretibus.*

CET arbre, qui est un véritable Peuplier baumier, est fort commun dans les États de Rhodesland , Massachussets et New - Hampshire, où je l'ai vu seulement planté devant les maisons, soit dans les villes, soit dans les campagnes, moins comme arbre d'ornement, que pour garantir en été, les habitations, des rayons du soleil. Je n'ai point trouvé cette espèce de Peuplier, dans les forêts de ces États, ou s'il y existe, il est très-rare. Je n'ai pu savoir non plus d'où il a été primitivement apporté.

Ce Peuplier offre des différences très-marquées avec celui dont j'ai donné précedemment la description. Dans le *Populus candicans*, les feuilles sont trois fois plus grandes, parfaitement cordiformes et les pétioles sont souvent garnis de poils : elles conservent aussi à toutes les époques de leur végétation, dans l'une et l'autre espèce, les formes qui leur sont propres, soit que ces feuilles naissent sur de grands arbres, soit sur des rejetons. Mais la teinte de leur feuillage est la même, d'un vert sombre en-dessus et blanchâtre en-dessous. Au printemps, leurs bourgeons sont également enduits assez abondamment d'une substance résino-balsamique, d'une odeur agréable.

Ce Peuplier-baumier s'élève à 40 et 50 pieds (13 et 17 mètres) de hauteur, sur 18 à 20 pouces (54 à 60 centimètres) de diamètre. Son tronc est couvert d'une écorce verdâtre et unie. Le bois en est très-tendre et n'est employé à aucun usage. Son feuillage est touffu d'un vert sombre. Mais en général, ses branches mal placées, ne donnent pas à cet arbre un aspect agréable. Au printemps, lors de la maturité de ses graines, celles-ci entourées de duvet, sont portées par le vent dans l'intérieur des maisons, où elles tombent dans les mets et sur les meubles; ce qui fait qu'actuellement quelques personnes coupent les pieds plantés devant leurs habitations et les remplacent par le Peuplier d'Italie, bien préférable à tous égards, arbre très-pittoresque et dont les branches rapportées contre le tronc, n'embarrassent point les murs, et n'obstruent point les fenêtres des appartemens.

PLANCHE XIII.

2. *Petit rameau avec des feuilles de grandeur naturelle prises sur un grand arbre.*

TILIA Americana.

Bass Wood.

TILIA *AMERICANA.*

AMERICAN LIME OR BAASS WOOD.

Polyandrie monogynie , L**INN**. Fam. des Tiliacées.
Tilia canadensis. A. Mich. Fl. B. Am.

T**ILIA** *americana* , *foliis suborbiculatò-cordatis* , *abruptè acuminatis* , *argutè serratis* , *glabris* ; *petalis apice truncatis* ; *nuce ovatâ.*

D**ES** diverses espèces de Tilleuls qui croissent dans l'Amérique Septentrionale , à l'Est du Mississipi, celle-ci est une des plus multipliées. Elle se trouve dans le Canada, mais elle est encore plus commune dans le Nord des Etats-Unis , où elle est le plus habituellement désignée par le nom de *Baas wood* ; quelquefois aussi on lui donne celui de *Lime tree.* On observe qu'à mesure qu'on se dirige vers le Sud, cet arbre devient plus rare, tellement que dans la Basse-Virginie, les deux Carolines et la Géorgie, on ne le voit que dans cette partie de la chaîne des monts Alléghanys qui traverse ces Etats.

Dans les Etats du Milieu et du Nord, c'est surtout dans le Gennessée , portion de l'Etat de New-York qui avoisine les lacs Ontario et Erié , que j'ai trouvé ce Tilleul le plus abondamment. Dans certains cantons, et notamment entre Batavia et New-Amsterdam, fréquemment il constitue les deux tiers de la masse des forêts , et quelquefois il les compose exclusivement. Dans le premier cas, l'Erable à sucre, l'Orme blanc et le Frêne blanc, sont les espèces avec lesquelles il se trouve plus particulièrement réuni.

Dans les nouveaux défrichemens, on distingue les souches des Tilleuls de celles des autres arbres, en ce qu'elles se couvrent, ainsi que les grosses racines, d'un très-grand nombre de rejetons. On ne peut empêcher cette végétation qu'en les dépouillant de l'écorce, ou en mettant le feu autour. Les souches des autres gros arbres, tels que l'Orme, l'Erable à sucre et le Frêne, coupés de même à trois pieds (1 mètre) de hauteur, ne poussent point de rejetons.

La présence du Tilleul indique un terrain meuble, profond et fertile. Alors, sa hauteur excède 70 et 80 pieds (23 et 27 mètres), sur un diamètre de 3 à 4 pieds (plus d'un mètre) : sa tige droite et d'une grosseur uniforme, et sa cime ample et bien fournie, en font un très-bel arbre. Les feuilles de cette espèce, disposées alternativement sur les branches, sont grandes, presque rondes et dentées finement dans leur contour; elles sont en cœur à leur base, et se terminent promptement en pointe à leur sommet. Les fleurs sont portées sur de longs pédoncules pendants et rameux à leur extrémité. Ces pédoncules sont arrondis par le haut et adhérens au centre d'un stipule, espèce de feuille colorée, longue et étroite. Les fleurs sont remplacées par des fruits ronds et

de couleur grise. Ils sont à maturité vers le 1ᵉʳ octobre. Les fleurs des diverses espèces de Tilleuls
d'Amérique sont très-probablement douées des propriétés qu'on assigne à celles de leurs analogues qui
croissent en Europe : prises en infusion, elles sont
regardées comme anti-spasmodiques et surtout
comme céphaliques.

Le tronc du Tilleul est couvert d'une écorce
fort épaisse : macérée dans l'eau et dépouillée de
son épiderme, on en fait des cordes qui, en Amérique, sont seulement employées par les habitans
des campagnes qui les préparent ; mais elles ne sont
pas, comme en Europe, vendues dans les villes pour
certains usages, entr'autres pour faire des cordes à
puits.

Le bois de Tilleul est blanc et tendre. Dans le
Nord des Etats-Unis, où il ne croît point de Tulipier, on s'en sert pour faire les panneaux de la caisse
des cabriolets, et le siége des chaises, dites de Windsor : mais comme il est plus tendre que le Tulipier,
il se raye plus facilement, et par suite il convient
moins bien pour cet usage. C'est à Boston et dans
les villes situées plus au Nord, que j'ai observé qu'on
commence à substituer le Tilleul au Tulipier.

Sur les bords de l'Ohio, on se sert du Tilleul en
place du *Pinus strobus*, pour faire les figures destinées à orner la proue du petit nombre de vaisseaux
qui se contruisent sur cette rivière.

Le Tilleul d'Amérique a été depuis long-temps

introduit en Europe ; on le reconnoît à ses feuilles plus grandes que celles des espèces de l'ancien continent.

PLANCHE Iʳᵉ.

Rameau avec les feuilles de moitié grandeur naturelle. Les fleurs sont de grandeur naturelle.

TILIA Alba.

White Lime.

TILIA *ALBA*.

WHITE LIME.

Tilia Heterophylla, **Vent.**

Tilia *alba, foliis majoribus, ovatis, argutè serratis, basi obliquè aut æqualiter truncatis; subtùs incanis.*

Je n'ai point trouvé cette espèce de Tilleul au Nord-Est de la rivière Delawares, mais elle est fort commune dans la Pensylvanie, le Maryland et la Virginie; on la rencontre également dans tous les Etats situés à l'Ouest des monts Alléghanis. Ce Tilleul ne croît pas, comme celui dont j'ai donné précédemment la description, dans les endroits élevés, ni parmi les autres arbres qui composent les forêts; on le voit rarement autre part que sur les bords des rivières qui traversent les diverses parties des Etats-Unis que je viens d'indiquer. Je l'ai plus particulièrement observé le long de la Susquehannah, de l'Ohio et de leurs affluens.

L'élévation à laquelle parvient le Tilleul blanc, excède rarement 40 pieds (13 mètres) sur un pied à 18 pouces (36 à 54 centimètres) en diamètre. Ses jeunes branches sont couvertes d'une écorce lisse et d'un gris-perlé. Ce caractère le fait reconnoître en hiver lorsqu'il est dépourvu de ses feuilles; celles-ci sont très-grandes, de forme ovale ou arrondie, terminées en pointe à leur sommet, et en

cœur ou très-obliquement tronquées à leur base : leur
surface supérieure est d'un vert obscur ; l'inférieure
est blanche , avec de petites houpes rousses dans
les angles des principales nervures. Cette couleur
blanche des feuilles à leur surface inférieure , est
d'autant plus apparente que les arbres sont isolés
et exposés aux rayons du soleil.

Les fleurs paroissent dans le courant de juin ;
elles sont, ainsi que les stipules auquel elles sont
attachées, plus grandes que dans aucun autre Tilleul que je connoisse. Les pétales sont aussi plus
blancs et plus larges ; leur odeur est douce et agréable ; les fruits ou graines sont de forme ronde, et
même un peu ovale ; leur surface est veloutée. Le
bois de cet arbre, comme celui de l'espèce précédemment décrite, est blanc et tendre ; je ne sache
pas qu'on en fasse usage dans les pays où il croît.

Cette espèce de Tilleul, et la suivante, n'ont,
jusqu'à présent, reçu des habitans aucune dénomination particulière ; ils les désignent également par
les mêmes noms d'*American lime tree* et de *Baas
wood ;* celui de *White lime*, Tilleul blanc, que je
lui ai donné, m'a paru lui être plus approprié que
tout autre , eu égard à la couleur de son feuillage.

PLANCHE II.

*Rameau avec les feuilles et les fleurs de grandeur naturelle.
Fig. 1 , fruits ou graines.*

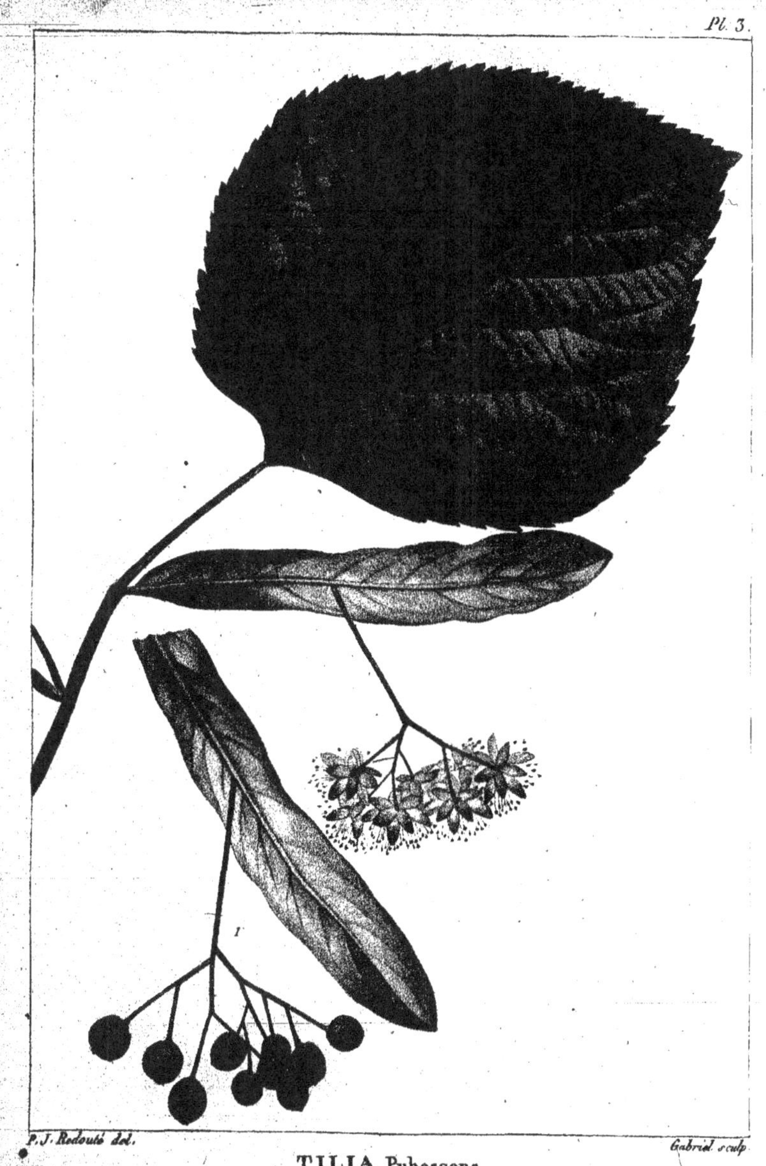

P. J. Redouté del.

Gabriel sculp.

TILIA Pubescens.
Downy Lime Tree.

TILIA *PUBESCENS.*

DOWNY LIME TREE.

Tilia laxiflora , A. Mich, Fl. b. Am.

Tilia *pubescens, foliis basi truncatis, obliquis, denticu-*
latò-serratis , subtùs pubescentibus; petalis emargina-
tis; nuce globosá.

Ce Tilleul appartient aux parties méridionales des
Etats-Unis , aux deux Florides et à la Basse-Louisiane. Les bords des rivières et des grands marais
dont le sol est de bonne qualité et frais, mais non
exposé à être submergé, sont les situations où on le
trouve de préférence. Cependant, il est au nombre
de ceux qui sont peu multipliés, et qui, par suite,
ne sont pas remarqués des habitans : c'est encore à
cause de cela, et parce qu'il est seul dans la partie
maritime des Carolines et de la Géorgie , qu'il n'a
reçu aucune dénomination particulière, et qu'on
l'appelle seulement *Lime tree*, Tilleul; dénomination à laquelle j'ai cru devoir ajouter celle de
Downy, velouté, tirée d'un caractère pris dans ses
feuilles et que ne présentent pas les deux espèces
précédemment décrites.

Le Tilleul pubescent s'élève à 40 et 50 pieds (13
et 17 mètres), sur un diamètre proportionné à cette
hauteur ; et par son ensemble, il se rapproche plus
du *Tilia americana*, qui croît plus au Nord, que
du *Tilia alba*, qui vient dans les Etats du Milieu et de l'Ouest. Les feuilles de l'espèce dont je

donne ici la description, varient beaucoup en grandeur, suivant les expositions où croissent les individus auxquels elles appartiennent : ainsi, elles ont seulement 2 pouces (6 centim.) en diamètre, si les arbres où elles ont été prises sont dans un endroit sec et découvert; elles ont, au contraire, le double s'ils sont dans un terrain frais et ombragé. Ces feuilles sont arrondies, acuminées à leur sommet et très-obliquement tronquées à la base. Leur contour est bordé de dents moins nombreuses et moins rapprochées que dans les autres Tilleuls. Elles en diffèrent encore, parce qu'elles sont très-sensiblement veloutées en-dessous. Les fleurs sont aussi plus nombreuses, et elles forment des grappes plus lâches et plus fournies : les graines sont arrondies et aussi veloutées à leur surface.

Le bois de ce Tilleul est tendre et blanc, très-semblable à celui des autres espèces décrites; on ne l'employe, dans le Midi des Etats-Unis, à aucun usage que je sache.

Cette espèce de Tilleul a été depuis long-temps introduite en France; sa végétation est vigoureuse et ne souffre jamais des froids qu'on éprouve dans les environs de Paris; c'est ce qui me donne lieu de croire qu'il doit aussi se trouver dans la Haute-Louisiane et dans les États situés à l'Ouest des monts Alléghanys.

PLANCHE III.

Rameau avec les feuilles et les fruits de grandeur naturelle.

AULNES.

Le peu d'élévation à laquelle parviennent les espèces d'aulnes qu'on a trouvées jusqu'ici dans l'Amérique Septentrionale, paroissoit devoir les exclure de
la série des grands arbres que je me suis restreint
à décrire ; cependant, je n'ai pu me refuser à traiter
de deux espèces les plus marquantes ; la première,
parce qu'elle est extrêmement multipliée ; et la seconde, parce qu'elle offre une différence sensible
dans la teinte de son feuillage.

ALNUS *SERRULATA.*

COMMON ALDER.

ALNUS *serrulata, stipulis ovalibus, obtusis; foliis du-*
plicato-serratis, ovalibus, acutis.

CETTE espèce d'Aulne est désignée dans tous les
États-Unis sous le nom de *Common alder*, Aulne
commun ; on la trouve aussi bien dans les États du
Nord que dans ceux du Centre, du Sud et de
l'Ouest. Fréquemment, elle croît le long des ruisseaux et abonde encore davantage dans les endroits
où les eaux sont stagnantes. Sa hauteur la plus ordinaire est de 8 à 12 pieds (2 à 4 mètres), sur un
diamètre qui est ordinairement d'environ 2 pouces
(6 centimètres), mais qui, souvent aussi, est moindre. Ses feuilles, d'une belle couleur verte, sensiblement sillonnées à leur surface, et longues d'environ 2 pouces (6 centimètres), sont ovales et bordées
dans leur contour d'une double rangée de dents.

Cet arbrisseau est en fleur au mois de janvier, et
il appartient à la classe de ceux dont les sexes sont
séparés, mais placés sur le même pied. Ses fleurs
mâles sont disposées, comme celles du Bouleau, autour d'un filet commun, et forment un chaton
flexible et pendant, d'environ 2 pouces (6 centim.)
en longueur. Les fleurs femelles se présentent sous
la forme de petits corps ovales, frangés d'un rouge
terne; avec le temps, elles se convertissent en de

1. ALNUS Serrulata.

Common Alder.

2. ALNUS Glauca.

Black Alder.

petits cônes écailleux, qui s'ouvrent à l'époque de la maturité, pour laisser échapper de petites graines plates.

Comme dans son analogue, l'*Alnus glutinosa*, qui croît en Europe, lorsqu'on entame l'*Alnus serrulata*, la couleur du bois, d'abord blanche, devient rougeâtre par le seul contact de l'air ; c'est ce qui me fait présumer que son écorce jouit des mêmes propriétés que celle de l'*Alnus glutinosa*, dont se servent les chapeliers pour faire une teinture noire, avec l'addition du sulfate de fer.

L'*Alnus serrulata* a de trop petites dimensions pour que son bois puisse être employé dans les arts ; et, sous ce rapport, il ne peut être comparé à l'espèce européenne qui s'élève à plus de 40 pieds (14 mètres), dont le bois est très-estimé pour une infinité d'ouvrages, et qui donne des produits très-avantageux à tous ceux qui ont des endroits humides propres à sa culture. Ces diverses considérations, qui donnent à l'Aulne commun d'Europe la supériorité sur les espèces Américaines, sont un motif suffisant pour engager, par la suite des temps, les forestiers Américains à l'introduire dans leur pays.

PLANCHE IV.

1. *Feuille de grandeur naturelle. Fig.* 1 *, chaton avec les fleurs mâles. Fig.* 2 *, fruit à maturité. Fig.* 3 *, graines.*

ALNUS *GLAUCA.*

BLACK ALDER.

Alnus incana. **Willd.**

Alnus *glauca, foliis subrotundò-ellipticis, duplicatò-serratis, subtùs glaucis.*

Cette espèce d'Aulne qui ne se trouve pas dans les États du Sud, qui est assez rare dans ceux du Milieu, est, au contraire, plus multipliée dans les États du New-Hampshire, Massachussetts et de Vermont; elle y est cependant encore moins commune que l'*Alnus serrulata* qu'on voit fort abondamment dans toutes les parties des États-Unis. L'*Alnus glauca* acquiert un tiers plus d'élévation, c'est-à-dire qu'on en trouve souvent des individus qui ont de 18 à 20 pieds (7 à 6 mèt.) de hauteur, sur environ 3 pouces (12 centim.) de diamètre. Ces deux espèces croissent l'une et l'autre aux lieux frais et humides, ainsi que le long des ruisseaux. La forme de leurs feuilles est la même, mais celles de l'espèce dont il est ici question, sont d'un tiers plus grandes, et elles en diffèrent surtout par la couleur qui est d'un vert pâle et comme bleuâtre, ce qui les fait reconnoître au premier abord.

L'écorce qui couvre le tronc, ainsi que les branches secondaires, est d'une teinte brune très-foncée; elle est lisse, luisante et parsemée de points blancs.

Les chapeliers s'en servent, m'a-t-on dit, pour teindre
en noir. Le trop petit diamètre auquel parvient cet
Aulne ne permet pas de tirer parti de son bois pour
aucun usage que ce soit ; mais sa belle végétation
et son feuillage agréable , en font une des belles
espèces de ce genre qu'on connoisse , et c'est un
motif suffisant de l'indiquer aux Amateurs de cultures étrangères.

PLANCHE IV.

2. *Feuille de grandeur naturelle.*

SALIX *NIGRA.*

THE BLACK WILLOW.

Salix *nigra, foliis lanceolatis, acuminatis, serratis,*
glabris ; petiolis pubescentibus.

Cette espèce de Saule, qui offre plus de ressemblance avec le Saule commun d'Europe, *Salix alba,*
qu'aucune autre qu'on trouve dans les Etats-Unis,
est aussi la plus multipliée, et elle l'est proportionnellement plus dans les États du Centre, et surtout dans ceux de l'Ouest, que dans ceux du Nord
et du Sud. On lui donne le nom de *Black willow,*
Saule noir, et fréquemment encore elle est désignée
par le seul nom de *Willow,* Saule. Cette espèce
croît sur les bords immédiats des grandes rivières,
tels que ceux de la Susquehanah, de l'Ohio et de
tous leurs affluents.

Le Saule noir s'élève rarement à plus de 3o à 35
pieds (10 à 12 mètres), sur 12 à 15 pouces (36 à
45 centimètres) de diamètre. Son tronc se partage
promptement en plusieurs branches, qui, sans être
pendantes, sont très-divergentes ; ce qui fait que sa
cime embrasse beaucoup d'espace relativement à sa
grosseur. Les feuilles sont longues, étroites, finement dentées, et ne sont point accompagnées de
stipules à l'attache du pétiole. Le feuillage du Saule
noir est d'un vert clair, et ses feuilles diffèrent principalement de celles du Saule d'Europe, en ce

qu'elles ne sont pas, comme dans celui-ci, glauques ou blanches à leur surface inférieure.

Le tronc du Saule noir est couvert d'une écorce grisâtre et finement gercée ; son bois est blanc et tendre, et ses branches se cassent très-facilement à leur naissance. L'écorce qui couvre les racines est d'une couleur très-rembrunie, d'où est probablement venue, à cette espèce de Saule, la distinction spécifique de *Saule noir* qui lui a été donnée. La décoction des racines, revêtues de leur écorce, est d'une grande amertume ; les habitans des campagnes la regardent comme dépurative, et lui attribuent aussi la propriété de prévenir et même de guérir les fièvres intermittentes.

Le bois, ni les branches du Saule noir, ne jouissent d'aucune propriété qui le rende appréciable ; aussi n'en tire-t-on aucun parti dans les lieux où il est le plus commun.

PLANCHE V.

Fig. 1, feuille de grandeur naturelle.

SALIX *LIGUSTRINA.*

CHAMPLAIN WILLOW.

Salix *ligustrina, foliis lanceolatò-linearibus, acuminatis, serratis, stipulis inæqualiter cordatis ; petiolis villosis.*

C'est sur les bords du lac Champlain, et notamment à sa naissance près de Skeenborough, que j'ai trouvé cette espèce de Saule. Sa hauteur est d'environ 25 pieds (8 mètres) sur 7 à 8 pouces (21 à 24 centimètres) de diamètre. Au premier aspect, il a beaucoup de ressemblance avec le Saule noir ; mais il en diffère par ses feuilles, qui sont plus longues, plus étroites, et dont la base est accompagnée de stipules en cœur, lesquels sont crénelés sur leurs bords. Le bois ni les branches ne sont employés à aucun usage.

PLANCHE V.

Fig. 2, feuille de grandeur naturelle.

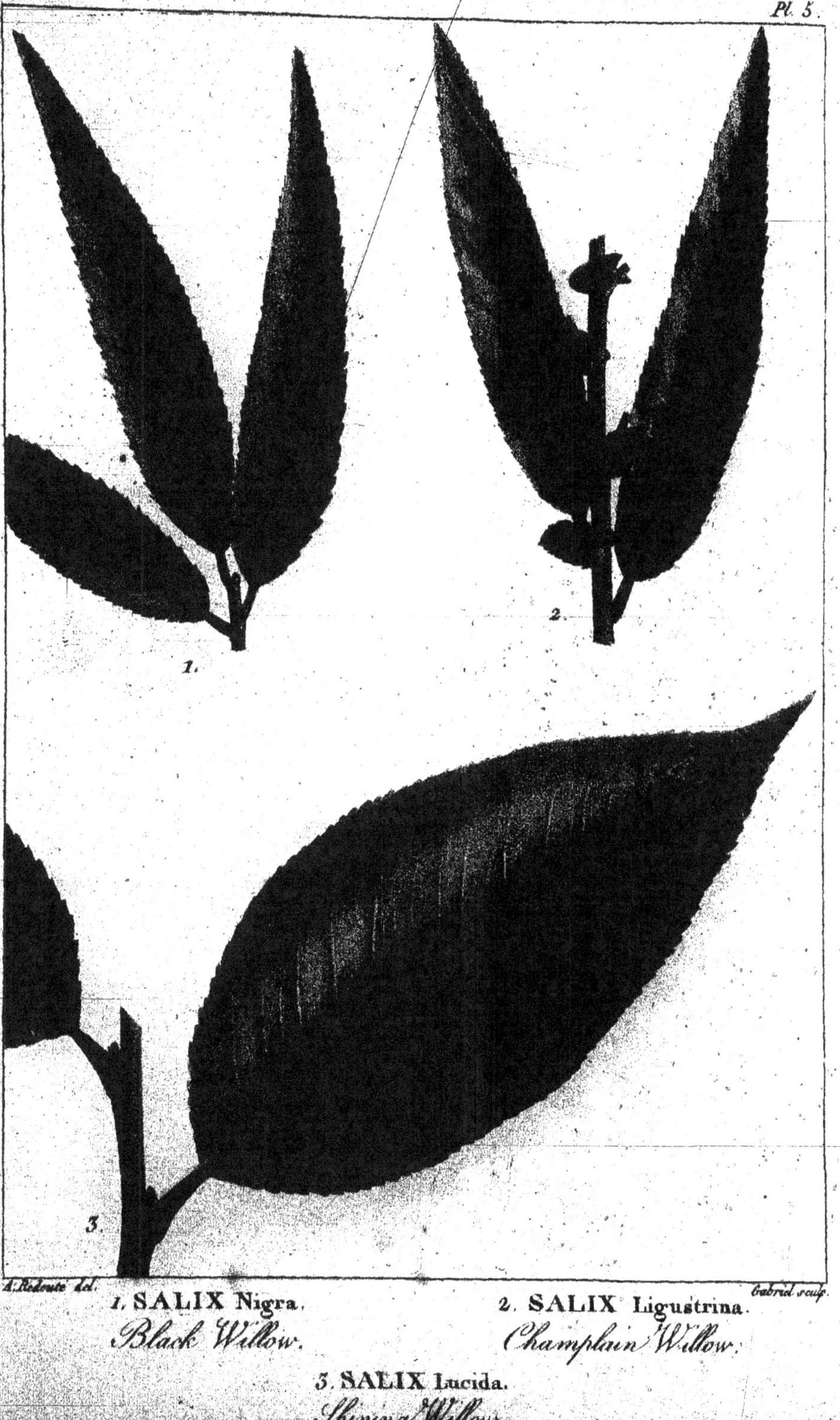

A. Redouté del.

Gabriel sculp.

1. **SALIX** Nigra.

Black Willow.

2. **SALIX** Ligustrina.

Champlain Willow.

3. **SALIX** Lucida.

Shining Willow.

SALIX *LUCIDA.*

SALIX *lucida, foliis oblongis, cuspidatò-acuminatis, nitidis;*
   argutè serratis ; serraturis glandulosis.

CE n'est que dans les Etats du Nord et dans ceux
du Centre que j'ai observé cette espèce de Saule.
Elle est désignée par quelques personnes, par le nom
de *Shining willow*, Saule luisant, à cause de la
teinte brillante de son feuillage.

On trouve ce Saule aux endroits humides, mais
découverts ; ce qui fait qu'il est plus commun le
long des prairies salées, que dans l'intérieur des forêts. On le voit encore, par la même raison, sur les
îles non-boisées qui sont au milieu des rivières et
sur les bords des lacs.

Cette espèce de Saule se reconnoît très-facilement
à ses feuilles qui sont plus larges et plus longues
que dans aucune autre ; elles ont quelquefois quatre
pouces (12 centim.) de longueur. Leur forme est
ovale-acuminée et elles sont dentées dans leur pourtour.

Le Saule luisant s'élève à 18 et 20 pieds (6 et 7
mètres) ; mais, le plus souvent, il ne parvient qu'à
la moitié de cette hauteur. Avec ses branches on
fait des paniers, mais ce n'est qu'à défaut du Saule
d'Europe, qui est préférable. Cette espèce n'offre

donc aucun degré d'intérêt qui puisse en faire recommander la culture.

Obs. Il existe dans les Etats-Unis, ainsi que dans
le Canada, beaucoup d'espèces de Saules : mais la
plupart ne sont que des arbrisseaux qui offrent peu
ou point d'intérêt sous le rapport de l'utilité. Les
trois espèces dont j'ai donné une description
courte, mais suffisante pour qu'on puisse les reconnoître, sont seulement remarquables par leur élévation; et c'est par ce seul motif que j'en ai fait mention. D'une autre part, si on les compare au Saule
d'Europe, *Salix alba*, on trouve qu'elles lui sont
aussi fort inférieures., non-seulement par leurs dimensions, mais encore quant à la qualité du bois
qui n'est pas également propre aux ouvrages de
vannerie; et c'est probablement parce qu'on en a fait
l'essai que, dans les Etats du Nord et du Milieu,
et notamment aux environs de Philadelphie et dans
quelques cantons du Bas-Jersey, l'on a planté depuis long-temps beaucoup de Saules d'Europe, dont
on fait des paniers légers, qu'on apporte au marché de Philadelphie. C'est encore avec les émondes
de cet arbre qu'on fait, dans les Etats-Unis, le
charbon propre à la fabrication de la poudre.

PLANCHE VII.

Fig. 3, *feuille de grandeur naturelle.*

RÉSUMÉ

Des usages auxquels on emploie, dans l'Amérique Septentrionale, les bois provenant des arbres qui y sont indigènes.

Dans la description que j'ai donnée des grands arbres forestiers de l'Amérique Septentrionale, et notamment des Etats-Unis, j'ai eu principalement en vue de faire connoître, aussi exactement qu'il m'a été possible, chaque espèce en particulier, soit en faisant ressortir les caractères distinctifs de chacune d'elles, pris surtout dans la forme des feuilles, des fleurs et des fruits, soit en décrivant toutes les particularités qui les concernent, ce qui a complété leur histoire.

Mon but, dans ce résumé, est seulement d'indiquer ceux de ces mêmes arbres dont on fait usage dans les principaux arts mécaniques, qui ont pour base le travail des bois ; par ce moyen on saura sur-le-champ quelles sont, dans les diverses parties des Etats-Unis, dont l'étendue est de plus de 700 lieues (2000 milles) du Nord-Est au Sud-Ouest, quelles sont, dis-je, les différentes sortes de bois qu'on emploie, soit dans les constructions maritimes, soit dans les constructions civiles, soit dans tous les genres d'industrie qui s'exercent sur cette substance.

Il eût été utile, peut-être même nécessaire, de joindre à chacun des articles que je vais détailler, des remarques critiques, dans lesquelles eussent été discutées avec discernement, les motifs divers qui ont déterminé l'emploi ou l'exclusion de telle ou telle sorte de bois, dans tel ou tel genre de travaux dans les arts ; motifs qui peuvent dépendre de plusieurs causes, comme les localités, la coutume, l'expérience personnelle et acquise de ceux qui les mettent en œuvre. Mais, je l'avoue, un travail aussi complet eût été hors de ma portée ; car, pour le bien faire, il m'eût fallu connoître à fond chacun des arts et métiers dont je dois parler ; or, j'y suis entièrement étranger. Ce n'est donc que sur de nombreux renseignemens que je me suis procurés, et que je regarde néanmoins comme assez exacts, que repose ce court résumé, dans lequel on trouvera, j'ose le croire, plus de *lacunes* que d'erreurs.

CONSTRUCTIONS NAVALES.

DISTRICT DE MAINE, NOUVELLE BRUNSWICK, ET NOUVELLE ÉCOSSE.

Quille. Pour la quille on se sert d'abord, de préférence, de l'*Acer saccharinum* , *Sugar or Rock maple ;* ensuite de l'*Ulmus americana, White elm ;* ces deux espèces d'arbres parviennent dans ces contrées à leur plus grand développement, et par suite on peut en tirer des pièces de la plus grande dimension.

Charpente inférieure. La rareté, et même le manque total de *Quercus alba, White oak,* dans la plus grande partie de district du Maine ; l'insuffisance du *Quercus ambigua*, *Gray oak*, et du *Quercus rubra*, *Red oak*, quoique un peu plus communs, sont cause qu'on les réserve pour les parties du navire exposées aux alternatives de la sécheresse et de l'humidité, tandis que, pour celles qui sont constamment submergées, on remplace le Chêne par d'autres sortes, qui, quoiqu'inférieures à tous égards, conviennent néanmoins assez bien pour cette partie du navire seulement ; car si elles étoient au-dessus de l'eau, elles pourriroient très-rapidement. Ainsi, pour la charpente inférieure, on emploie le *Betula lutea*, *Yellow birch* ; le *Fagus rubra*, *Red beech* ; l'*Acer saccharinum*, *Sugar or Rock maple*, et le *Fraxinus americana*, *White ash*. Le Bouleau jaune et le cœur du Hêtre rouge, sont d'abord les plus estimés ; le Frêne blanc l'est le moins. On a grand soin de dépouiller ces bois de tout leur aubier, et de ne les employer que lorsqu'ils sont bien secs, et qu'ils ont été coupés en temps convenable.

Charpente supérieure. La charpente supérieure, sujette être alternativement dans l'eau et hors de l'eau, se fait, autant qu'on le peut, en Chêne blanc ; et lorsqu'on ne peut s'en procurer une quantité suffisante, on le remplace avec le Chêne gris et le Chêne rouge.

Bordages. Les bordages sont en Chêne blanc ; les planches, *plank*, environ 2 pouces (6 centim.) d'épaisseur.

Gournables, en Chêne blanc.

Préceintes, *Wales*, pour ces planches destinées à couvrir les bordages à la flottaison, on emploie le *Pinus rubra*, *Red or Norway pine*, ou encore préférablement le *Pinus australis*, *Long leaved pine*, qu'on importe pour cet usage de la Caroline ou de la Géorgie.

Genoux. Les genoux sont faits, autant qu'on le peut, 1º. en Chêne blanc; 2º. en Chêne gris; 3º. en Chêne rouge; 4º. en Mélèze; 5º. en *Abies nigra*, *Black spruce*, et c'est de ce dernier arbre qu'on les fait le plus ordinairement, parce qu'ils sont assez bons et qu'il est facile de se les procurer.

Pont. Les planches qui forment le pont, sont ou de *Pinus strobus*, *White pine*, ou de *Pinus rubra*, *Red or Norway pine*, celles-ci sont certainement préférables.

Mâts. Les mâts inférieurs sont toujours en *Pinus strobus*, *White pine*, et les supérieurs en Sapinette noire, *Black spruce*, de même que les vergues.

BOSTON.

Boston étant situé à quelques degrés plus au sud que les ports de mer du District de Maine, le pays qui l'environne se ressent déjà de l'influence d'une température plus douce; par suite, les forêts renferment un plus grand nombre d'espèces de Chênes, et le Chêne blanc s'y trouve en beaucoup plus grande proportion ; ce qui donne déjà aux navires construits à Boston , un degré de supériorité sur ceux qui sont faits plus au Nord.

Quille. On emploie constamment le Chêne blanc.

Charpente supérieure et inférieure. Le Chêne blanc constitue la très-grande partie de l'une et de l'autre ; parfois , quand on manque de cette espèce , on fait entrer dans la charpente inférieure le Chêne rouge , dénomination sous laquelle on comprend le *Quercus ambigua* , *Grey oak* ; le *Quercus coccinea* , *Scarlet oak* , et le *Quercus rubra* , *Red oak.* Quelques auteurs qui ont écrit anciennement sur cette partie des États-Unis , rapportent qu'on faisoit entrer dans les constructions , le *Quercus prinus discolor* , *Swamp white oak* , et que l'on considéroit son bois comme fort bon ; actuellement il n'est plus employé , probablement parce qu'il est beaucoup plus rare qu'autrefois.

Genoux. On les fait aussi , autant qu'on le peut , en Chêne blanc ; mais comme les pièces propres à ce genre de travail se trouvent difficilement , on est obligé de les faire en *Abies nigra* , *Black spruce* , surtout lorsqu'il s'agit du radoub des vieux navires.

Bordages. Les bordages sont en Chêne blanc , et pour *wales* , on donne la préférence au *Pinus australis* , *Long leaved pine* , importé exprès des États méridionaux.

Gournables , ordinairement en Chêne blanc , quelquefois aussi en Acacia , *Locust* , importé de la Virginie.

Pont. Il se fait en *Pinus strobus*, *White pine ;* mais le *Pinus rubra*, *Norway pine*, est préférable, et on s'en sert lorsqu'on peut s'en procurer. On le tire du New-Hampshire, par le canal de Middlesex, qui communique de la rivière Merimack au port de Boston. Les constructeurs lui donnent le nom .de *Yellow pine*, Pin jaune; mais ce dernier, qui est le *Pinus mitis*, ne croît pas dans le New-Hampshire, qui est trop avancé vers le Nord pour que cet arbre puisse y venir.

Mâture. Les mâts et les vergues sont, comme dans le District de Maine, en *Pinus strobus*, *White pine*, pour les mâts inférieurs, et en *Abies nigra*, *Black spruce*, pour les mâts supérieurs et les vergues.

Obs. A Boston, l'on construit encore quelques navires dont la charpente est en Chêne vert et en Cèdre rouge, importés des Etats méridionaux.

NEW-YORK.

Quille. Elle est toujours en Chêne blanc. Autrefois on se servoit quelquefois du *Juglans squamosa*, *Shell bark Hickery*, qui est très-droit et qui parvient à une très-grande élévation; mais on ne trouve plus actuellement, dans le voisinage des ports de mer, des arbres qui y soient propres.

Charpente inférieure. La plus grande proportion est de Chêne blanc, auquel on associe le *Quercus prinus monticola*, *Rocky oak*.

Charpente supérieure. La charpente supérieure

est en pièces de Chêne vert et de Cèdre rouge, placées alternativement. Ces bois sont importés de la
Géorgie et de la Floride orientale.

Bordages, en Chêne blanc; cependant il m'a
paru qu'on se servoit aussi, pour cet usage, du
Quercus prinus monticola, *Rocky oak;* car j'en ai
vu dans les chantiers des *Planks*, planches de 2 à
3 pouces (6 à 9 centimètres) d'épaisseur, très-recon-
noissables à l'écorce qui subsistoit encore sur les
côtés, et qui ne paroissoient pas avoir une autre des-
tination.

Genoux. Autant qu'on le peut, ils sont en Chêne
blanc; mais, comme partout il est difficile de se
procurer les morceaux qui y sont propres, on les
remplace, en très-grande partie, avec ceux que l'on
tire du *Quercus prinus monticola*, *Rocky oak*, qui
sont apportés du haut de la rivière du Nord.

Pont. Les planches qui servent à faire le pont,
sont en *Pinus mitis*, *Yellow pine*, qu'on apporte du
New-Jersey ou du Eastern-Shore, dans le Maryland.

Mâture. Les mâts inférieurs sont en *Pinus strobus*, les supérieurs en Pin jaune, et les vergues en
Abies nigra, *Black spruce*.

Gournables, toujours en Acacia, *Locust*.

PHILADELPHIE.

Quille. Elle est toujours en Chêne blanc, quelquefois encore en *Juglans squamosa, Shell bark Hickery* et en *Juglans porcina*, *Pignut Hickery;* mais

ce n'est que bien rarement qu'on fait usage de ces deux arbres, dont les plus gros ont été abattus dans les environs des ports de mer anciennement habités.

Le *Juglans porcina*, *Pignut Hickery*, est plus coriace que le *Shell bark*, et par suite il est préférable.

Charpente inférieure. Elle est en Chêne blanc, mêlé d'une petite proportion de Noyer noir, d'Acacia, *Locust*, et de Mûrier rouge.

Charpente supérieure. Dans les bonnes constructions, elle se fait, comme à New-York, en pièces de Chêne vert et de Cèdre, alternativement placées les unes à côté des autres. Dans ce mode de construction, le Cèdre rouge, qui est très-durable, compense, par sa grande légèreté, l'extrême pesanteur du Chêne vert. On importe aussi à Philadelphie, des Etats méridionaux et notamment de la Floride, une petite proportion de *Laurus caroliniensis*, *Red bay*, qui est très-avantageusement substitué au Cèdre dont les gros arbres commencent à devenir fort rares dans le Midi des Etats-Unis. Dans la charpente supérieure, on fait encore entrer l'Acacia, *Locust*, le Mûrier rouge et le *Juglans nigra*, *Black walnut*. Ces bois, dont on ne peut se procurer une suffisante quantité, équivalent presque en durée le Chêne vert et le Cèdre rouge; et ils ont l'avantage d'avoir plus de force que le Cèdre rouge, et d'être moins pesans que le Chêne vert. Leur durée est aussi plus longue que celle du Chêne blanc, mais il faut qu'ils soient employés bien secs et sans aubier, surtout le Noyer noir; car cette partie, dans celui-ci, est très-tendre et s'altère très-rapidement. L'Acacia, *Locust*, le Noyer noir et le Mûrier rouge, se tirent des environs de la Susquehannah. Il croît aussi de très-gros Mûriers rouges sur les bords de la Delawares.

Dans les bonnes constructions on n'emploie pas, comme on voit, le Chêne blanc dans la charpente supérieure.

Bordages. Les bordages sont toujours en Chêne blanc.

Gournables, *Treenail.* Constamment en Acacia, *Locust.*

Genoux. Autant qu'on le peut en Chêne blanc, mais, comme les morceaux nécessaires pour ces parties du navire, sont et deviennent tous les jours plus rares, on a recours, comme à New-York, au *Quercus prinus monticola*, connu à Philadelphie et plus au Sud, sous le nom de *Chesnut oak*, Chêne châtaignier, dont on emploie actuellement presque une égale quantité. Le Noyer noir est aussi fort estimé pour les genoux, mais il n'est employé qu'accidentellement à cause de sa rareté, ou plutôt par la difficulté d'obtenir des morceaux convenables. Le Mûrier rouge est aussi très-bon pour les *varangues.*

Pont. Le plus ordinairement il est en *Pinus mitis, Yellow pine*, importé, soit du haut de la Delawares, soit du Eastern-Shore; ce dernier est préférable. On le fait encore en *Pinus australis, Long leaved pine*, importé de la Caroline du Nord ou de la Géorgie.

Mâture. Les gros mâts, ou mâts d'en bas, sont en *Pinus strobus*, *White pine*, qui descendent de la rivière Delawares; les mâts de hunes sont en *Pinus mitis*, *Yellow pine*, et les vergues en *Abies nigra*, *Black spruce*, importé du District de Maine.

BALTIMORE ET ALEXANDRIE.

Les constructions maritimes sont fort bonnes dans ces deux villes, et on y emploie à-peu-près les mêmes matériaux qu'à Philadelphie, c'est-à-dire, le Chêne blanc pour la quille et les membrures inférieures; le Chêne vert et le Cèdre rouge pour la charpente supérieure : on y fait néanmoins entrer dans l'une et dans l'autre, une plus grande proportion de Cèdre rouge et d'Acacia, *Locust*, ces deux arbres se trouvant dans le pays beaucoup plus abondamment que dans le voisinage de Philadelphie. Les genoux sont également en Chêne blanc, en Chêne châtaigner des rochers, et aussi en *Quercus obtusiloba*, *Post or Box white oak*. Les mâts d'en bas sont aussi fréquemment faits de *Pinus mitis*, *Yellow pine*, et quelquefois aussi de *Pinus australis*, *Long leaved pine*, qu'on tire de la rivière Elisabeth, près de Norfolk.

CHARLESTON S. C. ET SAVANAH.

Quille. Elle est constamment faite en *Pinus aus-*

tralis, *Long leaved pine*, et elle est aussi bonne que celle du Chêne blanc.

Charpente inférieure. Les membrures qui la composent sont principalement en Chêne vert, et partie en cœur de Pin à longues feuilles, qu'on regarde comme aussi solide que le Chêne blanc; parfois on y introduit quelques pièces tirées du *Quercus obtusiloba*, *Post oak*, et du *Quercus falcata*, *Spanish oak*.

Charpente supérieure. Elle est constamment faite en Chêne vert et en Cèdre placés alternativement. L'Acacia et le Mûrier rouge sont rarement employés à Charleston et Savanah, ces deux espèces d'arbres étant peu commune dans le voisinage de ces deux villes : il en vient cependant quelques pièces à Savanah, de la Haute-Géorgie, par la rivière Savanah.

Pont. Il est toujours fait en planches de *Pinus australis*, *Long leaved pine*, qui est la meilleure espèce de Pin qui croisse peut-être dans toute l'Amérique Septentrionale.

Genoux. Ils sont ordinairement en Chêne vert, dont le bois est le meilleur dont on puisse se servir pour cet usage.

Bordages. Les bordages sont presque toujours en cœur de Pin à longues feuilles; on les regarde comme aussi solides et aussi durables que ceux qui sont en Chêne blanc. On prétend néanmoins que les bordages de ce bois ne forment pas, à l'avant et à l'arrière du navire, des jointures aussi exactes que lorsqu'ils sont en Chêne.

Gournables. Les gournables sont en cœur de Pin lorsque les bordages sont de ce même bois, et s'il arrive qu'ils soient en Chêne, on les fait en Chêne vert ou en Acacia, *Locust*, et même en Mûrier rouge. Ces dernières sont aussi bonnes que celles d'Acacia.

Mâts. Les gros mâts sont en *Pinus australis*, *Long leaved pine*, regardés avec raison comme plus forts que ceux de *Pinus strobus*, *White pine*. Les mâts supérieurs sont aussi en Pin à longues feuilles, et les vergues en *Abies nigra*, *Black spruce*, importé du District de Maine.

Lorsque les bois dont je viens de parler ont été employés bien secs, les navires qui en sont construits durent autant et même plus que ceux qui sont faits à New-York et à Philadelphie, où le Chêne blanc entre en grande proportion dans les constructions navales.

LOUISVILLE SUR L'OHIO.

Quille. Elle est en Chêne blanc.

Charpente supérieure. En Chêne blanc, entremêlé de Noyer noir.

Charpente inférieure. Avec le Chêne blanc on y fait entrer une très-grande proportion d'Acacia, de Mûrier rouge et de Noyer noir; on emploie aussi le Cerisier de Virginie, *Wild cherry*, et l'Orme rouge, *Ulmus rubra*; ces bois sont excellens, mais ils ne doivent être mis en œuvre que lorsqu'ils sont bien secs, le Noyer noir surtout, qui doit être, comme je l'ai déjà dit, entièrement dépouillé de son aubier, lequel est très-tendre et pourrit très-facilement.

Genoux. En Acacia, *Locust*, Mûrier rouge, Noyer noir et en Chêne blanc; mais ceux en Acacia et en Mûrier rouge s'obtiennent plus difficilement.

Bordages. Constamment faits en Chêne blanc.

Gournables. En Acacia, *Locust.*

Pont. En planches de *Pinus mitis*, *Yellow pine.*

Mâture. Les mâts sont en *Pinus strobus*, *White pine*, et les vergues en *Abies nigra*, *Black spruce*, qui se tirent des sources de la rivière Alléghany.

Bateaux à quilles. J'ai vu sur les bords de l'Ohio beaucoup de ces bateaux en construction, qui étoient destinés à porter de forts chargemens. Toutes les courbes, sans exception, étoient faites en bois de Noyer noir et couvertes en planches de Chêne blanc.

NOUVELLE-ORLÉANS.

Je ne suis pas allé dans la Basse-Louisiane, par conséquent je ne puis parler avec certitude des constructions navales qui se font à la Nouvelle-Orléans. On m'a dit que la charpente inférieure et supérieure étoient en Chêne vert et en Cèdre rouge entremêlés; les bordages et le pont en cœur de Cyprès chauve, et la mâture du même bois; que le Cyprès est très-supérieur à toute espèce de Pin, lorsqu'il est employé bien sec.

Corps de pompes. A New-York, à Philadelphie et à Baltimore, ils sont faits en *Pinus rigida*, *Sap pine;* dans les ports de mer des Etats méridionaux, en *Pinus tæda*, *Loblolly pine.*

Boîtes à poulies, *taquets* et *rames*. Dans les ports de mer des Etats du Nord, ces pièces sont toujours en *Fraxinus americana*, *White ash*; à New-York et à Philadelphie, moitié en *Fraxinus americana*, *White ash*, et moitié en *Fraxinus tomentosa*, *Red ash*, proportionnellement plus commun à mesure qu'on avance vers le Midi.

Beaucoup de personnes savent bien que, pour les boîtes à poulies, l'*Ulmus rubra*, *Red elm*, seroit préférable; mais cet arbre n'est pas assez multiplié à l'Est des Monts-Alléghanys pour qu'on puisse l'employer. (1)

Les rames sont toujours faites en *Fraxinus*, *White ash*, bois excellent et le meilleur dont on puisse se servir pour cet usage, à cause de sa force et de son élasticité.

J'ai appris que l'on s'étoit servi avec avantage du bois des Noyers *Hickery*, pour en faire des taquets, *cleats*; qu'ils avoient l'avantage, sur ceux en Frêne, d'être beaucoup plus forts, mais qu'ils devoient être tenus très-lâches dans les trous, sans quoi venant à

______

(1) Le *Melia Azedarach*, *Pride of India*, originaire d'Asie, est actuellement naturalisé dans la partie méridionale des Etats-Unis où il est employé à la décoration des villes, à cause de la beauté de son feuillage et de ses fleurs. Ce bel arbre, à l'avantage de croître avec une grande rapidité, réunit celui de donner un bois d'une excellente qualité, qui a de la force et résiste très-bien aux alternatives de la sécheresse et de l'humidité. On l'a reconnu propre à faire de bonnes boîtes à poulies. On ne peut trop recommander la multiplication de cet arbre qui fournit encore un bon bois de chauffage.

se gonfler par l'humidité, et par suite serrés dans les les trous, ils avoient sans cette précaution, le défaut de s'échauffer et de pourrir promptement.

Barres de cabestan. Dans les ports de mer des Etats du Nord, elles sont faites en *Fraxinus americana*, *White ash;* dans ceux du Milieu et du Sud, on en fait aussi de ce même bois, mais la plus grande partie est d'Hickery qui est beaucoup plus fort et plus estimé pour cet usage.

Figures à l'avant du navire. Elles sont toujours faites en *Pinus strobus*, *White pine*, fort estimé pour cet usage, comme se travaillant aisément.

CONSTRUCTIONS CIVILES.

Dans toute l'étendue des Etats-Unis, à l'exception des plus grandes villes telles que Boston, New-York, Philadelphie, Baltimore, Washington - City, dont les cinq-sixièmes des maisons sont en briques et une douzaine de villes du second ordre, où il n'y en a qu'un tiers et même un cinquième qui qui soient construites de cette manière, les dix-neuf-vingtièmes de toutes les maisons, soit des petites villes, soit des campagnes, sont en bois.

Les maisons en bois sont de deux sortes, celles du très-grand nombre des agriculteurs, surtout de ceux qui habitent l'intérieur du pays, sont faites en boulons, *Log houses;* leur construction est tellement simple, qu'en trois ou quatre jours elles sont élevées et rendues habitables. Ces maisons sont faites

de tronçons d'arbres, de 20 à 3o pieds (6 à 10 mèt.)
de longueur, sur 4 à 5 pouces (12 à 15 centimèt.) de
diamètre, placés les uns au-dessus des autres, et maintenus par des entailles pratiquées à leurs extrémités. Le
comble est formé de morceaux de pareille longueur,
mais plus légers et rapprochés graduellement de
chaque côté ; ceux-ci tiennent lieu de chevrons, et
ils supportent les bardeaux qui y sont accrochés au
moyen de petites chevilles de bois, placées à une
de leurs extrémités. Deux portes, qui souvent tiennent lieu de fenêtres, sont pratiquées au milieu et
vis-à-vis l'une de l'autre, en sciant une partie des
tronçons qui forment le corps de la maison. La che-
minée est à l'une des extrémités. L'intervalle des
tronçons est rempli avec de l'argile ; une cloison
divise la maison en deux pièces ; les écuries et les
granges sont bâties de la même manière, mais closes
avec moins de soin.

Les maisons en bois, soit dans les campagnes, soit
dans les villes, sont faites en planches et ordinairement élevées de deux étages ; elles sont spacieuses
et commodément distribuées : peintes en gris, à
l'extérieur, leur apparence est fort agréable, elles annoncent l'aisance de ceux qui les habitent. Lorsqu'on
a soin de les entretenir et de les repeindre au bout
de 10 à 12 ans, elles durent 3o à 4o ans.

Dans ces maisons, la charpente, les planches qui
la revêtent extérieurement et intérieurement, les
planchers et les bardeaux dont le toit est formé,
sont tirés d'arbres différens, suivant les diverses par-

ties des États-Unis qui ne produisent pas partout les mêmes espèces; et, dans chaque Etat, l'expérience a appris quelles étoient les diverses sortes de bois qui devoient être préférablement employées pour telle ou telle partie de la construction.

ÉTATS DE NEW-HAMPSHIRE, MASSACHUSSETTS, CONNECTICUT ET VERMONT.

A Boston, Portsmouth, Portland, Hollowel et autres villes moins considérables, ainsi que dans les campagnes, le *Pinus strobus*, *White pine*, a toujours été préféré pour la construction des maisons en bois. Cependant, depuis environ vingt ans que cet arbre devient toujours plus rare, soit par la prodigieuse consommation qui s'en fait dans le pays même, soit par l'exportation qui a lieu principalement dans les Colonies des Indes occidentales, on a cherché à y suppléer en partie par l'*Abies nigra*, *Black spruce*, et l'*Abies canadensis*, *Hemlock spruce*, qui sont l'un et l'autre beaucoup plus abondans et que l'on se procure à un prix très-inférieur.

Charpente. Elle est constamment en *Pinus strobus*, *White pine;* mais les solives des étages et les chevrons sont actuellement faits très-fréquemment en *Abies canadensis*, *Black spruce*, que l'on sait avoir beaucoup de force.

Première enveloppe de la charpente. En planches d'*Abies canadensis*, *Hemlock spruce.*

Seconde enveloppe. Elle est formée avec des *Calp*

boards, en *Pinus strobus*, espèces de planchettes longues d'environ 4 à 5 pieds (1 à 2 mèt.) larges de 3 à 6 pouces (9 à 18 centimètres), amincies d'un côté, appliquées horizontalement et par recouvrement les unes au-dessus des autres, et clouées sur la première enveloppe.

Planchers. Ils sont généralement en *Pinus strobus, White pine;* mais, dans les campagnes, quelques personnes préfèrent les planches d'*Abies nigra, Black spruce,* parce que, comme le grain en est plus ferme, elles sont moins sujettes à être altérées par les pieds des meubles et les autres corps durs; mais, d'un autre côté, l'*Abies nigra, Black spruce,* ne se polit pas aussi bien, et les planches de cet arbre sont susceptibles, à la longue, de se fendre dans le milieu.

Toits. Ils sont constamment faits en essentes de *Pinus strobus, White pine,* qui durent de 15 à 20 ans. Les essentes de *Thuya occidentalis, Arbor vitæ,* seroient infiniment préférables; mais dans les parties les plus septentrionales des États-Unis, cet arbre, à cause de sa conformation, feroit éprouver trop de perte s'il étoit débité de cette manière, quoiqu'il soit très-commun : on le réserve pour en faire des pieux.

Lattes. Elles sont toujours faites d'*Abies canadensis, Hemlock spruce.*

Portes et chassis de fenêtres et moulures. Toujours en *Pinus strobus, White pine.*

ÉTATS DE NEW-YORK ET DE NEW-JERSEY.

Charpente. Dans les maisons, toutes en bois, elle est constamment en *Pinus strobus, White pine.*

Planches de recouvrement à l'extérieur et menuiserie à l'intérieur. Egalement en *Pinus strobus, White pine.*

Planchers. Dans les maisons où ils sont destinés à recevoir des tapis, on se sert toujours de *Pinus strobus, White pine*, et dans les autres, on donne la préférence aux planches de *Pinus mitis, Yellow pine*, dont le grain plus ferme, plus dur, les rend plus propres à résister aux impressions des corps étrangers.

Toits. En essentes de *Cupressus thyoïdes, White cedar.*

Obs. Dans les maisons en briques qui forment le centre de la ville de New-York, et qui sont à-peu-près dans la proportion d'un tiers, la charpente est souvent en Chêne ; mais toute la menuiserie intérieure, les portes et les fenêtres, sont en *Pinus strobus, White pine.* Le toit, comme celui des maisons en bois, est en essentes de *Cupressus thyoïdes, White cedar.*

ÉTATS DE PENSYLVANIE ET DE DELAWARES.

A Philadelphie, les maisons sont en briques, et celles des faubourgs sont presque toutes en bois. Celles-ci sont construites, comme à New-York, c'est-à-dire en très-grande partie de *Pinus strobus*, *White pine*, et couvertes de même en essentes de *Cupressus thyoïdes*, *White cedar*, avec cette seule différence que le *Pinus mitis*, *Yellow pine*, y est plus employé concurremment avec le *Pinus strobus*, *White pine*.

Les maisons en briques sont le plus généralement construites, savoir : Les soles et les solives des étages supérieurs en Chêne blanc; mais actuellement on se sert beaucoup du *Quercus tinctoria*, *Black oak*. Pour les étages supérieurs, on emploie encore à présent le *Liquidambar styraciflua*, *Sweet gum*.

Chevrons. On donne la préférence au *Quercus alba*, *White oak*, et au *Quercus tinctoria*, *Black oak;* on considère comme aussi bon, et par suite on emploie fréquemment le Tulipier qui réunit la légèreté à la solidité.

Planchers. Ordinairement en *Pinus mitis*, *Yellow pine.*

Toits. Essentes de *Cupressus thyoïdes*, *White cedar*, et quelquefois de *Cupressus disticha*, *Cypress*, importé des Etats méridionaux.

Portes, fenêtres et moulures. Les panneaux des portes sont en *Pinus strobus*, *White pine;* l'encâdrement en *Pinus mitis*, *Yellow pine.* Les chassis des fenêtres, en *Pinus mitis*, *Yellow pine;* les moulures qui décorent les portes d'entrée, les corniches dans les appartemens et les devants de cheminées, sont toujours en *Pinus strobus*, *White pine*, qui est le bois le plus propre au travail de ces objets délicats.

Dans la Pensylvanie, à l'Ouest des Monts Allé-ghanys, j'ai remarqué que les maisons de Conels-wille, située sur la Youghiogheny et de Brownswille sur la Monongahela, étoient construites ainsi qu'il suit : la *charpente* en *Quercus alba*, *White oak*; les *planchers*, aussi en planches de Chêne blanc, débité sur une très-petite largeur; les *essentes* en *Quercus tinctoria*, *Black oak*, moins sujettes à se déjeter que celles de Chêne blanc; les planches de recouvrement à l'extérieur, et la menuiserie inté-rieure, ainsi que les portes et chassis de fenêtres, en planches de *Lyriodendrum tulipifera*, *Poplar*.

A Pittsburgh et à Wheeling sur l'Ohio, la *char-pente* en *Quercus alba*, *White oak*, les *planches* de recouvrement et la menuiserie intérieure, en *Pinus strobus*, *White pine*; le *toit* en essentes de *Pinus strobus*, *White pine*. Beaucoup de mai-sons, dans cette partie de la Pensylvanie, sont faites aussi entièrement en Chêne blanc, et les essentes en Chêne noir, à défaut de planches de Pin et de Tulipier. Le Tulipier est reconnu inférieur au bois de Pin, mais il est plus durable que le Chêne, il se travaille aussi avec beaucoup plus de facilité, et les ouvrages qu'on en fait sont beaucoup plus propres.

On sait encore que les essentes de Châtaignier seroient les plus durables; mais dans ces parties montagneuses de la Pensylvanie, il n'est pas géné-ralement employé par la difficulté de s'en procurer.

ÉTAT DE MARYLAND ET PARTIE ORIENTALE DE LA VIRGINIE.

À Baltimore et Alexandrie, un tiers des maisons sont construites en briques ; toutes les autres le sont en bois. Celles-ci le sont en grande partie en *Pinus mitis*, *Yellow pine*, à l'exception de la menuiserie intérieure qui est en *Pinus strobus*, *White pine* ; le *toit* est en essentes de *Cupressus thyoïdes*, désigné dans le pays sous le nom de *Juniper*.

À Petersburgh et dans les environs, les maisons en bois sont en *Pinus tæda*, *Loblolly pine*, à l'exception des essentes qui sont de *Cupressus disticha*, *Cypress*.

CAROLINE SEPTENTRIONALE, CAROLINE MÉRIDIONALE ET GÉORGIE (PARTIE BASSE).

Les trois-quarts des maisons de Charleston et les huit-dixièmes de celles de Willemington, et de Savannah, villes principales des Etats méridionaux, sont en bois.

Charpente. En totalité de *Pinus australis*, *Long leaved pine* ; les *planches* de recouvrement à l'extérieur en *Pinus strobus*, *White pine*.

Menuiserie intérieure. En planches de *Pinus strobus*, *White pine*, et de *Cupressus disticha*, *Cypress*.

Portes, fenétres et corniches. Actuellement on se sert quelquefois de *Pinus strobus*, *White pine*, mais plus généralement de *Cupressus disticha*, *Cy-press*, qui est très-préférable.

Toit. Toujours en essentés de *Cupressus dis-ticha*, *Cypress*, et de même sorte pour les maisons en briques.

Obs. On se servoit autrefois presqu'entièrement de Cyprès dans la construction des maisons, mais ces arbres étant devenu rares, au moins ceux d'une grande dimension, ils ont été en grande partie rem-placés par le *Pinus australis*, *Long leaved pine*, et le *Pinus strobus*, *White pine*, importé des Etats Septentrionaux.

Dans l'intérieur de la partie maritime, on cons-truit encore des maisons qui sont toutes en bois de Cyprès, et qui durent plus que celles qui sont en Pin à longues feuilles. Les unes et les autres sont, comme dans les villes, peintes en gris-blanc.

HAUTES-CAROLINES.

Les maisons sont faites en *Pinus mitis*, *Yellow pine*, et couvertes d'essentes tirées du même arbre ou du *Lyriodendrum tulipifera*, *Poplar*.

ÉTAT DU KENTUCKY.

A Lexington, ville la plus considérable des Etats de l'Ouest, plus des trois-quarts des maisons sont en bois. Ces maisons, ainsi que celles des petites villes environnantes, et des particuliers qui résident à la campagne, sont le plus ordinairement bâties ainsi qu'il suit :

Charpente. Elle est en *Fraxinus quadrangulata*, *Blue ash*, ou en *Quercus alba*, *White oak* ; ce dernier est préférable, mais le Frêne bleu se travaille plus aisément.

Planchers inférieurs. En planches de *Fraxinus quadrangulata*, *Blue ash*, et de *Quercus alba*, *White oak* ; quelques personnes emploient des planches de *Lyriodendrum tulipifera*, *Poplar* ou Tulipier, mais celles de Pin, si on pouvoit en obtenir facilement, seroient préférablement employées.

Planchers supérieurs. En *Lyriodendrum tulipifera*, *Poplar*.

Planches de recouvrement à l'extérieur. En *Fraxinus quadrangulata*, *Bleu ash*, ou en *Lyriodendrum tulipifera*, *Poplar* ; celles-ci ont le défaut de se tourmenter par les alternatives de la sécheresse et de l'humidité.

Menuiserie intérieure. Très-ordinairement en *Lyriodendrum tulipifera*, *Poplar*, et en *Cerasus virginiana*, *Wild cherry*. On se sert aussi du *Juglans nigra*, *Black walnut*.

Toit. Comme dans les Etats du Nord, on commence ordinairement par appliquer, à plat, sur les chevrons, des planches de *Celtis crassifolia*, *Hack berry*, sur lesquelles on cloue les essentes faites de cœur de *Lyriodendrum tulipifera*, *Poplar*. Pour empêcher que ces essentes ne se tourmentent, on les fait courtes, et alors elles peuvent, dit-on, durer qua-

rante ans, et ont le précieux avantage de ne se fendre ni par la gelée, ni par l'ardeur du soleil.

BASSE-LOUISIANE.

Je ne suis point allé dans cette partie des États-
Unis, mais j'ai su que toutes les constructions en
bois étoient faites en *Cupressus disticha*, *Cypress*,
bois excellent, très-durable, et fort supérieur à toutes
les espèces de Pins.

ÉBÉNISTERIE.

ÉTATS DE MASSACHUSSETS, NEW-HAMPSHIRE ET VERMONT.

Les bois propres à l'ébénisterie sont d'autant plus
rares, qu'on avance dans les pays Septentrionaux ;
cependant, dans le Nord des Etats-Unis, on en trouve
encore de plusieurs espèces, qui, employés avec
intelligence et bien travaillés, font de très-beaux
meubles, lesquels sont néanmoins toujours inférieurs à ceux d'Acajou. La superiorité de ceux-ci
est due, non pas tant à la couleur agréable de
l'Acajou, qu'à l'avantage très-marqué qu'il a de ne
jamais se tourmenter lorsqu'il est mis en œuvre, et
d'avoir un grain plus ferme et assez dur pour recevoir
un très-beau poli, et moins susceptible d'être en-
dommagé par l'impression des corps étrangers. Ces
diverses considérations, et la facilité de l'obtenir à
bas prix, des colonies des Indes occidentales, ont
décidé toutes les personnes tant soit peu aisées des

grandes villes des Etats-Unis, et mêmes celles qui n'habitent pas à une grande distance des ports de mer, à avoir des meubles de ce bois. Mais ceux qui n'ont pas cet avantage, ou qui sont guidés par les principes d'une plus grande économie, ont des meubles en bois du pays. Dans les Etats du Nord, et même dans les villes, comme à Boston, Portsmouth, Portland, Hollowel, etc., le *Betula lenta*, *Black birch*, le *Betula lutea*, *Yellow birch*, le *Betula papiracea*, *Canoe birch*, l'*Acer rubrum ondulatum*, *Red flowering carled maple*, l'*Acer saccharinum maculatum*, *Bird eye maple*, le *Cerasus virginiana*, *Wild cherry*, et le *Rhus tiphinum*, *Sumac*, sont les espèces dont le bois est employé aux ouvrages d'ébénisterie.

Le *Betula lenta*, *Black birch*, et le *Betula lutea*, *Yellow birch*, ont une couleur rosée, qui devient plus foncée à la longue ; le grain de leur bois est d'une grande finesse ; il se polit bien, et il est comme lustré. On s'en sert le plus ordinairement pour en faire des tables, des bureaux, des rampes d'escalier, etc. On en fabrique aussi la charpente des canapés et des chaises à fond de crin. L'Erable à sucre et l'Erable rouge ondé sont aussi fort employés pour en faire des montants de bois de lit, qui sont tournés dans des formes élégantes ; débités en feuilles très-minces, et appliqués sur l'Acajou, ils embellissent les meubles de ce bois. On fait le même usage des feuilles de Bouleau à canot, ces feuilles se tirent de la partie du tronc qui est située immé-

diatement au-dessous de l'endroit où l'arbre se bi-
furque. Les ébénistes, à Boston, se procurent ces
tronçons de Bouleau dans les chantiers de bois à
brûler.

ÉTATS DU MILIEU ET DE L'OUEST.

Dans les grandes villes, les meubles sont généralement en Acajou; dans les campagnes, ils sont
faits en *Cerasus virginiana*, *Wild cherry*, *Juglans
nigra*, *Black walnut*, *Acer rubrum undulatum*,
Red flowering curled maple, *Platanus occidentalis*,
Button wood, et *Liquidambar styraciflua*, *Sweet
gum*. De ces diverses espèces, le Cerisier de Virginie et le Noyer noir sont les plus estimés, par ce
que la qualité de leur bois a le plus d'analogie avec
l'Acajou, surtout le Cerisier que l'on préfère toujours
au Noyer noir, parce que la couleur de celui-ci,
déjà très-rembrunie, devient presque noire à la longue. L'Erable rouge ondé, le Platane et le Liquidambar, sont plus spécialement réservés pour montants de bois de lit. Pour que les reflets de l'Erable
ondé soient bien apparens, après l'avoir bien poli,
on le frotte légèrement avec de l'acide nitrique, et
ensuite avec de l'huile de lin.

ÉTATS DU MIDI.

On fabriquoit autrefois la plupart des meubles
en *Laurus caroliniensis*, *Red bay*, dont le bois est
d'une belle couleur rouge; le grain en est fin et
soyeux, et il convenoit parfaitement à ce genre

d'industrie : mais l'Acajou l'a remplacé en grande partie , et on n'en fait presque plus d'usage.

TONNELLERIE.

La tonnellerie est un état qui occupe un grand nombre de bras dans l'Amérique septentrionale ; car, outre l'emploi qu'on y fait, comme en Europe, de tonneaux et barriques de différentes capacités pour les liquides, on s'en sert soit pour les grains et farines qu'on ne met pas en sacs, comme dans l'ancien Continent, soit pour les denrées de toutes espèces, soit même pour certaines marchandises qui sont consommées ou exportées au-dehors. Outre la très-grande quantité de merrain que nécessite la confection des tonneaux et barriques destinés à ces divers usages, il s'en exporte beaucoup en Angleterre, aux îles Madère et surtout dans les colonies des Indes occidentales.

- Dans le courant de 1807, il a été importé des Etats-Unis à Liverpool, une quantité de merrain de différentes qualités pour une somme excédant sept cent vingt mille dollars (trois millions six cent mille francs). Deux tableaux des exportations des Etats-Unis, pour les années 1791 et 1792, portent à plus de 29 millions le nombre de pièces de merrain qui en ont été exportées dans le courant de ces deux années , savoir :

New-Hampshire . . .	1,250,000
Massachussets. . . .	5,250,000
Rhodisland.	270,000
Connecticut.	1,100,000
New-York.	5,560,000
Pensylvanie.	2,800,000
New-Jersey	50,000
Delawares.	40,000
Maryland.	1,700,000
Virginie.	7,400,000
Caroline du Nord. . .	2,300,000
Caroline du Sud. . . .	500,000
Géorgie.	860,000
TOTAL. . .	29,080,000

La partie des Etats du Centre, située audelà des Alléghanis, et les Etats de l'Ouest, situés aussi audelà de ces montagnes, fournissent également, depuis plusieurs années, une grande quantité de merrain, qui descend par l'Ohio et le Mississipi, à la Nouvelle-Orléans. Par le lac Champlain, situé dans les limites des Etats-Unis, il en vient encore beaucoup à Québec. Le merrain de la Virginie, du Maryland et de la Pensylvanie, est beaucoup meilleur que celui des Etats Septentrionaux, ce qui tient à l'influence du climat qui est plus chaud dans ces Etats, et à la nature du sol qui y est moins humide.

Plusieurs espèces de Chênes des Etats-Unis, telles que le *Quercus prinus monticola*, *Chesnut rock oak*; le *Quercus obtusiloba*, *Post oak*; le *Quercus prinus palustris*, *Chesnut white oak*; le

Quercus macrocarpa, Over cup white oak, etc. ont, comme le Chêne blanc, les pores de leur bois obstrués, mais d'une manière imparfaite, et les conduits ligneux ne sont qu'à moitié remplis; c'est pour cela que les vaisseaux qu'on en fabrique, absorbent une grande quantité des liquides qu'on y met, surtout s'ils sont spiritueux. Mais, d'une autre côté, comme ces pores sont obstrués en partie, ces mêmes vaisseaux sont moins propres à contenir les huiles de poissons, les mélasses et autres substances sujètes à la fermentation, que ceux qui sont faits en merrain de Chêne rouge. Car les pores de celui-ci sont tellement vides, que, si, dans un vase plein d'eau, on plonge l'extrémité d'un bâton de ce bois, on peut facilement, en soufflant à l'autre bout, faire bouillonner l'eau fortement. Cette organisation particulière au Chêne rouge, le rend propre à contenir les liquides fermentescibles, en donnant issue à l'air qui s'en dégage, sans néanmoins laisser transsuder au-dehors ces mêmes liquidés, lorsqu'ils ont assez de consistance pour ne pas filtrer à travers les pores, comme le feroient les huiles fines. Lorsqu'au contraire, on met des mélasses dans des tonneaux de Chêne blanc, les pores obstrués de ce bois ne livrent point passage à l'air qui se dégage pendant la fermentation de ces substances à une température élevée, comme celle qu'on éprouve pendant l'été, dans les colonies : il se produit alors dans la barrique une distension si forte, que les douves s'écartent, d'où il s'ensuit un coulage considérable.

Le merrain de Chêne rouge est le produit de plusieurs espèces de Chênes dont le bois a, à-peu-près, la même organisation que celle du Chêne rouge. Dans les Etats les plus septentrionaux, il se compose principalement du *Quercus ambigua, Grey oak,* et du *Quercus rubra, Red oak ;* dans les Etats du Milieu et de l'Ouest, 1º. en plus grande proportion du *Quercus tinctoria, Black oak ;* 2º. du *Quercus coccinea, Scarlet oak,* du *Quercus rubra, Red oak* et du *Quercus palustris, Pine oak ;* dans le Maryland, la Basse-Virginie et dans toute la partie méridionale des Etats-Unis, du *Quercus falcata, Spanish oak or Red oak,* qui fournit le meilleur merrain de cette espèce. Le prix du merrain de Chêne blanc est toujours beaucoup plus élevé que celui de Chêne rouge, la différence est de moitié à un tiers en sus. Ces prix ont quadruplé depuis cinquante ans, ce qui doit être attribué 1º. au grand accroissement du commerce américain depuis cette époque ; 2º. à la consommation prodigieuse et toujours renaissante d'une population qui double tous les vingt ans ; 3º. à la destruction continuelle et progressive des forêts, qui ne sont jamais restaurées.

Dans toute l'étendue des Etats-Unis, à l'exception du District de Maine et des parties les plus au Nord du New-Hampshire et de Vermont, tous les tonneaux, de quelque grandeur qu'ils soient, sont cerclés avec des jeunes brins de Noyers *Hickery,* quelques-uns seulement, et peut-être un vingtième, le sont en Chêne blanc. Les uns et les autres sont coupés dans les forêts, fendus en deux et préparés.

Les extrémités de ces cercles ne sont point , comme cela se pratique en Europe , maintenus avec une forte ligature d'osier , on se contente de les croiser et de les arrêter par des entailles.

On exporte ces brins d'Hickery et de Chêne blanc dans les colonies des Indes occidentales , pour en faire aussi des cercles; mais on n'en envoye point , que je sache , en Europe , où l'on préfère , pour cet usage , le Châtaignier que l'on plante en beaucoup d'endroits , avec bien de l'avantage , sous ce seul point de vue : exemple que devroient bien suivre les Américains , surtout ceux qui habitent le voisinage des grands ports de mer.

A la Nouvelle-Ecosse , les barils destinés à contenir le poisson , sont faits de cœur d'*Abies nigra* , *Red spruce* , cerclés en jeunes brins de *Betula lutea* , *Yellow birch* , toujours reconnoissables au luisant de l'écorce dont il ne sont pas dépouillés. Dans le District de Maine , ces barils sont en cœur de *Pinus strobus* , *White pine*. On débite aussi beaucoup de merrain de Frêne , *Fraxinus americana* , *White ash* ; les barriques qui en sont fabriquées , sont estimées les meilleures pour y renfermer les salaisons. Les cercles dont on se sert , sont en Hêtre , en Bouleau jaune et en Frêne noir , *Fraxinus sambucifolia* , *Black ash* ; l'Hickery et le Chêne blanc sont très-préférables; mais le premier ne croît par aussi avant dans le Nord , et le second y est très-rare. Voilà pourquoi des semis de Chênes blancs que seroient faits dans le District de Maine , dans la vue seulement d'en obtenir des cercles , don-

neroient des produits très-avantageux aux fermiers
qui y consacreroient quelques arpens de terre.(*Voyez
l'article Châtaignier et le Résumé sur les propriétés
des Noyers hickery.*)

FABRICANTS DE CHAISES dites de WINDSOR. Dans
toutes les villes des Etats-Unis, l'état de fabricant
de chaises de Windsor constitue un métier séparé.
Ces chaises ont quelque ressemblance avec celles
qu'on voit, en France, dans les jardins; elles sont
de même tout en bois, mais plus légères, faites avec
beaucoup plus de soin, et peintes de différentes
couleurs. Ce sont celles dont on se sert le plus habituellement dans les appartemens, aussi la fabrication en est-elle considérable, et elle est augmentée par l'exportation qui s'en fait des Etats du Nord
dans ceux du Midi, ainsi que dans les colonies des
Indes occidentales.

A Hollowel, Portland, Portsmouth et autres villes
des Etats les plus septentrionaux, le siége est en
Tilia americana, Bass wood; la charpente inférieure ou les pieds, en *Acer saccharinum, Sugar
or Rock maple;* les baguettes qui forment le dos et
la pièce circulaire, *bow,* dans laquelle elles sont
maintenues, en *Fraxinus americana, White ash.*

A New-York, Philadelphie, Baltimore et Richemond, le siége est en *Lyriodendrum tulipifera,
Poplar;* les pieds, en *Acer rubrum, Red flowering
maple;* les baguettes du dos en Hickery, ordinairement *Juglans squamosa, Shell Bark;* la pièce circulaire en *Quercus alba, Sapling white oak.* On

trouve dans ces diverses sortes de bois toutes les conditions requises : force dans les pieds , faits en Erable ; légèreté dans le siége , tiré du Tulipier ; élasticité dans les baguettes qui composent le dos, lesquelles sont tirées de l'Hickery ; et toute la solidité requise dans la pièce circulaire , tirée du Chêne blanc. Néanmoins, le seul avantage qu'elles ont sur celles qui se fabriquent plus au Nord , est dans le siége en *Lyriodendrum tulipifera*, *Poplar*, lequel est préférable au Tilleul, parce que ce dernier est plus tendre et qu'il s'altère plus promptement par le frottement ou par la percussion accidentelle des corps étrangers.

On fait encore dans le nord des Etats-Unis, et surtout à Boston , de ces mêmes sortes de chaises dont il n'y a que la pièce circulaire qui soit en Chêne et toutes les autres sont en *Pinus strobus*, *White pine*. Celles-ci sont beaucoup plus légères et moins chères de moitié , mais elles ne valent rien et se brisent très-facilement. Pour les appartemens les mieux décorés, on a des chaises , dites *Japan chairs*, façon du Japon, qui sont très-élégantes. Toute la charpente est en Erable rouge, peinte en noir, vernissée, et ornée de petites fleurs dorées ; le siége n'est point en paille , mais en roseau, *Tipha angustifolia*, qui se coupe dans les marais salés.

Les chaises communes, dans les campagnes, sont en Erable , et quelquefois en Hickery, avec le fond en paille.

CARROSSIERS. A Boston , les panneaux des carrosses

et cabriolets sont en *Lyriodendrum tulipifera*, *Poplar*, importé exprès des Etats du Milieu; le dessus et le dessous de la caisse en *Pinus strobus*, *White pine*; la charpente est en *Betula nigra* ou *Betula lutea*, *Black or Yellow bich*; le train en Frêne, *Fraxinus americana*, *White ash*.

Dans le New-Hampshire et le District de Maine, les panneaux sont en Tilleul, *Tilia americana*, *Bass wood*; le reste comme à Boston.

Dans l'Etat de Vermont, j'ai vu aussi employer pour les panneaux, de belles et larges planches de *Juglans cathartica*, *Butter nut*, qu'on dit être très-bonnes pour cet usage.

A New-York, Philadelphie et Baltimore, les panneaux sont en Tulipier, *Lyriodendrum tulipifera*, *Poplar*, dont on se procure des planches d'une grande largeur. Ce bois a le grain très-fin, se polit parfaitement et prend bien la couleur. Le dessus et le fond de la caisse sont en *Pinus strobus*, *White pine*, ou mieux en *Cupressus thyoïdes*, *White cedar*, la charpente en Frêne blanc ou rouge. Le train est en Frêne, *Fraxinus*, *White or Red ash*. L'on m'a dit dans le Midi des États-Unis que le *Diospiros virginiana*, *Persimon*, étoit même supérieur au Frêne pour les brancards de cabriolets, ce qui indiqueroit que ce bois réunit la force à un grand degré d'élasticité.

L'état de carrossier est, surtout à Philadelphie, porté à un haut degré de perfection : car, au choix des matériaux, se réunissent la solidité, la légèreté et les formes les plus élégantes; aussi ce genre d'industrie fournit-il au commerce une branche d'exportation, tant pour les États méridionaux, que pour les Colonies espagnoles.

CHARRONAGE. Le charronage de Philadelphie est le plus estimé, à cause du bon choix des matériaux et du perfectionnement de la main-d'œuvre. La charpente des chariots, les planches dont elle est revêtue intérieurement, et la flèche, sont en Chêne blanc; cependant beaucoup de fermiers préfèrent les planches de *Nyssa sylvatica*, *Black or sour gum*, surtout pour le fonds; elles durent, dit-on, deux fois plus long-temps que celles de Chêne blanc. L'essieu n'est point en fer, mais toujours en Hickery; le *Juglans porcina*, *Pig nut*, est le meilleur. Dans le District de Maine, on le fait en *Acer saccharinum*, *Sugar or Rock maple*.

ROUES DE CARROSSES ET DE CABRIOLETS. A New-York et dans toutes les villes des États du Nord, le moyeu des roues de carrosses et de cabriolets est en cœur d'*Ulmus americana*, *White elm;* à Philadelphie, Baltimore et dans tous les États du Milieu, on le fait en *Nyssa sylvatica* ou *aquatica*, *Black ou sour gum*. A Charleston, S. C., en *Ulmus alata*, *Wahoo*. Le plus généralement les jantes sont en Frêne rouge ou blanc, et les rais en Chêne blanc. En Virginie, dans les environs de Richemond, j'ai observé qu'on faisoit aussi les jantes en *Quercus phellos*, *Swamp or willow oak*. Le bois de cet arbre, bien sec, est plus fort que le Chêne blanc, et n'a pas, dit-on, comme lui, le défaut de se fendre.

ROUES DE VOITURES. Dans le District de Maine et dans les parties les plus septentrionales des États de New-Hampshire et de Vermont, où le Chêne blanc n'existe pas, les jantes et les raies des grosses voitures sont en Érable à sucre, *Acer saccharinum, Sugar or Rock maple,* ou en *Quercus ambigua, Grey oak.* Dans les États du Milieu, elles sont ordinairement en Chêne blanc. Cependant, dans quelques parties du Maryland et de la Virginie, les jantes sont en *Quercus falcata, Spanish oak,* et quelquefois aussi en *Quercus phellos, Swamp or willow oak.* Le moyeu est en *Ulmus americana, Wite elm;* mais, dans les États du Milieu et de l'Ouest, on le fait en *Nyssa sylvatica* ou *aquatica, Black or sour gum;* ce dernier est préféré à Philadelphie et dans toute la Virginie. Dans la partie maritime des États méridionaux, on fait les moyeux en Chêne vert, qui vaut encore mieux que toute autre espèce de bois, pour les roues des grosses voitures.

Les charrues et les herses sont en Chêne blanc. Le corps des brouettes est en planches de Pin, la roue en Chêne blanc et les bras sont en Frêne. Dans le District de Maine, les jougs de bœufs sont en *Betula lutea, Yellow birch,* et plus au Sud, en Érable. Les traîneaux communs dans les campagnes, sont faits en Chêne blanc, doublé en cœur de Hickery bien sec, ou encore en *Cornus florida, Dog wood,* coupé long-temps d'avance. La charpente des moulins à eau est, autant qu'on le peut, en Chêne blanc. Dans le District de Maine, les dents d'engrenage, sont en

Érable à sucre, *Rock maple;* dans les États du Milieu, en Noyer *Hickery*, bien sec. Dans les États Méridionaux, la charpente des moulins à riz est en Pin à longùes feuilles, *Pinus australis, Long leaved pine;* les dents d'engrenage en Chêne vert, *Quercus virens, Live oak*, et le cylindre dans lequel ces dents sont enchassées, est en *Nyssa sylvatica, Black gum;* ce bois est excellent pour cet usage, à cause de son organisation ligneuse. Dans les Hautes - Carolines, on emploie encore pour dents d'engrenage, le *Cornus florida, Dog wood;* mais, ce bois qui est très-dur, est sujet à se fendre, s'il n'est employé bien sec.

FABRICANTS DE MALLES. A Boston, les malles sont faites en planches de *Pinus strobus, White pine;* à New-York, Philadelphie et Baltimore, en planches de *Lyriodendrum tulipifera, Poplar*, qui sont beaucoup plus solides; toutes ces malles sont couvertes de peaux de vaches ou de veaux, auxquelles on conserve le poil.

USTENSILES ET AUTRES MENUS OUVRAGES EN BOIS, FABRIQUÉS A BOSTON ET A HINGHAM. Beaucoup de menus ouvrages en bois, principalement appropriés aux besoins domestiques, sont fabriqués dans les villes et dans les campagnes des États du Nord, notamment à Hingham, éloigné de 15 milles de Boston: avec un vent favorable, on y va par mer en moins de deux heures. De petits bâtimens, à un mât, *Sloops*, s'y rendent et en reviennent tous les jours, chargés de ces ustensiles de bois, dont une partie se consomme dans le pays, et le reste est exporté dans les États du Milieu et du Sud, ainsi qu'aux Colonies Occidentales, il en vient même en Angleterre.

SEAUX. Ces seaux dont le diamètre du fond est le même que celui de l'ouverture, sont faits, savoir: le fond en *Pinus strobus*, *White pine*, et le tour en morceaux de choix, tirés du cœur de l'arbre. Ils sont cerclés en *Fraxinus americana*, *White ash*; les cercles épais d'une demi-ligne, recouvrent le vase au trois quarts, et sont fixés avec une pointe en fer et deux en Frêne; ou bien, une ouverture triangulaire est pratiquée à l'un des deux bouts, et l'autre coupé de même forme, avec une entaille latérale, est introduit dans l'ouverture du premier; ce qui suffit pour maintenir les douves également très-serrées; on donne à ces seaux le nom de *Lock pails*, seaux cadenassés; les anses sont en Chêne blanc. Les uns et les autres se vendent sur le pied de deux dollars, (10 francs 50 centimes) la douzaine.

MESURES A GRAINS. Elles sont les mêmes pour les fruits et pour les pommes de terre; on ne fait que des demi et des quarts de boisseau; (le boisseau américain correspond à l'ancien minot de Paris). Le fond de ces mesures est en *Pinus strobus*, *White pine*; et la pièce circulaire, d'un seul morceau, qui en forme la capacité est, ou en *Quercus tinctoria*, *Black oak*, *Quercus rubra*, *Red oak*, ou en *Quercus ambigua*, *Grey oak*. On donne à cette pièce l'épaisseur convenable, puis on la fait bouillir dans une marmite de fer, pour en faciliter la courbure, après quoi on l'applique sur un cylindre du diamètre requis pour des demi ou quarts de boisseaux. Ces mesures faites à Hingham, sont toutes d'un bleu terne en-dehors et en-dedans; couleur due à l'action de l'acide gallique contenu dans le Chêne qui agit sur le fer de la marmite, et se communique ensuite aux pièces pendant l'ébullition.

BOITES RONDES. Ce sont des boîtes très-légères, dont il se fabrique une quantité considérable; les plus grandes ont de 8 à 10 pouces (24 à 30 centimètres) de diamètre, sur une profondeur moindre de moitié; quatre autres boîtes de même forme, mais chacune proportionnellement plus petite, s'emboîtent l'une dans l'autre et sont contenues dans la première, ce qui s'appelle un *nid, nest boxes.* Un nid se vend 40 cents (environ 2 francs). La pièce du fond et celle du couvercle sont en *Pinus strobus, White pine*; la pièce circulaire qui en forme la capacité, est en *Fraxinus americana, White ash;* elle est prise moitié dans l'aubier, moitié dans le cœur; en sorte que ces boîtes sont partie blanches, partie rougeâtres : Cette dernière couleur est celle du cœur de l'arbre.

BOITES A PAIN A CACHETER. Ces petites boîtes dont il se fabrique une très-grande quantité, sont faites, savoir : le fond en *Pinus strobus, White pine*, et la pièce circulaire en Erable à sucre, *Acer saccharinum, Sugar maple.* La grosse, composée de 144, se vend 120 cents (environ 6 francs).

TAMIS. La pièce circulaire, *ream*, est en *Fraxinus americana*, *White ash*, levée moitié dans l'aubier et moitié dans le cœur.

CANELLES. Les plus petites sont faites en Erable à sucre; les plus grosses en Chêne blanc; la clef est en Gayac; le trou dans laquelle elle s'adapte, est garni de cuir.

RATEAUX A FOIN. La tête où les dents sont fixées, est en *Fraxinus americana*, *White ash*, le manche du même bois; les dents sont en *Juglans hickery*, *Mocker nut*, qui est dur, fort et coriace.

MANCHES DE FAULX. Ils ont la forme à-peu-près d'un *S*, et sont en *Fraxinus americana*, *White ash*. On fait encore à Hingham une quantité considérable de boîtes à poulies et des taquets pour la marine; ces pièces sont, comme je l'ai déjà dit, en *Fraxinus americana*, *White ash*.

USTENSILES EN BOIS DE DIVERSES SORTES, FABRIQUÉS DANS LES ÉTATS DU MILIEU ET DU SUD.

BOISSELLERIE. L'état de boissellier à New-York et surtout à Philadelphie, constitue une branche d'industrie assez étendue. Dans cette dernière ville, les ouvriers travaillent non-seulement pour la consommation du pays, mais encore pour l'exportation. C'est dans les celliers pratiqués sous les maisons, et dont l'entrée donne sur la rue, qu'ils établissent leurs ateliers. Ils fabriquent presque exclusivement des seaux, des cuviers à laver le linge et des barattes à main et à manivelle: tous ces ustensiles sont en bois de Cèdre blanc, *Cupressus thyoïdes*, *White cedar;* les seaux sont aussi cerclés en jeunes brins de Cèdre blanc, fendus en deux et dépouillés de leur écorce; les anses sont en *Juglans hickery*, qui a de la force et de l'élasticité. Ces seaux sont mieux faits et plus durables que ceux en *Pinus strobus*, *White pine*, que l'on fabrique à Hingham; ils se vendent un tiers plus cher. Tous ces vaisseaux sont très-légers, bien conditionnés et travaillés avec soin; bien entretenus, ils deviennent plus blancs et plus durs à l'usé.

On fabrique encore dans les Etats méridionaux et à New-York, des seaux en Cèdre rouge; les douves qui en forment le tour, levées partie dans l'aubier, partie dans le cœur, fait qu'ils sont blancs et rouges. Ces seaux, qui sont cerclés en cuivre, sont très-légers et très-polis.

TAMIS. Il y a deux sortes de tamis, les uns sont à fond de crin; les autres destinés à passer des matières grossières, sont à grillage en bois. Ce grillage est formé de petites lames de Chêne blanc, ou mieux de *Fraxinus sambucifolia, Black or water ash;* le tour des uns et des autres est toujours en Chêne blanc ou en Noyer Hickery; mais il doit être de ce dernier bois, pour les tamis dont on se sert dans la fabrique de la poudre à tirer, attendu que par le frottement, il ne s'effile pas comme le premier.

PANIERS. Les paniers, ou plutôt les grandes Corbeilles pour la récolte du maïs et des légumes, sont toujours en Chêne blanc; on en fait aussi en *Juglans squamosa, Shell bark hickery*, mais plus rarement. Les paniers légers sont en Saule d'Europe, plus propre à cet usage, qu'aucune espèce du pays.

MANCHES DE FOUETS. Les Fouets des voituriers sont faits avec un brin de Chêne blanc, que l'on partage jusqu'à la poignée, en plusieurs baguettes; ensuite on les tresse ensemble et on recouvre le tout en cuir. Les fouets de carrosses sont d'une seule baguette de Noyer Hickery. On fait aussi de ce même bois les baguettes de fusil.

BALAIS. Les Balais communs sont tous en bois : à New-York, Philadelphie et Baltimore, ils sont en Noyer Hickery; dans les Etats du Midi, en Chêne blanc. Ces balais sont faits en divisant l'extrémité d'un bâton en lanières très-fines, lesquelles sont ensuite rabattues et liées ensemble. Pour empêcher qu'elles ne se cassent et ne se tordent, on les trempe dans de l'eau bouillante, avant de s'en servir. Dans les balais de crin, le manche est en Pin, et la tête en Tulipier, *Lyriodendrum tulipifera, Poplar*; le dos des brosses rudes, en *Quercus tinctoria, Black oak.*

Les Manches de Bêches sont en Frêne, ainsi que *les Montures de scies* à couper le bois à brûler. J'ai vu à Baltimore de ces scies montées en Noyer noir, mais ce bois est moins bon pour cet usage que le Frêne qui est plus élastique.

CADRES POUR LES TABLEAUX. Ceux qui doivent être dorés, sont toujours en *Pinus strobus, White pine,* dont le bois se travaille très-facilement et prend bien l'or. Les petits cadres, sont faits en bois de *Liquidambar styraciflua*, *Sweet gum*, dont le grain est très-fin et qui se polit bien. Ceux-ci sont ordinairement peints en noir.

MONTURES DE RABOTS. Elles sont toujours en Hêtre blanc ou rouge, employé bien sec.

MONTURES DE FUSIL. Pour les fusils de chasse et les Carabines, on emploie l'Erable rouge ou l'Erable à sucre ondé, *Curled maple*, et pour les fusils des troupes, le Noyer noir. Après que la monture en Erable a été bien polie, on la frotte avec un peu d'acide sulphurique, et ensuite avec de l'huile de lin; ce qui produit de très-beaux reflets.

BOIS DE SELLES. On les fait en Erable rouge ou en Erable à sucre, suivant les endroits où ces arbres sont plus communs. Ceux qui sont de cette dernière espèce de bois doivent être plus solides.

VIS POUR LES PRESSES A RELIEUR. Elles sont en Noyer Hickery, bois d'une grande force. Les vis légères sont souvent en bois de *Cornus florida*, *Dog wood.*

MOULES POUR LES CHAPELIERS. Hater'ss block. Ils sont toujours en *Nyssa sylvatica*, *Black or sour gum;* ce bois convient très-bien à cet objet, parce qu'il ne se fend jamais, par suite de son organisation particulière.

PELLES A REMUER LES GRAINS. Les meilleures sont en *Juglans cathartica*, *Butter nut*: elles sont solides et légères.

ÉCUELLES DE BOIS. On les fait le plus généralement en *Lyriodendrum tulipifera, Poplar;* il y en a aussi en *Nyssa sylvatica, Black gum,* et en *Juglans cathartica, Butter nut;* celles-ci sont, dit-on, moins sujettes à se fendre; mais les plus solides sont faites avec des nœuds ou loupes de Frêne noir, *Fraxinus sambucifolia, Black ash.* Ces dernières sont actuellement très-rare, attendu que les gros arbres sur lesquels se trouvent ces accidens, ont été détruits.

ROUETS ET DEVIDOIRS. La charpente d'en bas, qui forme les pieds, est en *Acer rubrum, Red flowering maple.* La noix de la roue, ainsi que les raies sont du même bois, et les jantes en *Quercus tinctoria, Black oak;* le banc est en Frêne; les brins qui portent le chanvre, en baguettes de Noyer Hickery. La pièce circulaire qui forme la roue des devidoirs, est en Chêne blanc et aussi en Frêne blanc.

MANCHES DE HACHES. Ces manches sont toujours en Noyer Hickery; le *Juglans porcina, Pig nut,* doit être préférable. Dans le District de Maine, où ces Noyers ne croissent pas, on se sert de Chêne blanc.

FORMES DE SOULIERS. Les meilleures sont en Hêtre bien sec. On en fait encore à Philadelphie, en bois de *Diospyros virginiana, Persimon,* qui est assez dur. Dans les Etats qui sont plus au Nord, on emploie quelquefois le Bouleau noir et le Bouleau jaune, mais ces formes sont moins bonnes, attendu que le bois se tourmente.

PIEUX ET BARRES pour les clôtures des champs

cultivés. L'usage subsiste encore, dans toute l'étendue des États-Unis, d'enclore les champs cultivés en grains ; mais les terres soumises à la culture des céréales, ne forment qu'une très-foible portion de celles qui restent encore à défricher et qui sont couvertes de forêts, dont la suite non interrompue occupe des centaines de lieues de pays. Cependant, comme la population s'accroît sans cesse et qu'elle double tous les vingt ans, les défrichemens augmentent chaque année dans la même proportion ; d'abord ils sont plus considérables sur les bords de l'Océan qui ont été les premiers habités, et ils diminuent ensuite à mesure qu'on avance dans l'intérieur du pays. Les fermes isolées au milieu des forêts, sont plus rapprochées les unes des autres dans certains cantons, plus éloignées dans d'autres; et comme dans ces cantons, la population est extrêmement disséminée, que les bras sont rares, et que, par suite, la main-d'œuvre est trop chère, chaque habitant cultive rarement au-delà du vingtième, du cent dixième, du cent vingt-cinquième et même du cent cinquantième de sa propriété; le reste couvert de bois, fait continuité avec celles de ses voisins; c'est ce qui constitue la masse générale des forêts, dont j'ai parlé, et où les bestiaux de toutes espèces vivent en commun les trois quarts de l'année et même l'année entière. C'est pour se garantir de leurs dégâts, que chacun est contraint d'enclore la portion de terre qu'il a mise en culture.

Les clôtures sont généralement faites de deux

manières : dans les Etats du Nord et autour des grandes villes des Etats du Centre, où les bois sont moins communs, elles sont formées au moyen de pieux, éloignés de 10 à 12 pieds (3 à 4 mètres) et unis les uns aux autres, par 5 ou 6 barres de 3 à 4 pouces (9 à 12 centimètres) de diamètre. Dans l'intérieur où les bois abondent, elles sont en zig-zag et faites seulement de barres, posées les unes au-dessus des autres et maintenues par le croisement de leurs extrémités respectives. Ces clôtures sont élevées de 7 à 8 pieds (2 à 3 mètres); on conçoit facilement qu'elles doivent consommer une prodigieuse quantité de bois dans un pays aussi étendu que l'est cette partie de l'Amérique Septentrionale. Il en résulte que leur entretien dans les endroits fort anciennement habités, est très-dispendieux pour les fermiers, qui, depuis quelques années, cherchent à y suppléer par des haies vives. La durée de ces clôtures est relative au choix des arbres d'où l'on tire les pieux et les barres transversales dont elles doivent être faites; et ce choix est lui-même subordonné aux différentes parties des Etats-Unis, dans lesquelles on ne retrouve pas les mêmes productions végétales.

Ainsi, dans l'Etat de Vermont , le District de Maine , et une très-grande partie du New-Hampshire, dans la Nouvelle-Brunswick et le Bas-Canada , le *Thuya occidentalis* , *Arbor vitæ*, ou *White cedar*, fournit le bois le plus durable pour les pieux et les barres transversales; aussi un fermier considère-t-il comme fort avantageux d'avoir dans sa propriété une portion de forêts où cet arbre croît assez abondamment pour subvenir à l'entretien de ses clôtures. Lorsque les pieux se trouvent placés dans une terre de nature argileuse, ils peuvent durer 30 à 40 ans, mais cette durée est moindre de moitié si le terrein est sablonneux : les barres durent, m'a-t-on dit, 45 à 50 ans. Les pieux dont la longueur est de 7 à 8 pieds (2 à 3 mètres), sont faits avec des troncs d'arbres de 6 à 8 pouces (18 à 24 centim.) de diamètre, que l'on fend en deux; ils se vendoient en 1807, dans les environs de Norridge-Walck, environ 21 francs (4 dollars) le 100.

Lorsqu'on ne peut se procurer du *Thuya occidentalis*, *White cedar*, on fait les pieux en *Abies canadensis*, *Hemlock spruce*, et les barres en *Abies nigra*, *Black spruce;* ces clôtures sont de moitié moins durables que celles du *Thuya occidentalis*, *White cedar.* Après les pieux de l'*Hemlock spruce*, viennent ceux de Chêne gris et de Chêne rouge qui ne résistent en terre que 9 à 10 ans.

Dans le Gennessée, qui forme la partie supérieure de l'État de New-York, les clôtures comme dans tous les endroits récemment habités, sont en zig-zag : on les fait en quartiers d'Erable à sucre et même de Tilleul, arbres les plus communs dans ce pays.

Dans la partie inférieure de l'Etat de New-York, dans le Bas-Jersey, et dans cette partie de la Pensylvanie, qui est au-dessous de Philadelphie, les meilleures clôtures sont faites avec des pieux de Cèdre rouge et de Chêne blanc et les barres en *Cupressus thyoïdes, White cedar;* les pieux durent 20 ans, et les barres 3o à 4o. Le prix des pieux est d'environ 13 cents (70 centim.) la pièce, et celui des barres 3ð fr. (6 dollars) le cent. Dans la Basse-Pensylvanie, du côté de la mer, on se sert aussi de *Cupressus thyoïdes, White cedar,* pour pieux, dont la durée est la même. Dans la partie de ce même Etat, qui est située au-delà des montagnes, et notamment entre Laurel-Hil et l'Ohio, toutes les clôtures sont en zig-zag et faites de Chêne blanc; elles sont plus durables que de tout autre bois du pays, à l'exception de celles qui sont en Châtaignier.

Dans le Maryland, la Virginie et la partie supérieure des Etats méridionaux, ainsi que dans les Etats de l'Ohio, du Kentucky et du Tennessée, On employe beaucoup d'espèces de bois différentes, dont je ne puis donner la nomenclature précise, sans m'exposer à entrer dans des exceptions sans nombre. Je dirai seulement que les meilleurs pieux, sont 1°. en *Robinia pseudo acacia, Locust,* et en *Morus rubra, Red mulbery;* 2°. en *Juniperus virginiana, Red cedar;* 3°. en *Castanea pumila, Chincapin;* 4°. en Châtaignier ordinaire; 5°. en *Juglans nigra, Black walnut;* 6°. en *Quercus alba, White oak;* 6°. en *Quercus tinctoria, Black oak.* Les barres sont généralement faites de Chêne blanc, de Chêne rouge ou noir et de *Pinus mitis, Yellow pine.* Si l'extrémité des pieux, qui doit être enfoncée en terre, étoit préa-

lablement carbonisée jusqu'à 6 pouces (18 centimètres) au-dessus de la surface du sol, et que les barres
fussent écorcées, ce qu'on néglige de faire, les clôtures dureroient un tiers plus long-temps.

Dans la partie basse des Deux-Carolines et de la
Géorgie, presque toutes les clôtures sont en zig-zag
et faites en *Pinus australis*, *Long leaved pine*. Dans
les environs d'*Augusta*, en Géorgie, les pieux de
Cupressus disticha, *Cypress*, bien secs, sont reconnus pour durer fort long-temps. Après ceux-ci, viennent ceux de *Quercus prinus palustris*, *Chesnut
white oak*. C'est ce dernier bois qu'on employe préférablement, à défaut d'Acacia, *Locust*, et même
de Chêne blanc, *White oak*.

Dans la Basse-Louisiane, toutes les clôtures, pieux et
barres, sont, dit-on, en *Cupressus disticha*, *Cypress*.

ÉCORCES pour le tannage des Cuirs. Les tanneurs
des États-Unis emploient dans la préparation des
cuirs une plus grande variété d'écorces que ceux de
l'ancien continent ; car en France, en Allemagne,
et en Angleterre, on se sert presqu'exclusivement de celle du Chêne commun, *Quercus robur*.
Ce n'est pas cependant, comme on pourroit le
croire, pour atteindre un plus grand degré de
perfection dans ce genre de fabrication, que les tanneurs américains font usage de plusieurs sortes d'é-
corces, mais l'emploi qu'ils font des unes et des autres est ordinairement subordonné aux endroits
qu'ils habitent, lesquels produisent plus ou moins

abondamment les arbres dont ces écorces sont tirées.

En Europe, les écorces que les tanneurs se procurent, proviennent d'arbres que l'on abat pour en en employer le bois à certains objets déterminés, et on ne choisit pour cela que ceux qui ont moins de 6 pouces (18 centimètres) de diamètre; on écorce même les branches qui n'ont qu'un pouce (3 centimres) d'épaisseur. Dans l'Amérique Septentrionale, au contraire, on abat les plus gros arbres, dans le seul but d'en avoir l'écorce, qui n'est prise que sur le tronc et sur les branches primordiales; le corps de l'arbre ainsi pelé, est abandonné, et on le laisse pourrir sur place.

Les arbres qui donnent les écorces dont on se sert dans les Etats-Unis, au Canada et à la Nouvelle-Écosse, sont les espèces suivantes, savoir : *Abies canadensis, Hemlock spruce ; Betula lutea, Yellow birch ; Quercus ambigua, Grey oak ; Quercus rubra, Red oak ; Quercus coccinea, Scarlet oak ; Quercus tinctoria, Black oak ; Quercus falcata, Spanish oak ; Quercus alba, White oak ; Quercus prinus monticola, Rock chesnut oak ; Quercus prinus palustris, Chesnut white oak ; Gordonia lasyanthus, Loblolly bay ; Fagus sylvatica, White beech.* L'écorce de la plupart des autres Chênes dont j'ai donné la description, jouit de la même propriété que celle des espèces que je viens de nommer; mais ils sont peu multipliés et très-clair semés dans les forêts, ensorte qu'ils ne sont qu'accidentellement employés pour cet objet, tels sont entr'autres, le *Quercus palustris*, *Pine oak*, dans les Etats du Centre, le *Quercus phellos*, *Willow oak*, et le *Quercus aquatica*, *Water oak*, dans ceux du Midi.

L'écorce de l'*Abies canadensis*, *Hemlock spruce*, possède, comme je l'ai dit à son article, la propriété de servir au tannage des cuirs; propriété bien précieuse pour les Etats septentrionaux, où le Chêne est fort rare et manque entièrement dans certains endroits.

Dans le District de Maine, le prix de cette écorce est d'environ 3 à 4 dollars (15 à 20 francs) la corde de 4 pieds (129 centimètr.) de hauteur, sur 8 pieds (259 centimètr.) de longueur. Cette espèce de Sapin est si commune dans cette contrée, qu'elle pourra, long-temps encore, fournir aux besoins de la consommation.

Il paroît que l'écorce de l'*Abies canadensis*, *Hemlock spruce*, qui est inférieure en qualité à celle du Chêne, est néanmoins préférable pour le tannage à celle des Hêtres blanc et rouge; car, quoique ces deux arbres soient très-communs dans ce pays, on ne se sert pas de leur écorce, comme dans quelques cantons des contrées de l'Ouest, où j'ai vu qu'on l'employoit au tannage des cuirs, à la place de celle de Chêne.

L'écorce de *Betula lutea*, *Yellow birch*, n'est employée dans le District de Maine, qu'en très-petite proportion et seulement pour ce qu'on appelle *fair lather*, cuir paré.

Dans la partie basse des Etats du Connecticut et de New-York, dans le New-Jersey, la Pensylvanie, le Maryland, les Hautes-Carolines et tous les Etats de l'Ouest; les sept dixièmes de toute l'écorce employée par les tanneurs sont fournis par le *Quercus rubra*, *Red oak*; le *Quercus coccinea*, *Scarlet oak*; et le *Quercus tinctoria*, *Black oak*. Les deux premières espèces sont toujours confondues ensemble. L'écorce du *Quercus tinctoria*, *Black oak*, possède un principe plus actif, mais elle a le désavantage de communiquer au cuir une couleur jaune, qu'on fait disparoître néanmoins par un procédé secondaire. Les trois autres dixièmes des écorces employées, proviennent des *Quercus prinus monticola*, *Rock chesnut oak*, et du *Quercus falcata*, *Spanish oak*. La première est plus particulièrement apportée à New-York, des bords de la rivière du Nord; elle est plus estimée que celle des Chênes rouges et du Chêne noir ou Quercitron, aussi elle se vend 25 pour 100 de plus. Elle est levée sur des arbres ou sur des branches qui ont moins de 6 à 8 pouces (18 à 24 centimètres) de diamètre; mais on se la procure assez difficilement. L'écorce du *Quercus falcata*, *Spanish oak*, qu'on commence à employer à Philadelphie en allant vers le Sud, est aussi beaucoup plus estimée que celles des Chênes rouges, et elle se paye de même 25 pour 100 de plus.

La préférence qu'on lui donne est fondée sur ce qu'elle fait de meilleur cuir, et que de plus elle lui donne de la blancheur, ce qui le rend propre à des usages plus variés et plus recherchés. Cette écorce est aussi celle que l'on préfère, quand on peut s'en procurer, dans la Basse-Virginie et dans la partie maritime des Etats du Sud ; mais comme elle est loin de suffire aux cuirs qu'on y prépare, quoique les tanneurs n'y soient pas nombreux, on emploie plus généralement l'écorce du *Gordonia lasyanthus*, *Loblolly bay* ; celle-ci fait aussi de bons cuirs, dont la qualité, il est vrai, est rendue meilleure lorsqu'on y mêle une certaine quantité d'écorce du *Quercus falcata*, appelé dans ces Etats, *Red oak*, Chêne rouge.

Sur les bords de l'Ohio, et dans quelques cantons du Kentucky, où les Chênes sont assez rares, on fait usage de l'Ecorce de Hêtre blanc : mais des tanneurs qui l'employoient m'ont dit qu'elle étoit moins bonne que celle de quelque espèce de Chêne que ce soit. Dans les Etats du Milieu on se sert encore, quoiqu'assez rarement, de l'écorce de Chêne blanc : ce n'est pas qu'elle ne soit propre à faire de bon cuir, mais c'est que cet arbre commence à devenir trop précieux pour l'abattre seulement dans le but de l'écorcer, et que de plus, le tissu cellulaire de son écorce est très-mince, comparativement à l'épaisseur de son épiderme. A cette occasion, je remarquerai que c'est absolument le contraire dans les *Quercus ambigua*, *Grey oak* ; *Quercus rubra*, *Red oak* ; *Quercus coccinea*, *Scarlet oak* ; *Quercus pa-*

lustris, **Pine oak**, dans lesquels la partie vive, où seulement réside le principe tanin, est d'une épaisseur fort considérable; et, dans mon opinion, c'est plutôt pour cette seule raison, qu'à cause de l'abondance de ces arbres, qu'on fait un emploi plus général de leur écorce.

On exporte des États-Unis en Angleterre, des écorces de Chênes, mais un tanneur anglais m'a assuré qu'elles y étoient moins estimées que celle du Chêne commun d'Europe, et qu'elles se vendoient 25 pour 100 de moins.

Bois de chauffage. A l'exception d'un petit nombre de personnes qui, dans les grandes villes des États-Unis, brûlent du charbon de terre, importé d'Angleterre, on fait généralement usage de bois pour le chauffage. La petite exception dont je viens d parler doit néanmoins s'appliquer encore à quelques habitans de Pittsburgh et des environs; car les mines de charbon de terre sont très-multipliées dans cette partie de la Pensylvanie et dans tous les États de l'Ouest. Cette substance qu'on y rencontre fréquemment à fleur de terre, est si facile à extraire, qu'on peut se la procurer, rendue chez soi, à raison de 20 centimes (4 cents) le boisseau, qui peut peser 60 à 80 livres (30 à 40 kil.) Cette extrême facilité d'exploiter le charbon de terre a même engagé quelques particuliers à en faire descendre des bateaux chargés, par l'Ohio et le Mississipi, à la Nouvelle-Orléans, et là ce minerai a été embarqué pour New-York et Philadelphie, où, dit-on, il est revenu à un prix moins élevé que celui qu'on y importe d'Angleterre; ressource inappréciable pour un pays tel que les Etats-Unis, où le gouvernement fédéral ne possède, à l'Est des montagnes, aucune masse de forêts pour le service public, et où celles qui existent dépérissent d'une manière frappante.

L'approvisionnement en bois de chauffage des principales villes des Etats-Unis, dont la population s'élève, pour Boston, à près de quarante mille habitans; pour New-York, à soixante-quinze mille et pour Philadelphie à cent-vingt mille, est entièrement abandonné à l'industrie de ceux qui se livrent à ce genre de commerce; car ce commerce n'est pas régularisé comme dans les grandes villes du continent d'Europe, où les marchands de bois sont obligés d'en avoir à l'entrée de l'hiver une quantité déterminée; ce qui fait que par une suite de mesures sagement combinées, le prix ne varie qu'en raison des achats faits plusieurs mois à l'avance dans les forêts du Gouvernement ou des particuliers, et non à cause des intempéries des saisons. Dans les Etats-Unis, au contraire, les marchés au bois sont bien rarement approvisionnés pour plusieurs jours de suite, et encore le sont-ils, en bois récemment coupés et aussitôt exposés en vente. De cet ordre de choses, il résulte que, lorsque la navigation des rivières vient à être subitement interrompue par des froids extraordinaires et intempestifs, on est à la veille de manquer de bois; ainsi, dans une pareille circonstance, le prix de la corde (*) monta, à New-Yorck, à 40 dollars, plus de 200 francs. Un inconvénient aussi grave excitera tôt ou tard la surveillance de l'administration dans les villes populeuses.

Dans les Etats de Vermont et de New-Hampshire, dans le District de Maine et le Génessée, ainsi que dans les provinces de la Nouvelle-Brunswick, de la Nouvelle - Ecosse et dans le Bas-Canada, le bois de chauffage le plus estimé et dont-on fait le plus d'usage, est celui de l'*Acer saccharinum, Sugar or Rock maple.* Après lui, sont ceux de *Betula lutea, Yellow birch*, de *Betula papyracea, Canoe birch* et des Hêtres rouge et blanc. Le prix de la corde de bois à Wiscasset et à Hollowel, étoit, en 1806, de 2 dollars 50 cents (13 à 16 francs); mais il est de moitié moindre dans les petites villes situées plus avant dans l'intérieur de ces mêmes contrées.

Boston. Dans cette ville on distingue principalement deux espèces de bois de chauffage. Le bois de la campagne, qui vient de 15 ou 20 milles (5 à 6 lieues) à la ronde, et celui de l'Est qui est importé par mer du District de Maine, dont la distance est 150 à 200 milles (50 à 80 lieues). La première sorte se compose de Noyer Hickery, mêlé de Chêne blanc; elle est la plus estimée, et se vend toujours 25 pour

(*) La corde de bois est de 4 pieds (129 centimètres) de hauteur sur 8 pieds (259 centimètres) de longueur. Les bûches sont coupées sur 4 pieds (129 centimètres) de longueur.

cent de plus. La deuxième sorte est formée d'*Acer saccharinum*, *Sugar or Rock maple*, mêlé de Bouleau jaune, de Bouleau blanc et de Hêtre. Le prix de celle-ci varie suivant la rigueur des hivers, et la difficulté des arrivages ; il est de 5 à 8 dollars (25 à 40 francs) la corde. Cette première qualité fournit aux sept-huitièmes de la consommation de la ville de Boston.

NEW-YORK. Le bois à brûler est aussi divisé en deux principales classes. La première se compose uniquement de Noyers Hickery. Ce qui comprend les quatre espèces qui croissent dans les Etats atlantiques, parmi lesquelles domine le *Juglans squamosa*, *Shell bark*. La deuxième classe est formée de *Quercus prinus monticola*, *Rock chesnut oak*, et de *Quercus alba*, *White oak*, mêlés d'une moindre proportion de Chêne rouge, Chêne écarlate et Chêne noir.

Après l'Hickery, le bois qui fait le meilleur chauffage, est le *Quercus monticola*, *Rock chesnut oak*, mais il est rarement vendu séparément. Le prix de la première qualité, Hickery, varie en hiver de 12 à 14 dollars (60 à 78 francs) la corde. Au 20 octobre 1807, il valoit 15 doll. (environ 80 francs). Deux ans auparavant, il étoit monté à 32 dollars, (près de 170 francs). La deuxième qualité se vend de 8 à 10 dollars (40 à 50 francs), ou à-peu-près trente pour cent de moins. La presque totalité du bois de chauffage qui se consomme à New-York, vient par la rivière du Nord.

Philadelphie. Dans cette ville, comme à New-York, le bois de chauffage est partagé en plusieurs classes. La première est de même composée exclusivement d'Hickery, et j'ai cru observer que le *Juglans tomentosa*, *Mocker or common Hickery*, en faisoit la portion la plus grande. La seconde classe est formée uniquement de *Quercus ferruginea*, *Black jack*, *or Barrens oak*, importé de l'extrémité méridionale du New-Jersey; les brins couverts d'une écorce épaisse, rugueuse et noirâtre, ont rarement plus de 4 à 5 pouces (12 à 15 centimètres) de diamètre: c'est le meilleur bois après l'Hickery. La troisième classe renferme le bois mêlé, et elle est composée de Chêne, de Frêne, de Hêtre et de *Liquidambar styraciflua*, *Sweet gum*. Dans la quatrième classe, est le bois de boulanger, formé principalement de *Pinus rigida*, *Pitch pine*; *Pinus inops*, *Jersey pine*, et en moindre quantité de *Pinus mitis*, *Yellow pine*. C'est aussi la seule espèce de bois dont on se sert dans les briquetteries fort considérables, qui sont établies dans les environs de la ville de Philadelphie.

On vend encore séparément de grosses bûches de *Nyssa sylvatica* et *Nyssa aquatica*, *Black gum* et *Tupelo*. Elles sont le plus ordinairement achetées pour les tavernes. On les met dans l'âtre par-derrière, et elles tiennent le feu fort long-temps.

Vers la fin d'octobre 1807, le prix du bois de la première qualité se vendoit à Philadelphie, 9 doll. et demi la corde (48 francs); la deuxième qualité,

7 dollars et demi (39 francs); la troisième qualité, 6 dollars et demi (33 francs), et la quatrième qualité, 4 dollars (21 francs). Les bûches de *Nyssa, Black gum,* (6 à 8 cents) 30 à 40 centimes la pièce, et 10 centimes pour les fendre.

BALTIMORE. L'Hickery compose aussi la première classe et se vend de même séparément; on n'y voit pas de *Juglans squamosa , Shell bark,* qui ne croît pas dans les environs de cette ville. Ce bois se vend sur le pied de 10 doll. la corde (25 fr. 50 c.) La deuxième classe est, comme à Philadelphie , formée du *Quercus ferruginea, Black jack oak,* apporté d'une distance de 18 à 20 milles (6 à 7 lieues); ce bois se vend 8 dollars la corde (42 francs). La troisième classe est composée de différentes espèces de Chênes, savoir : Chêne blanc, *Quercus obtusiloba, Post or Box white oak; Quercus falcata, Spanish oak;* Chêne Saule et Chêne noir; prix 5 à 6 dollars la corde (26 à 32 francs). Les boulangers et les briquettiers font aussi usage de bois de pin, qui se vend un tiers de moins.

WILLEMINGTON, *Caroline du Nord.* Dans aucune ville des Etats-Unis, on ne brûle du bois aussi inférieur en qualité et qui ait une plus mauvaise apparence que dans cette ville. Il est néanmoins partagé en deux classes. La première se compose du *Quercus catesbœi, Barren's scrub oak,* dont les brins sont tortueux et de la grosseur du bras. Il se vendoit 4 doll. la corde (21 fr.) On le coupe au milieu des pinières qui entourent la ville. La deuxième classe est formée de Frênes, mêlés de Chênes de différentes espèces, de *Laurus caroliniensis*; *Red bay*, de *Magnolia glauca*, *White bay*; d'*Acer rubrum*, *Red flowering maple*, etc.

CHARLESTON, *Caroline méridionale.* Le bois à brûler est aussi, dans cette ville, offert aux consommateurs, partagé suivant sa qualité. Le *Quercus ferruginea, Black jack oak*, tient le premier rang et se vend séparément, à raison de 6 dollars (31 fr.) La deuxième classe se compose de *Quercus alba*, *White oak*; de *Quercus obtusiloba, Post oak*; de *Quercus prinus palustris*, *Chesnut white oak*; prix 5 dollars (26 francs). La troisième classe est composée de diverses sortes de bois, tels que le *Quercus virens, Live oak*; *Juglans Hickery*; *Quercus falcata*; *Spanish oak*; *Quercus aquatica, Water oak*; *Laurus sassafras*, *Laurus caroliniensis*, *Red bay*; *Magnolia grandiflora*, *Big laurel* et *Liquidambar styraciflua*, *Sweet gum*; prix 4 dollars (21 francs). Le Chêne vert et l'Hickery sont mêlés aux autres espèces de cette classe, parce qu'ils sont si peu abondans aux environs de la ville, qu'on ne se donne pas la peine d'en faire des lots à part. Il est vrai qu'on pourroit les réunir au bois de la première classe.

AUGUSTA, *en Géorgie.* Le *Quercus prinus palustris*, *Chesnut white oak*, constitue la première qualité; prix 4 dollars (21 francs) la corde. Dans la seconde classe, sont le *Quercus falcata, Spanish oak* et le *Quercus aquatica*, *Water oak*, etc.; prix 3 dollars (16 francs). Telles sont les diverses espèces de bois de chauffage, dont on fait le plus habituellement usage dans les grandes villes des États-Unis et quel étoit à-peu-près le prix de chacun d'eux dans les années 1806 et 1807 ; prix qui a doublé depuis vingt-cinq ans.

Si l'on considère que les villes de Philadelphie et de New-York sont situées sur les bords de rivières qui traversent de vastes étendues de pays couverts de forêts, on ne pourra qu'être surpris de l'extrême cherté du bois, apporté pour la consommation des habitans. Ce prix égale à très-peu de chose près, et quelquefois même surpasse celui de première qualité qui se vend à Paris, quoique cette grande capitale de la France absorbe annuellement au-delà de trois cents mille cordes de bois ; que le pays au milieu duquel elle se trouve est presqu'entièrement cultivé par plus de 100 lieues à la ronde, et que sa situation, sous ce rapport, offre encore un contraste parfait avec le centre des Etats-Unis. Cette différence, qui est certainement tout à l'avantage des habitans de Paris et même des autres grandes villes de France et d'Allemagne, est une suite des soins extrêmes apportés dans l'ancien continent à la conservation des bois et à leur aménagement bien entendu.

FIN.

TABLE.

TABLE GÉNÉRALE

DES NOMS LATINS ET DES NOMS ANGLAIS·

TABLE GÉNÉRALE

DES NOMS ANGLAIS ET DES NOMS LATINS.

N. B. Les Synonymes anglais sont en caractères romains.

TABLE DES SYNONYMES

DES NOMS BOTANIQUES

Qui ont été omis dans le courant de l'ouvrage.

N. B. Toutes les autres espèces d'arbres décrites, le sont sous les mêmes noms que dans la *Flora boreali americana*, par A. Michaux, ainsi que dans la nouvelle édition du *Species plantarum*, publiée en 1804 et 1805 par Willdenow.

Abies alba, *Pinus alba*, Lin.

Abies balsamifera, *Pinus balsamea*, Lin.

Abies canadensis, *Pinus canadensis*, Lin.

Abies nigra, *Pinus nigra*, Lin.

Acer nigrum, *Nov. sp.*

Acer striatum, *Acer pensylvanicum*, Wild. *Sp. pl.*

Æsculus ohioensis, *Nov. sp.*

Alnus glauca, *Alnus incana*, Willd. *Sp. pl.*

Betula rubra, *Betula nigra*, Willd. *Sp. pl. Betula lanusa*, A. Mich. *Fl. b. am.*

Carpinus óstrya, *Ostrya*, Willd. *Sp. pl.*

Celtis crassifolia, Lam. *Dict. en.* Celtis cordata, Defont. *Hist. des arb. et arbriss.*

Fagus ferruginea, *Nov. sp.*

Fagus sylvestris, A. Mich. *Fl. b. am.*

Juglans amara, *Juglans mucronata*, A. Mich. *Fl. b. am.*

Juglans aquatica, *Nov. sp.*

Juglans cathartica, *Juglans cinerea*, Lin.

Juglans laciniosa, *Juglans compressa*, Willd. *Sp. pl. ?*

Juglans myristicæformis, *Nov. sp.*

Juglans porcina, *Juglans glabra et obcordata*, Willd. *Sp.*

Juglans squamosa, *Juglans alba*, A. Mich. *Fl. b. am.*

Juglans tomentosa, A. Mich. *Fl. b. am.*

Populus argentea, *Populus heterophylla*, A. Mich. *Fl. b. a.*

Populus canadensis, *Populus monilifera*, Ait. *H. k^is.*

Populus candicans, Ait. *H. k^is.*

Populus grandidenta, A. Mich. *Fl. b. am.*

Populus hudsonica, Bosc., *Dict. d'agricult.*

Populus monilifera, *Populus virginica*, *Hortalanorum.*

Populus tremuloïdes, A. Mich. *Fl. b. am.*

Quercus ambigua, *Nov. sp.*

Quercus heterophylla, *Nov. sp.*

Quercus olivæformis, *Nov. sp.*

Ulmus rubra, *Ulmus fulva.* A. Mich. *Fl. b. am.*

Virgilia lutea, *Nov. sp.*

Pag. 48, ligne 18, m'a tonjouis parue, *lis.* paru.

52, lig. 4, où il fort est abondant, *lis.* où il est fort abondant.

54, lig. 3, Eastern Shone, *lis.* Eastern-Shore.

63, lig. 2, jardins d'agremens, *lis.* d'agrément.

67, lig. 9, polen, *lis.* pollen.

74, lig. 6, à en entailler, *lis.* entailler.

77, lig. 4, Fraxinus discolor, *lis.* Fraxinus americana.

79, lig. 18, paroisse, *lis.* paroît.

80, ligne dernière, sa matière, *lis.* la matière.

86, lig. 3, du titre *munitissimo*, *lis.* *minutissimo*.

104, lig. 5, à leur portée moyenne, *lis.* à leur partie.

105, lig. 23, sphagmun, *lis.* sphagnum.

133, lig. 13, ne commence, *ajoutez* à paroître; lig. 23, entre les 43 et 44, *lis.* entre les 48 et 49°.

141, lig. 12, attribué de ce que, *lis.* attribué à ce que; lig. 28, inconvéniens très-graves, *lis.* inconvénient très-grave.

142, lig. 14, clap-baards, *lis.* boards.

145, lig. sylvir, *lis.* silver.

148, lig. 5, qui sont assez saillies, *lis.* saillantes; lig. 11, Gymnocladus divica, *lis.* Gymnocladus canadensis; lig. 28, en recommande, *lis.* en recommandant.

152, lig. 23, ceux, *lis.* celles.

153, lig. 9, confusions, *lis.* confusion.

158, lig. 8; Genessée, *lis.* Tenessée; lig. 16, provient, *lis.* parvient.

159, lig. 3, acuminées, *lis.* acuminée; dernière lig. mesurent, *lis.* ont.

163, lig. 9, à celui, *lis.* a celle.

164, lig. 8, présenste ont, *lis.* présente sont; lig. 23, moitiée, *lis.* moitié.

169, lig. 22, est très-léger, a peu de force et d'une couleur rougeâtre, *lis.* a peu de force, est très-léger et d'une couleur.

170, lig. 3, les sols, *lis.* les soles; lig. 22, Pittsbourgh, *lis.* Pittsburgh.

171, lig. 1, ces pores, *lis.* ses pores; lig. 3, medicale, *lis.* médecinale. lig. 24, noir, *lis.* noire.

174, lig. 15, de même que les Juglans, *lis.* de même que dans les Juglans; lig. 28, accuminées, *lis.* accuminée.

178, lig. 21, à peu près d'égale dimension, *lis.* à peu près égale: dimensions.

Pag. 180, lig. 26, si évidemment, *lis.* si éminemment.

182, lig. 16, angulosa, *lis.* angulata.

183, lig. 1, semblable, *lis.* semblables.

185, lig. 20, centimètres, *lis.* mètres.

187, lig. 8, réunis, *lis.* réunies; lig. 9, attachés aux aiselles, *lis.* attachées aux aiselles.

188, lig. 15, appartiennent, *lis.* appartenantes.

189, lig. 12, ses diverses especes, *lis.* ces diverses espèces.

190, lig. 5, parmi les différentes, *lis.* parmi ces différentes.

196, lig. 6, de ces noix, *lis.* de ses noix.

197, lig. 19, telles sont les usages, *lis.* tels sont.

200, lig. 6, fulva, *lis.* rubra; *id.* dacycycarpum, *lis.* eriocarpum.

203, lig. 15, toute leur dimension, *lis.* toutes leurs dimensions.

204, lig. 4, sembleroit, *lis.* sembleroient; lig. 8, communs, *lis.* communes; lig. 26, les juglans, *lis.* le juglans.

205, lig. 5, à suture rentrante, *lis.* à sutures rentrantes,

208, lig. 20, longeur, *lis.* longueur.

209, lig. 29, dinstinctions, *lis.* distinction,

211, lig. 25, Izad, *lis* Izard.

213, lig. 20, nécessaire, *lis.* cellulaire.

214, lig. 19, ses défauts, lisez ces défauts; lig. 20, connus, *lis.* communs.

221, lig. 16, si on enterre, *lis.* si on n'euterre.

TOME II.

Page 19, lig. 13, qui après de 3000 pieds (100 mètres), *lis.* qui a près de 3000 pieds (1000 mètres).

32, lig. 1 du titre. Quercus oblongis, *lis.* Quercus foliis oblongis.

33, lig. 1, ovale ollongée, *lis* ovale-alongée.

43, lig. 25, microcrapa, *lis* aquatica, biflora, *lis.* grandidentata.

44, lig. 23, 45 centimètres, *lis.* 45 millimètres; lig. 24, 20 centimètres, *lis.* 20 millimètres.

47, lig. 16, discolor, *lis.* americana.

id. lig. 17, microcarpa, *lis* aquatica.

52, lig. 15, dentées profoudement;

sont lisses, *lis.* dentées profondément, sont lisses.

Page 55, lig. 1 du titre, obovatis acutis
grossè dentatis, *lis.* obovatis, acutis, grossè dentatis.

62, lig. 27, 60 mètres, *lis.* 25 mètres.

65, lig. 10, Fagus chincapin, *lisez*
Castanea pumila.

69, lig. 16, *supprimez* au contraire.

77, lig. 4, discolor, *lis.* americana.

120, titre, grey, *lis.* gray.

123, lig. 6, *supprimez* comme celle
précédemment décrite. *Id.* lig. 13,
Génessée, *lis.* Ténessée.

125, lig. 16, microcarpa, *lis.* aquatica.

142, lig. 2 du titre, petiol brevi, *lis.*
petiolis brevibus.

148, lig. 4, l'Ouest de Tenessée, *lis.*
l'Ouest Ténessée.

189, lig. 26, Sainta-Anastasia, *lisez*
Santa-Anastasia.

231, lig. 13, et même des érables à
sucre malvenans, l'on obtient des
résultats plus favorables, *lis.* l'on
obtient, même des érables à sucre
malvenans, des résultats plus favorables.

239, lig. 21, 8 à 11 centimètres, *lisez*
11 à 15 centimètres.

245, lig. 22, dû, *lis.* due.

250, lig. 30, exagérées, nous possédons, *lis.* exagérées : nous possédons.

255, lig. 12 ; et s'entre croissent, *lis.*
et s'entrecroisent.

265, lig. 10, dénominations, *lis.* dénomination.

266, lig. 6, ses branches qui commen-
mencent à cinq ou six pieds, *lis.*
qui commencent à croître à cinq, etc.

275, lig. 1, d'obtenir de ports de mer,
lis. d'obtenir des ports de mer.

276. lig. 3, et du son feuillage, *lis.* et
de son feuillage.

TOME III.

Page 7, ligne dernière, 3 mètres, *lis.*
2 mètres.

17, lig. 14, situation plus favorable,
lis. situation la plus favorable.

22, lig. 25, 13 à 20, *lis.* 17 à 20.

58, lig. 13, chaton, *lis.* chatons.

94, avant dernière lig., vers le Sud,
lis. vers l'Est.

99, lig. 17, dans son, *lis.* dans sa.

132, lig. 25, 1 à 2 mètres, *lis.* 1 mèt.

133, lig. 1, imbibés, *lis.* imbibée ;
même lig., seulement, *lis.* souvent.
lig. 17, verdeure, *lis.* verdeur.

135, lig. 17, betulus, *lis.* betula.

154, lig. 8, à ceux du noyer, *lis.* à
ceux en noyer.

155, lig. 3, Gennessée, *lis.* Tennessée.

156, lig. 1 du titre, Carioliniana, *lis.*
Caroliniana; lig. 11, froids, *lisez*
froide.

189, lig. 6, le Genessée, *lis.* le Tennessée.

225, lig. 7, il a été, *lis.* il m'a été.

240, lig. 18, est aussi, *lisez* sont aussi.

252, lig. 22, de formes agréables, *lis.*
ont des formes agréables.

262, lig. 4, Indiens Chrokquis, *lis.*
Indiens Cherokquis.

278, lig. 2 du titre, gemnis, *lis.* gemmis ; lig. 3, lana, *lis.* lanâ.

280, lig. 3, et d'une rose pâle, *lis.* et
d'un rose pâle.

284, lig. 4, 10 centimètres, *lis.* 5 centimètres.

308, lig. 2, Rhodesland, *lis.* Rhodisland.

309, lig. 16, rapportées contre le tronc,
lis. rapprochées du tronc.

311, lig. 2 du titre, baass, *lis.* bass.

333, lig. 10, grey, *lis.* gray, et de
*même partout ailleurs où cette faute
se retrouve.*

394, lig. 4, Cesarus, *lis.* Cerasus.

9 782019 228620